西北大学现代经济理论与实践丛书

以生态文明看待发展

Development as Ecological Civilization

何爱平　石　莹　赵仁杰 等　著

国家社会科学基金项目（批准号：13BJL091）
陕西高校人文社会科学青年英才支持计划（2015）
研究成果

科 学 出 版 社
北　京

内 容 简 介

本书从生态文明建设视角来看待经济发展方式转变，认为生态文明建设与经济发展方式转变之间有着内在的密切关系：生态文明建设是经济发展方式转变的核心内容，实现生态文明是经济发展方式转型的目标，同时生态文明建设也是经济发展方式转型的重要手段。本书运用政治经济学的分析范式，研究我国生态文明建设的实施和经济发展方式的转型，阐释生态文明建设中的利益变化、主体行为博弈及相应制度转型和激励结构设计，其价值在于构建生态文明建设的理论基础，为实践提供理论指导。在此基础上，通过建立生态文明的评价指标体系，科学评价我国生态文明建设的现状，探讨生态文明建设的策略和政策建议，具有重要的实际应用价值。

本书适合经济学、人口学、资源科学、环境科学等专业的师生及政府相关部门人士阅读。

图书在版编目（CIP）数据

以生态文明看待发展/何爱平等著．—北京：科学出版社，2016.12
（西北大学现代经济理论与实践丛书）
ISBN 978-7-03-045200-9

Ⅰ.①以…　Ⅱ.①何…　Ⅲ.①生态文明-建设-发展战略-中国
Ⅳ.①X321.2

中国版本图书馆 CIP 数据核字（2015）第 151989 号

责任编辑：魏如萍 / 责任校对：张怡君
责任印制：徐晓晨 / 封面设计：无极书装

科 学 出 版 社出版
北京东黄城根北街 16 号
邮政编码：100717
http://www.sciencep.com

北京京华虎彩印刷有限公司 印刷
科学出版社发行　各地新华书店经销
*
2016 年 12 月第　一　版　开本：720×1000 1/16
2018 年　1 月第二次印刷　印张：17 1/2
字数：352 000

定价：98.00 元
（如有印装质量问题，我社负责调换）

丛书编委会

总　序

党的十八大以来，伴随着中国市场经济体制改革的不断深化，提高经济增长质量、实现创新驱动、推进城乡一体化、加快生态文明建设、转变对外开放方式等成为了亟须关注的问题。如何运用现代经济理论分析这些新的经济现象，解读当前中国经济发展面临的经济增长质量、生态文明、城乡发展一体化等焦点问题；如何将理论上的模型与中国的实践相结合，把西方经济学的经典理论中国化；如何站在新的开放格局下更科学地认识东亚经济发展和当代资本主义的新发展等都是当前亟待解决的问题。

理论经济学科是西北大学经济学科的主体，拥有百年的发展历史，通过几代人的努力，该学科得到了提高和发展。“十二五”以来我们一直坚持将现代经济学的基础理论与中国当代经济实践相结合，一方面注重对经典理论的总结，特别是从比较的视角来分析问题；另一方面注重理论与实践相结合，用现代经济理论解读现实问题。“十二五”以来西北大学经济管理学院的理论经济学依托政治经济学这一国家级重点学科和省级重点学科建设项目不断凝练学科方向，形成了后改革时代与城乡经济社会一体化研究、现代经济增长理论与中国经济增长质量研究、马克思主义经济学与西方经济学比较研究、中国生态文明建设研究、东亚经济研究、当代资本主义经济新发展研究、比较经济思想史研究、数理经济模型及其应用研究、丝绸之路经济带研究等方向。

为了把这些方向的阶段性研究成果加以总结和提炼，展示我们西北大学经济管理学院在理论经济学方面的最新进展，我们和科学出版社合作出版“西北大学现代经济理论与实践丛书”。本丛书共计 10 本，具体包括任保平教授的《经济增长理论史》、白永秀教授的《后改革时代城乡发展一体化理论与实践》、杨建飞教授的《中外经济思想：理论与典籍》、何爱平教授的《以生态文明看待发展》、茹少峰教授的《宏观经济模型及应用》、王珏教授的《东亚经贸关系——中国的视角》、宋宇教授的《中等收入陷阱的东亚式规避：韩国经验及其启示》、赵景峰教授的《当代资本主义经济新变化与发展趋势》、钞小静副教授的《中国经济增长质量的区域评价研究》、师博副教授的《中国能源效率改进的增长绩效研究》。本套丛书的特点可概括为以下几方面。

（1）按照“理论-实践-历史”的框架构建丛书的框架。理论方面的书籍包括《后改革时代城乡发展一体化理论与实践》《以生态文明看待发展》《当代资本主义经济新变化与发展趋势》，其把我们近年来关于城乡一体化、生态文明、当代资本主义的成果集中体现了出来。侧重实践的书籍包括《宏观经济模型及应用》《中等收入陷阱的东亚式规避：韩国经验及其启示》《中国经济增长质量的区域评价研究》《中国能源效率改进的增长绩效研究》《东亚经贸关系——中国的视角》，其把我们对数理经济学、经济增长质量、世界经济研究的新成果反映了出来。经史方面的书籍包括《经济增长理论史》《中外经济思想：理论与典籍》。

（2）突出了比较研究的思路。本丛书体现了比较研究的思路，比较研究是我们近年来在理论经济学研究方面逐渐形成的新方法，由我们经济学系主任何爱平教授负责的“马克思主义经济学与西方经济学的比较研究”已经出了三本著作和大量的文章，在学术界已经产生了较大的影响。本丛书中继续体现了比较研究的思路，例如，《中外经济思想：理论与典籍》在思想史方面形成比较研究，《中等收入陷阱的东亚式规避：韩国经验及其启示》在发展问题研究上比较了中国和韩国。

（3）推进了一些有传统历史的新方向（如数理经济学）。西北大学最早在国内研究数理经济学，1982 年 2 月 22 日至 3 月 2 日在西安西北大学经济管理学院召开了第一届全国数量经济学年会，许多天才的青年经济学家，如杨小凯、张维迎、田国强、胡传机、茅于轼、王书瑶、刘世锦等，出席了此次年会，并在后来成为主流经济学在我国的开路先锋，有的甚至在世界范围内具有一定影响力。早在 1982 年，经济学系胡传机教授就已经把协同理论引入了经济学，并在 1987 年出版了《非平衡系统经济学》《开放系统经济理论论文集》。遗憾的是 1982 年第一届全国数量经济学年会后，现在看起来在当时非常先进和前沿的数量经济学并未发展起来。2008 年我负责本科教学时，进行了专业改造，建立了数理经济学专业，2011 年组建了数理经济学系。在数理经济学系主任茹少峰的带领下，2013 年我们在科学出版社出版了《数理经济学》教材，在此基础上茹少峰教授带领数理经济系的教师完成了《宏观经济模型及应用》一书，这标志着对我院有传统历史的新方向的一次推进。

（4）从国际视野关注当代中国经济发展实践的突出问题。党的十八大和十八届三中全会提出了全面深化改革的重大问题，其中的诸如经济增长质量、城乡一体化、能源问题、中等国家收入陷阱等在本丛书中都得到了关注。而且本丛书从国际视野来关注中国的现实问题，如《中等收入陷阱的东亚式规避：韩国经验及其启示》《当代资本主义经济新变化与发展趋势》。

当代中国处于大转型时期，这一时期的许多重大问题需要我们的理论经济学予以积极关注。西北大学经济管理学院的理论经济学将持续研究中国转型时期的重大时代问题，积极推进我们的经济学科建设。是以为序。

西北大学经济管理学院院长、教授、博士生导师　任保平

2014年2月

目　录

第1章 导　论

1.1 研究背景和意义

1.1.1 研究背景

改革开放以来，依靠资源高消耗和资本高投入，我国经济保持了持续高速增长的趋势。虽然这种依靠物质要素的投入的投资推动型经济曾经为我国经济发展作出了重要的贡献，但是随着经济的发展，传统发展方式由于忽略经济总量和经济质量的统一以及经济增长和资源环境承载力之间的平衡，受到了资源、生态环境的严重约束而难以为继。

一是资源约束。资源的短缺会引发资源安全问题，经济发展会面临资源供应不及时、不持续和不经济等方面的制约。我国是人均资源占有量较低的资源贫国，尤其是一些对经济发展具有重要意义的战略资源，我国的人均拥有量远远低于世界平均水平：人均耕地面积只相当于世界人均耕地面积的40%左右，人均淡水资源占有量仅为世界平均水平的25%，人均占有森林面积仅为世界人均占有量的20%；人均矿产资源占有量只有世界平均水平的58%；煤炭、石油和天然气的人均占有量分别为世界平均水平的66.7%、16.6%和6.7%。随着经济的快速发展，我国资源供需紧张的趋势将日益加剧。2009年，中国耕地18.26亿亩[①]，已经逼近18亿亩红线；我国矿产资源的供需矛盾更为突出，据研究，未来10～20年，世界各国对矿产资源需求量将继续增长，一些关系国家经济安全的矿产资源将进入全面紧张状态；目前中国石油对外依存度已增至60.6%，2013年已经超越美国成为全球第一大石油净进口国。国际能源署（IEA）2014年11月12日发布的《全球能源展望》显示，中国将在20年内超越美国，成为全球最大的石油消费国。可见，资源约束已成为我国经济发展中的主要矛盾，并将伴随我国现代化的全过程。与此同时，中国粗放型经济发展方式仍普遍存在，据统计，钢材消耗、水泥消耗、煤炭消耗均占到了世界总消耗的一半，按汇率计算的单位GDP能耗约为世界平均水平的2.3倍、日本的4.9倍和欧盟的4.3倍。虽然我国经济总体上面临资源数量不足的约束，但在地区层面上，多数省份丰裕的资源并没有成为经济发展的有利条件，反而制约了经济增长。经济发展陷入路径

---

① 1亩≈666.67m^2。

依赖，甚至“资源诅咒”的怪圈，出现了“富饶的贫困”现象。一些资源丰富地区，由于产业结构的低级化和单一化导致“荷兰病”效应，致使经济发展缓慢甚至停滞。

二是生态环境约束。总体来看，我国生态环境总体恶化的趋势仍没有得到根本改变，环境污染已超出了环境的容量，中国目前已是第一大污染物和碳排放国，单位产值排污量是国际平均水平的十几倍。一些地方环境的承载能力已经接近极限，对水、大气、土壤等的污染非常严重，固体废弃物、持久性有机物、重金属等污染不断增加。环境保护部2014年发布的《2013中国环境状况公报》显示，依据新的《环境空气质量标准》进行评价，74个新标准实施第一阶段城市环境空气质量达标率仅为4.1%，华北不少城市常年被雾霾笼罩。水质情况也不容乐观，对长江、黄河、珠江等十大水系的断面监测显示，黄河、松花江、淮河和辽河水质轻度污染，海河为中度污染，而27.8%的湖泊（水库）呈富营养状态。在四大海域中，只有黄海和南海海域水质良好，渤海近岸海域水质一般，东海近岸海域水质极差。9个重要海湾中，辽东湾、渤海湾和胶州湾水质差，长江口、杭州湾、闽江口和珠江口水质极差。我国还面临着严重的土地退化问题。2013年全国净减少耕地8.02万公顷，有30.7%的国土遭到了侵蚀。目前我国有近3亿农村人口喝不到安全的饮用水，近9000多万城镇人口的集中饮用水源地水质没有达标，有1/3的城市人口居住在劣于二级的空气中，其中，高消耗和高排放是高污染的主要原因。环境保护部发布的《2012年中国机动车污染防治年报》显示，我国已连续三年成为世界机动车产销第一大国，机动车污染已成为我国空气污染的重要来源，也是造成雾霾、光化学烟雾污染的重要原因，机动车污染防治的紧迫性日益凸显。废旧汽车、家电造成的污染也成为新的环境问题；放射性污染也在增加，威胁公众安全。环境污染降低了生态系统的稳定性，使次生环境灾害发生的可能性大大增加，严重阻碍社会经济可持续发展。

总之，资源和环境两块短板，是我国经济发展方式转型过程中的硬约束。资源环境的约束使得高投入、高消耗、高排放、低效率的粗放发展难以为继，只有加快经济发展方式转型，破解经济发展与资源环境的矛盾，才能实现经济的可持续发展。

早在20世纪80年代初，党中央就已经明确提出转变经济增长方式，“十一五”期间把加快转变经济增长方式确定为最突出的任务，党的十七大把建设生态文明写入党的报告，作为全面建设小康社会的新要求之一，党的十八大报告则首次以“大力推进生态文明建设”为题，系统论述了生态文明建设，提出今后五年大力推进生态文明建设的总要求，并把生态文明建设纳入社会主义现代化建设五位一体总体布局的高度来论述。党的十八大报告明确指出“建设生态文明，是关系人民福祉、关乎民族未来的长远大计。面对资源约束趋紧、环境污染严重、生态系统退化的严峻形势，必须树立尊重自然、顺应自然、保护自然的生态文明理念，把生态文明建设放在突出地位，融入经济建设、政治建设、文化建设、社会建设各方面和全过程，努力建设美丽中国，实现中华民族永续发展”。这表明生态文明建设将是我们党和国家新时期发展的重要任务、重大方向以及重点领域。党的十八届三中全会又深化了这一战略布局，始终把生态文明建设与经济、政治、社会、文化建设相提并论，部署紧紧围绕建设美丽中国深化生态文明体制改革，加快建立生态文明制度，并提出“必须建立系统完整的生态文明制度体系，用制度保护生态环境”。

1.1.2 研究意义

生态文明建设是对传统经济发展方式的反思和完善。面对越来越凸显的资源环境制约，只有推进生态文明建设，加快经济发展方式转变，才能保持经济持续健康发展。因此，生态文明建设与经济发展方式转变之间有着内在的密切关系。可以说生态文明建设是经济发展方式转变的核心内容，实现生态文明是经济发展方式转型的目标，同时生态文明建设也是经济发展方式转型的重要手段。一方面以生态文明看待发展，将生态文明建设与经济发展紧密结合，研究二者之间的内在联系，阐述生态文明建设与经济发展方式转变的有机统一性，可以弥补过去单独研究“生态文明建设”理论和“转变经济发展方式”理论的不足，具有重要的理论意义；另一方面，以生态文明建设为核心，通过研究生态文明建设的政策体系和实施路径推进经济发展方式转型，具有重要的实践意义。

本书运用政治经济学的分析范式，研究我国生态文明建设的实施和经济发展方式的转型，阐释生态文明建设中的利益变化、主体行为博弈及相应制度转型和激励结构设计，其价值在于构建生态文明建设的理论基础，为实践提供理论指导。在此基础上，通过建立生态文明的评价指标体系，科学评价我国生态文明建设的现状，探讨生态文明建设的策略和政策建议，具有重要的应用价值。

1.2 研究现状

1.2.1 国外研究现状

国外学者从经济学角度研究生态问题形成了大量生态经济理论，但是直接以生态文明作为研究对象的论著比较少见。生态经济问题研究也是基于工业革命以来出现的人类与自然、生态与经济的不协调现象，全球性的生态问题日益突出的背景之下产生的，20 世纪 20 年代中期，美国科学家麦肯齐首次运用生态学概念对人类群落和社会予以研究，提出了经济生态学的名词。第二次世界大战后，环境污染、生态退化、生物多样性减少、土地荒漠化、水土流失、地下水位下降、温室气体增加、全球气温升高等一系列社会公害问题不断恶化，越来越多的经济学家意识到传统经济学的局限性。1962 年美国生物学家雷切尔·卡逊所著《寂静的春天》第一次揭示了近代工业带来的环境污染对自然生态系统的巨大破坏作用，引起人们的广泛关注，该书促使人们开始思考近代工业对自然生态的影响。而后，经济学和生态学交叉发展，各种论述生态经济问题的著作相继问世。相关研究可分为以下几个方面。

一是对现代工业文明和发展模式的批判，指出人类的文明已经陷入危机并提出相关理论。例如，肯尼思·E. 博尔丁（2001）的太空飞船经济理论，其简要含义是人类赖以生存的最大生态系统就是地球，而地球只不过是茫茫无垠的太空中一艘小小的宇宙飞船。人口和经济不断增长，最终将使这艘小小的飞船内有限的资源开发完，那时，整个人类社会就会崩溃。因此必须建立“循环式经济”以代替传统的“单程式经济”；Daly（1997）提出稳态经济思想，认为经济的增长会耗尽自然资源，产生污染，因此要使人口和资本投资保持在一定水平上，只需要满足人类的基本需要即可；国外学者亨廷顿（1999）提出了以自然生产力为基础的循环经济理论，通过控制人口和提倡适度消费以及发展环保技术来消除对自然资源和生态环境的无节制的掠夺和破坏。Mol（2000）提出生态现代化；莱斯特·R. 布朗（2006）提出可持续发展 B 模式等。

二是进行生态经济综合评价并探讨生态与经济协调发展的实现。自 1972 年联合国召开世界环境大会提出可持续发展思想至今，国外政府机构、综合性组织、科研院校以及相关领域的学者对可持续发展的指标体系做了大量的研究。克里斯蒂安（Christain）和莱佩特（Leipert）用 GNP 减去所有部门的“外部成本”构成调节的国民生产总值（ANP）来衡量可持续发展的成果；皮尔斯（Pearce）将自然资本的消耗和退化考虑到国民生产净值中，对其加以修正，用绿色核算，即（GNNP）来代表持续收入。Costanza（2000）指出生态文明评价体系是以生态文明的根本概念为基础，因此首先需要搞清楚生态文明的基本内涵才能对生态文明进行评价。Ferng（2002）将生态足迹应用于环境经济政策分析的一般均衡模型中；Johst 等（2002）建立生态成本 P 价值比率模型。国际上的一些机构和组织制定了大量的针对可持续发展的评价指标，如经济合作与发展组织制定的驱动力-压力-状态-影响-响应（DPSIR）评价框架、联合国可持续发展委员会建立的由社会、经济、环境和制度四大系统组成可持续发展指标体系框架、联合国环境规划署和美国非政府组织提出了一个著名的社会、经济和环境三系统模型、欧盟委员会建立的环境压力指数、国际可持续发展工商理事会建立的生态效率指数、世界自然保护联盟和国际发展研究中心的可持续性晴雨表以及世界银行提出的新国家财富指标。联合国开发计划署（UNDP）于 1990 年提出人类发展指数

(HDI)，HDI由平均预期寿命、成人识字率和按购买力平价（PPP）计算的人均国内生产总值3个指标取对数再算术平均而得到。21世纪初期，可持续发展评价指标体系研究趋于成熟，在这一时期建立的指数更多的是注重环境、发展、经济和社会的某一个领域，研究的对象也更为具体。例如，2000年联合国提出的千年发展目标，2001年国际可持续发展研究院提出的可持续评价仪表板，2002年世界经济论坛建立的环境可持续发展指数和环境表现指数，以及2005年南太平洋地球科学委员会建立的环境脆弱指数等。

三是其他视角的研究，包括生态工业园、生态城市、国家生态安全以及环境政策等领域的研究。例如，Chertow（2005）和Ashton（2005）探讨了工业共生性；Norton（2005）强调了生态环境政策的适应性；Clifford Cobb提出了实现生态文明的三个实践步骤：形成一整套新的思考和行动方式、改善现有的土地使用状况和寻找环境保护和经济增长二者之间的平衡点（Cobb C，2007）。著名生态经济学家，美国克莱蒙特研究生大学终生教授John B. Cobb指出人类文明的发展模式一直以来（尤其是近代工业革命以来）是同自然相疏离的，为消除危机不仅应当发展环保技术，而且应当改变或改善我们看待世界的方式和视角，从而回归到合乎生态的世界观与实践方式上来（Cobb J B，2007）。

1.2.2　国内研究现状

国内对生态经济问题的研究始于20世纪80年代。随着党的十七大把建设生态文明写入党的报告，并作为全面建设小康社会的新要求之一，学术界对生态文明建设展开了广泛的讨论。国内研究大体包括以下几个方面。

1. 生态文明的内涵与特征认识

生态文明的概念最早由叶谦吉先生于1987年提出。他从人与自然之间关系的视角认为生态文明就是人类既获利于自然，又还利于自然，在改造自然的同时又保护自然，人与自然之间保持着和谐统一的关系。此后，有学者沿着人与自然的物质关系视角进行了探讨。屈家树（2001）、李良美（2005）、尹成勇（2006）认为生态文明是人们在改造客观物质世界时积极改善人与自然的关系，依赖人类自身智力，实现经济社会和生态环境的协调发展，从而建设有序的生态运行机制和良好的生态环境所取得的物质、精神、制度方面成果的总和。因而，生态文明具有人与自然关系上文明发展的和谐性以及人与人的关系上文明发展的公平性两个特征。谷树忠等（2013）从人与自然的关系、生态文明与现代文明的关系、生态文明与时代发展的关系三个方面系统阐释了生态文明建设的科学内涵。

一些学者从人类文明发展历史角度来分析，俞可平（2005）、王治河（2007）、欧阳志远（2008）、徐春（2010）认为生态文明是继原始文明、农业文明、工业文明之后的一种后工业文明，与农业文明和工业文明构成一个逻辑序列，生态文明是物质文化的进步状态，更是对现代工业文明的反拨和超越。牛文元（2013）指出生态文明是人类文明史的最新阶段。生态文明继承文明史上各个阶段的有益贡献，既是人类社会在现阶段的理性选择，也是发展现状的迫切要求，其一般标志是“理性、绿色、平衡、和谐”的集合名词。

还有其他视角的分析，如夏光（2009）认为生态文明作为发展中国特色社会主义和落实科学发展观的具体途径，应作为一种治国理念和手段来看待；高珊和黄贤金（2009）认为生态文明是生态伦理理念在人类行动中的具体体现，即人类社会开展各种决策或行动的生态伦理规则；赵建军（2007）、张维庆（2009）、王玉庆（2010）认为从广义上来讲生态文明是文明的一个发展阶段，是遵循人与自然和谐发展客观规律基础上实现人口、经济、社会与自然协调发展的高级文明阶段，生态文明包括政治、文化、精神等各个方面，是人类取得的物质、精神与制度成果的总和；而从狭义上讲，生态文明则只是人类文明的一个方面，与政治文明、物质文明、精神文明并列，主要强调生态文明的中心思想是人类社会与自然界和谐共处、良性互动所达到的文明程度。郇庆治（2014）指出生态文明及其建设在当今中国已经发展成为一个至少包含四重含义的概念，包括哲学理论层面上、政治意识形态层面上、社会主义文明整体以及社会主义现代化的绿色向度。其中，前两者基础上的综合应该是一种更为完整的“生态文明观念”的概括，后两点在相当程度上只是不同学术视角和语境下的理论概括或表述。

2. 生态文明的理论基础研究

生态文明的理论基础主要是探讨生态文明的依据、可能性等问题。一些学者从哲学视角运用历史唯物主义的观点以及辩证的分析方法，从生产力和生产关系原理方面考察人与自然之间的辩证关系以及人类的自然生态观变迁，分析生态问题产生的原因及解决对策，阐释自然异化的原因以及解决该问题的可能性。方世南（2008）、吕尚苗（2008）、陈墀成和洪烨（2009）、郭学军和张红海（2009）、赵成（2009）认为了资本主义制度中的大工业生产方式和不合理的人类生产劳动对生态环境的破坏，造成了人与自然之间关系的异化，指出生态文明是在理论形态上对西方生态哲学的扬弃与超越，提出转变资本逻辑下的人与自然相对立的自然观，转变大工业不合理的生产方式，主张只有通过推翻资本主义制度才能从根本上解决生态环境问题。

一些学者从经济学的视角研究马克思学说中生态文明的思想，包括生态学思想、生态经济理论、循环经济思想等。刘思华（2006）强调“生态经济理论是整个马克思学说中最具有现实性和时代感的科学理论，充分显示了它在现时代的科学价值和强大的生命力”。华启和和徐跃进（2008）从技术维、知识维、制度维和文化维四个层面阐释马克思经济理论中的生态思想。也有学者从人类社会物质资料生产和再生产中的人与自然的关系以及人与人的关系两类关系来阐述生态思想：钱箭星和肖巍（2009）从马克思的物质变化理论及生产排泄物、消费排泄物再利用的分析中探讨了马克思的循环经济思想；朱炳元（2009）从人类社会物质资料的生产和再生产中的人与自然的关系以及人与人的关系两类关系阐述了《资本论》中的生态思想；毛新（2012）指出要运用马克思关于人与自然的物质交换以及物质循环再利用的物质变换理论的有关理论观点来实现经济社会与自然生态的可持续发展；杨虎涛（2006）通过对演化经济学与马克思主义经济学的比较考察，指出演化经济学主要从物质能量的流通平衡来阐释稳态经济，主张在人口系统和物质系统中均维持较低的流通率以实现生态文明；岳利萍和白永秀（2011）则比较了马克思经济学与西方经济学的生态经济思想，指出马克思经济学从社会制度和生产关系的角度分析人与自然的关系，认为生态危机是资本主义生产方式本身所具有的；而西方经济学则从生产和消费角度来考察，主张通过产权理论及外部性理论来修正市场失灵与政府失灵以实现生态文明。

3. 生态文明的指标体系与评价分析

学术界对生态文明的评价指标体系构成、指标设置以及评价方法选择等进行了广泛研究。但由于对生态文明内涵认识的不同，指标体系的构建也存在较大的差异，目前有包括省级、区域、城市等几个层面的研究。

从省级或区域层次对生态文明建设进行评价的，一般认为生态文明包含人类发展过程中所取得的全部成果，不仅涉及人与自然的关系，而且涉及人与人、人与社会、自然与社会的关系。因而评价指标的设计涵盖面比较广，不仅测度自然生态环境，而且还包括经济或物质、社会、政治以及精神方面，有的还涉及与外部区域的关系。蒋小平（2008）以自然生态环境、经济发展、社会进步 3 个子系统共 20 个单项评价指标建立评价指标体系对河南省生态文明进行了评价；梁文森（2009）设计了从大气、水环、噪声、辐射、生态、土壤等环境质量方面来衡量生态文明的宏观评价指标体系，高珊和黄贤金（2010）构建了包含增长方式子系统、产业结构子系统、消费模式子系统和生态治理子系统在内的区域生态文明指标体系。杜宇和刘俊昌（2009）从自然、经济、社会、政治、文化 5 个角度设计出包含 34 个指标的生态文明建设评价指标框架，来衡量人与自然、人与人、经济与社会之间的互动关系；严耕等（2012）设计了一套包括生态活力、环境质量、协调程度、社会发展以及转移贡献 5 大核心考察领域在内的省级评价体系框架。王会等（2012）构建了系统层包括生态环境、生态型物质文明、生态型精神文明、生态型政治文明与区域外部关系五个单元，下设目标层与准则层共计 35 项具体指标的评价指标体系。冯银等（2014）构建了湖北省生态文明建设的资源环境供需模型和生态环境的供需模型，并对湖北省2003～2012年的数据进行计算分析，在此基础上提出了提高湖北省生态文明建设水平的政策建议。

城市层次的评价，评级对象范围相对较小，评价体系的设计针对城市的特点，从生态学的视域，从生态经济、生态环境、生态文化以及生态保护或治理几个方面来构建，很少涉及精神层面以及与外部联系方面。例如，朱玉林等（2010）基于灰色关联度构建了包含生态经济、民生改善、生态环境、生态治理、生态文化五类一级指标的城市生态文明程度综合评价指标体系；何天祥等（2011）从城市生态文明状态、压力、整治和支撑4个方面构建系统的评价指标体系，并运用熵值法进行评价；陈晓丹等（2012）基于AHP法，构建了包括生态经济、生态环境、生态文化、生态制度4个准则层，涵盖18项控制型、5项预期型和14项引导型，总计37项单项指标的评价指标体系；蓝庆新等（2013）构建了包括生态环境、生态经济、生态制度和生态文化在内的包含30项具体指标的评价指标体系。当然，不同于以上指标构建的模式，也有学者以独到的见解对生态城市的生态文明建设评价进行了探讨，马道明（2009）就以城市人类行为活动的链条构建了包含城市人居生态化、城市交通生态化、城市社会生态化、城市环境生态化和城市产业生态化的“五位一体”指标体系，并对常州市生态文明度进行了案例研究。在评价方法上，已有研究采用灰色关联度法、遗传算法、熵值法以及AHP法等指标赋权重的方法。关海玲和江红芳（2014）从生态文明的内涵及特征入手，构建了城市生态文明评价指标体系，通过熵值法对2007～2011年山西省市域生态文明发展水平进行了综合评价。高媛和马丁丑（2015）采用层次分析法，通过构建兰州市生态文明建设评价指标体系，对其生态文明建设水平进行了综合评价。胡彪等（2015）建立了反映生态文明建设目标的经济-资源-环境（ERE）系统评价指标体系，运用主成分分析法、回归分析法、隶属度函数构建ERE系统协调发展评价模型，测算了天津市1998～2012年ERE系统的综合发展水平及协调发展度。

4. 生态文明建设的实现途径探讨

国内学者从制度、政策、道德、发展方式转变、行为观念转变等多个视角提出生态文明建设的路径及对策。

一是强调构建有利于生态文明的制度安排。该视角的分析指出生态文明建设的推进，最重要的是改变传统价值观念下的制度体系，构建以人为本、人与自然和谐相处的制度安排。余谋昌（2007）提出要从制度层次的以人为本、精神层次的价值观以及物质层次生产方式三个层次来建设生态文明。陈学明（2008）指出生态文明最根本的意义在于建立一种新的人的存在方式，强调形成人的生态意识这一最大的生态共识，把建设生态文明过程变成进行价值观念变革的过程，提出应通过改革社会制度以及人与人之间的关系方面一切不完善之处来解决生态问题。王玉庆（2010）指出要正确认识资源与环境的价值，通过从国家层面建立资源环境要素的市场经济以及严格的环境保护制度来推进生态文明建设和环境保护工作。刘延春（2004）、刘爱军（2004）、郭强（2008）、孙佑海（2013）强调由于法治具有规范性、稳定性和权威性的特点，其在推进生态文明建设中具有突出作用，指出我国虽然针对生态环境问题构建了一系列的法规和条例，但仍缺乏全面性与系统性，尚不能满足经济社会发展过程中保护自然资源与生态环境、推进生态文明建设的需要，因此，有必要对我国现有法律进行修改和完善，从科学立法、严格执法、公正司法、全民守法出发，进一步提高法治意识、用法思维及法治方式能力以推进生态文明建设。王金霞（2014）指出建立系统完整的生态文明制度体系，既是全面深化改革的重要内容，又是加强生态文明建设的核心任务。侯佳儒和曹荣湘（2014）指出要将生态文明建设与法治建设联系起来，强调生态文明建设必须纳入法制化的轨道，“生态文明”必须是“法治文明”。朱坦和高帅（2015）对资源环境承载力和循环发展两个重点领域的制度建设进行了探讨，提出从实现国家治理体系和治理能力现代化的战略高度来认识生态文明制度体系建设。

二是强调加大公众教育，树立正确的消费观念。相关研究学者认为，消费的生态化转型是推进生态文明建设的重要突破口与切入点。高德明（2003）认为生态文明是可持续发展的重要标志，是生态建设所追求的目标，可持续发展要用生态文明来调节人与自然之间的道德关系，调节人的行为规范和准则；方世南（2005）认为生态文明需要以人类的全面发展和对环境资源的永续利用为价值尺度，与自然界的充分和谐有利于生态环境优化和实现人的全面发展的绿色生活方式；包庆德（2011）认为实现生态文明更需要的是改变实践构序中人类的生存、生活方式，特别要实现生产方式的生态化转换；牛文浩（2012）指出生态文明以人类的全面发展和对环境资源的永续利用为价值尺度，需要政府和有关部门从对人们进行长期的引导、教育并制定必要的道德标准来加以约束，只有树立正确的消费观念、克制消费欲望、调整消费行为从而建立生态消费模式，才能符合社会主义生态文明的要求，实现人与自然的协调发展。

三是强调政府在生态文明建设中的重要作用，促进转变传统经济发展方式，实现低碳、生态、循环发展。常丽霞和叶进（2008）、王宏斌（2010）指出生态文明建设与经济建设、政治建设、文化建设、社会建设并列构成中国特色社会主义“五位一体”的总体布局，是国家政治层面的战略部署，因而我国生态文明建设要以政府为主导，其推进的关键是找到政府在自然资源与生态环境管理中职能定位，政府要处理好资源生态环境保护与市场机制的关系，从观念范式、政策范式和实践范式上进行政府职能创新，从而推进生态文明建设。赵成（2007）提出消除工业化生产方式所产生的消极环境成果，必须对工业化的生产方式进行变革形成生态化生产方式。孟福来（2010）认为，要建设生态文明，生产方式必须向“原料和能源低投入、产品高产出、环境低污染”转变，发展循环经济。何福平（2010）指出要建设生态文明切实推进我国经济发展方式的转变，要实现经济模式由高碳向低碳的转变、由重经济建设轻生态建设向经济建设和生态建设并重转变。周宏春（2013）指出要从注重增长的速度和数量向注重增长的效益和质量转变，推动经济发展方式及消费模式转变，进而推动生态文明建设。

四是以全方位的视角提出生态文明建设的实现途径。周生贤（2008）指出生态文明建设不同于传统意义上的污染控制和生态恢复，而是修正工业文明弊端，从思想上、政策上、措施上和行动上探索资源节约型、环境友好型的发展道路。张维庆（2009）提出要通过观念、战略规划体制机制、绿色产业和政策体系共同推进生态文明建设。刘湘溶（2009）提出要从科技与管理创新、劳动者素质提高、产业结构优化升级及推动新能源开发等方面来实现生态文明。张首先（2010）提出生态文明建设需要全球化视域下多元治理主体之间相互作用，通过建立包含特定功能在内的运行机制来推进。赵兵（2010）则从生态理念、发展循环经济、培育生态产业和制度安排四个方面提出推进生态文明建设的现实路径选择。余谋昌（2013）提出生态文明建设的推进要着力发展生态技术和工艺，形成节约资源和保护环境的生产方式、生活方式空间格局与产业结构。邵光学（2014）认为，只有从经济、制度、技术和思想文化 4 个方面加强生态文明建设，才能不断推进生态文明建设的深入开展。刘晶（2014）指出生态文明是人类和自然依存、共生的复杂巨系统，若要维持这一巨系统的稳定运转，需要将人类实践行动与文明进步同自然系统的保护与治理同步，积极探索一种基于复杂性思维的总体性治理模式。

1.2.3 对国内外研究现状的评价

从已有研究成果来看，相关研究的内容丰富，视角多样，但存在以下几个方面的不足。

首先，关于生态文明的内涵认识和理论阐释，不同学者的研究思路各有不同，研究的切入点相对分散，有从社会学、政治学、哲学视角分析的，也有从马克思与西方经济学的比较视角对生态文明进行理论阐释的，其中又以哲学和马克思经济学视角阐释生态文明的居多。目前对生态文明的内涵阐释和理论研究还处于探索阶段，已有研究多将焦点放在工业文明遗留的人与自然之间矛盾关系的根源即人类中心主义的自然观批判上，缺乏对生态文明建设的制约因素、生态文明建设的推进规律及推进机制等进行深入探析与挖掘，实践指导性并不强，难以对生态文明建设的具体推进实施工作提供有力的依据和指导。生态文明建设涉及方方面面，是一个巨大的变革过程，生态文明建设的核心是利益格局的调整，是一个政治经济学问题，现有研究没有以经济学视角从利益格局调整这一核心问题切入进行深入的理论研究。因此如何以经济学的视角，运用经济学的分析方法对生态文明建设进行经济学理论阐释，以及对生态文明建设的理论依据进行更为全面地挖掘和梳理有待进一步深入研究。

其次，在生态文明建设的指标体系与评价上，国内外学者多从不同的视角、不同的侧重点发展了可持续发展指标体系，对包括指标体系的构建模式、具体指标的确定、指标的权重等做了大量、细致、创新性的研究，这些研究都注重在追求经济、社会发展的同时，关注生态环境的保护和自然资源的可持续利用，为我国生态文明建设指标体系的构建、生态文明建设现状的评价提供了积极的借鉴和有益的启示。但现有研究也存在几个问题：第一，以往研究多从经济、政治、社会、自然、文化、精神、物质等系统论角度建立生态文明建设的评价体系，难以反映生态文明所包含的经济、社会与自然协调发展这一内涵，评价重点不够突出，存在生态文明建设的理论界定阐释与评价体系不一致的问题，指标体系层次设置也不够清晰；第二，已有研究多从生态文明的现状评价出发，对各省份的生态文明指数进行排序，侧重在同一时间点上（一般是同一年份）各省份生态文明水平的差异，而生态文明建设是一个巨大的渐进过程，截面数据的现状评价并不能反映生态文明建设推进实施当中的动态变化情况，实践的指导性以及政策的建议性并不强，从而难以提出推进实施工作的具体政策建议；第三，现有的生态文明评价主要是针对省级和市级的，在指标选取上考虑不够全面，存在数据来源不同、数据统计口径不一致的问题，一些重要的具体指标由于缺乏连续的权威数据支撑，只能停留在评价指标体系的构建层面而未能展开实证评估，导致无法在生态文明的现实评估基础上对相似区域进行纵向比较分析从而提出具有针对性的建议；第四，在生态文明建设的评价方法上，虽然也在不断地探讨与改进，但多数方法存在专家打分的环节，未能克服主观人为因素所带来的偏差与影响，评价方法还不够成熟。因此，在生态文明建设内涵界定的基础上，探讨出一套更具规范性、准确性、可操作性的指标权重确定方法，对我国的生态文明建设状态进行评估从而进行纵向的比较研究也是需要进一步研究的问题。

最后，对于生态文明建设的实现途径，已有研究从法律法规、制度、消费观念、政府职能、经济发展方式等方面作出了或有侧重或综合的积极探讨，但多是就问题谈问题，停留在现状层面，并未透过现象找到可持续发展战略实施近 20 年以及生态文明提出近 10 年来资源趋紧、环境污染、生态破坏等问题依旧不见好转的深层次原因。对于生态文明建设实现途径，缺乏以经济学分析范式，在统一的逻辑框架体系下进行的整体性思考与剖析，理论阐释相对不足。我们认为生态文明建设的推进，其核心问题是政府、企业以及消费者的利益格局变化以及利益冲突问题，因而生态文明建设的实现途径是一个经济学问题。随着生态文明建设中利益格局的变化，不同经济主体的行为也会随之调整。因而如何在一定的经济学理论框架下对生态文明建设推进过程中利益关系及障碍成因进行剖析，阐释政府调控及微观主体行为方式，在理论剖析的基础上构建有利于生态文明建设的制度体系以及设计相应的激励约束机制等一系列重要问题的研究亟须深入。

1.3　研究内容

本书对传统发展理论进行反思和批判，在对新中国成立以来的发展模式进行回顾和总结的基础上，探讨了生态文明建设的理论基础；作者认为我国生态文明建设的核心是利益格局的调整及其制度安排与激励结构的调整，因而生态文明建设的策略与路径选择是一个政治经济学问题。在生态文明建设中，随着利益格局的变化，宏观及微观经济主体的行为也会随之发生变化，与此适应的制度安排和激励结构也必须作出调整，因此，本书运用政治经济学的分析范式，从利益格局变化、主体行为博弈、制度转型和设计激励结构四方面建立生态文明建设的一般理论框架；并通过建立生态文明建设的综合评价指标体系，对我国各省份生态文明建设状态进行评价；然后分别从利益格局变化、主体行为博弈、制度转型、设计激励结构四方面研究生态文明建设问题；在此基础上分析我国生态文明建设中经济发展方式的转变以及生态文明建设的政策支持体系；最后分别研究我国东、中、西三大区域生态文明建设问题。主要研究内容包括以下几方面。

（1）对传统经济增长理论的反思。通过对传统经济增长理论的梳理，发现在经济增长过程中，环境仅仅被当作一个提供资源、容纳生产废弃物的载体，未被纳入决定经济增长的关键因素体系。因此，面对环境的恶化问题，现有的经济增长理论无法作出合理的解释。

（2）对传统发展模式的反思。对传统发展模式加以回顾，在总结传统发展模式的特点及其成就的基础上，深入剖析传统发展模式存在的问题与局限性，为进一步的理论分析提供现实基础。

（3）生态文明建设的理论渊源。生态文明建设是对我国古代思想家生态文明智慧的汲取和升华，是马克思主义生态文明思想在新历史条件下的继承和弘扬，是西方生态学、生态伦理学及生态经济学等相关理论在人类文明发展道路探索中的具体运用。本部分梳理了生态文明思想及相关理论的演进，探讨了其对我国生态文明建设的启示意义。

（4）生态文明建设的一般理论分析框架。本部分是对生态文明建设的系统理论解释，将运用政治经济学的分析范式，从利益格局变化、主体行为博弈、制度转型和设计激励结构四方面探讨建立生态文明建设的一般理论框架，为我国生态文明建设的策略和路径选择提供理论基础。

（5）我国生态文明建设状态的综合评价。本部分将借鉴国内外相关成果，运用灰色关联度法、层次分析法、熵值法、主成分分析等方法，建立生态文明建设的综合评价指标体系，对我国各省份生态文明建设状态进行评价，通过比较，分析制约我国生态文明建设的因素，为我国生态文明建设的策略和路径选择提供理论依据。

（6）我国生态文明建设的利益格局变化分析。生态文明建设客观上使各个经济主体的利益格局发生变化。本部分将分析各经济主体包括生产主体企业与其他经济主体之间、消费者个人之间、政府与微观主体之间以及各级政府之间的利益格局变化及利益冲突，并提出利益协调策略。

（7）我国生态文明建设的主体行为博弈。由于物质利益关系的变化，各经济主体会展开博弈，行为也会相应变化。本部分将分析在我国生态文明建设中各经济主体包括政府、企业、家庭的行为变化及其适应生态文明建设的行为调整策略。

（8）我国生态文明建设的制度转型。生态文明建设的关键是要保证制度的正确性。本部分将从正式制度、非正式制度、制度环境几方面来研究我国生态文明建设的制度转型策略。

（9）我国生态文明建设的激励机制。在制度安排的基础上设计出有效的激励结构，才能形成生态文明建设中制度的正确激励，实现制度安排和生态文明建设的激励相容。本部分从激励相容的要求出发，探讨如何形成我国生态文明建设的激励策略。

（10）我国生态文明建设的政策支持体系。本部分在上述理论分析和状态评价基础上，从技术政策、环境政策、产业政策、金融政策等方面来研究我国生态文明建设的政策支持体系以及具体实施对策建议。

（11）我国生态文明建设中经济发展方式的转变。生态文明建设是经济发展方式转变的核心，实现生态文明是经济发展方式转型的目标，同时也是经济发展方式转型的手段。本部分探讨了二者之间关系，探讨了生态文明建设中经济发展方式转变的路径。

（12）东部地区的生态文明建设。本章内容从东部地区的自然生态现状出发，在对东部地区生态文明建设效果的评价基础上，从政治经济学角度分析东部地区经济发展中生态文明建设存在的问题，提出东部地区推动生态文明建设的对策建议。

（13）中部地区的生态文明建设。本章在对中部地区六省生态文明建设效果进行评价的基础上，从中部地区经济发展和自然环境的现实条件出发，研究该地区经济发展中生态文明建设存在的问题并提出相关政策建议。

（14）西部地区的生态文明建设。本章从西部地区社会经济和自然环境现状出发，在以往生态环境建设实践的评价基础上，运用政治经济学的研究方法从利益协调、行为约束、制度供给和激励机制设计等角度分析了当前西部地区生态建设中存在的主要问题，并提出了西部生态文明建设的政策建议。

1.4 研究方法

（1）统计分析方法。对资料数据进行统计分析，对我国生态文明建设状态进行综合评价，并通过建立相关指标体系，采用聚类分析方法，研究我国不同地区生态文明建设的实现路径，为理论分析提供现实依据。

（2）计量分析法。以我国生态文明建设的省际面板数据为样本，分析各省份影响生态文明建设的制约因素及其对生态文明建设的影响。

（3）调查研究方法。在我国东中西部分别选择典型地区进行调研，分析其生态环境特点并对生态文明建设中存在问题进行研究，提出推进生态文明建设的对策建议。

（4）制度分析法。从正式制度、非正式制度、制度环境方面研究我国生态文明建设的制度创新与机制设计。

第2章　理论背景：传统发展理论的反思

2.1　对传统经济增长理论的回顾

2.1.1　早期的经济发展思想

在西方经济学说史中，亚当·斯密被看作是把经济增长问题作为论证中心和分析总题目的第一位经济学家。在他的巨著《国民财富的性质和原因的研究》中，论证的焦点始终是经济增长问题。亚当·斯密认为，国民财富的增长取决于两个因素，一是专业分工促进劳动生产率的提高，二是人口和资本增加引起从事生产劳动的人数的增加，而劳动者人数的增加和劳动生产率的提高，又取决于人口数量和质量的变动以及资本积累的增加。国民财富的增长与人口的增长相互促进，但一国财富的水平和增长速度，会给人口的发展规定一个限度，而经济增长是一个不稳定的动态过程，如果一国所获的国民财富已达到其土壤、气候和地理条件所允许的限度，以及人口达到其自然所能维持的限度时，增长便达其极限。另外，制度的因素，包括自由竞争、自由贸易的市场机制是生产效率的主要社会经济因素。亚当·斯密强调分工和资本积累的重要性，认为资本积累的增加可以增加被雇用的劳动者人数，有利于分工，而分工是提高劳动生产率的关键。他说："劳动生产力上最大的增进，以及运用劳动时所表现的更大的熟练、技巧和判断力，似乎都是分工的结果。"因而，亚当·斯密对未来经济增长持乐观态度。

李嘉图对经济增长因素的看法与亚当·斯密基本一致。不同之处在于他把研究的重点从生产转向分配，认为合理的分配制度和激励能够提高人们的生产积极性，进而促进经济增长。李嘉图论述了自然资源的相对稀缺问题。他认为，自然资源不存在均质性。土地资源存在自然肥力的差异，矿产资源也有品位的差异。随着需求或人口的增加，这些资源将按照从高到低的质量系列逐步得到开发利用。较高质量的自然资源，在数量上不存在绝对稀缺，只存在相对稀缺，而且这种相对稀缺并不构成对经济发展的不可逾越的制约。由于土地资源存在自然肥力的差异且数量固定，因此，土地报酬递减规律将发生作用。虽然工业生产中由于分工的发展和技术进步存在报酬递增，但是，在所有土地资源都被利用了以后，农业中报酬渐减的趋势会压倒工业中报酬递增的趋势，于是经济增长速度将会放慢，直至进入人口和资本增长停止和社会静止状态。

马尔萨斯在《人口原理》中表述的思想被后人概括为"资源的绝对稀缺论"。

他把国民财富看成物质财富，他认为：财富是有用或合意的物质的东西，一个国家是富裕还是贫穷就要看这些物质的供应。马尔萨斯认为，人口增长以几何级数进行，呈加速之势，在数量上可以是无限的；而自然资源的数量是一定的、有限的且增长缓慢。静态地看，现时的人口与资源矛盾不十分突出；但动态地看，在经过一段时间后，人口数量将超过自然资源所能够承受的水平。如果人类不认识自然资源的有限性，不能控制人口增长，不仅自然环境与资源将遭到破坏，而且人类将面临一个黑色的未来，人口数量将以灾难性的形式，如饥荒、战争、瘟疫等而减少。他竭力主张人口生产应服从于自然环境、资源的生产，他认为资源绝对稀缺性不会因为技术进步和社会发展而有所改变。他竭力主张人口生产应服从于自然环境、资源的生产，只有两者和谐，社会才会发展和进步。

约翰·穆勒对资源稀缺与否的探讨体现在他的《政治经济学原理》一书中。他把自然和气候条件作为经济增长的原因，首次将自然环境纳入经济学分析的视野。他认为经济中的土地资源除具有生产功能外，还具有人类生活空间和自然景观美的功能，而且，生活空间的博大和自然景观的美是人类文明生活所不可缺少的。人们的思想源泉和激励动因均与大自然密切相关，他对单纯追求经济增长的观点提出了批评，呼吁社会要重视经济利益的分配和人口控制。他认为生产的增加会面临资本不足和土地不足的限制。约翰·穆勒承认在制造业中存在着规模报酬递增，即在一定的限度内，企业规模越大，它就越有效率。他认为农业表现出规模报酬递减，较大的农场规模没有与之相配的农场产出的相当增长，他说“有限的土地数量及其有限的土地生产力，是对生产增加的真正限制”。但由于存在技术进步，这种极限只存在于无限未来，社会进步和技术革新不仅会拓展这一极限，而且还可以无限延迟这一极限。但如果这种增长是为了人们的纸醉金迷，那是没有意义的，这一思想对20世纪60年代产生的增长价值怀疑论有重要影响。约翰·穆勒反对无止境地开发自然资源，并从哲学伦理的角度提出了“静态经济”的思想。他认为自然环境、人口和财富均应保持在一个静止稳定的水平，而且这一水平要远离自然资源的极限水平，以防止出现食物缺乏和自然优美环境的大量消失。同时，人们还要为子孙后代着想，维护自然生态环境，保证人类健康的发展。“静态经济”的思想，已超出了稀缺的范畴，将环境保护及其影响的时间跨度拓展到了更为长远的未来。约翰·穆勒的这一思想，已将人口、资源与环境和社会发展等因素协调起来，实际上就是可持续发展的雏形。

“边际革命”之后形成的以马歇尔、庇古为代表的新古典经济学，其研究中心已经偏离了古典经济学的研究传统。他们主要关注在资源稀缺或资源数量一定的条件下，如何在不同的用途中配置资源使其达到帕累托最优状态。这种研究重心的转移使得资源稀缺程度对经济增长的影响在新古典经济学体系中被降低了。总体上看，新古典经济学在“经济增长前景”的问题上持乐观态度，认为经济发展是渐进的、和谐的和经济利益逐步分配到社会全体的过程，他们相信，人类的能力能够克服物质环境对经济增长施加的限制，技术进步和劳动力质量的提高会形成报酬渐增的历史趋势从而使经济能够持续不断发展。新古典经济学家们认为，价格会对资源的稀缺程度作出灵敏的反应，使用稀缺资源的成本提高会促使人们创新技术以及寻找替代品。因此，市场机制的自发运行可以解决资源与可持续发展的矛盾，从而可以避免马尔萨斯陷阱。马歇尔认为，由于人类作用（如知识的进步、教育的普及、科学技术的发展）所表现出的报酬渐增趋势会压倒农业方面的报酬渐减趋势，因而不会出现增长的障碍。他相信人类依靠机械和化学方法可以改变土壤的性质，从而"把土壤肥力置于人类的控制之下"。同约翰·穆勒一样，马歇尔认为，自然资源除作为生产性投入外，还向人类提供休闲和生产性服务，这样的环境服务功能具有直接的经济价值。但是，由于生产的外部性影响，环境的服务价值常在市场之外，从而加重了环境资源的相对稀缺性。

约翰·梅纳德·凯恩斯于 1936 年发表的《就业利息和货币通论》一书是当代西方经济学产生的标志。经济大萧条之后，他从宏观角度出发，分析了经济增长的原因，从资源配置的微观经济学分析转向了"有效需求原理"、"总量分析"的研究。在分析和研究经济增长过程中，他认为通过刺激有效的消费需求，能够促进经济增长。凯恩斯主义经济学主要关注的是如何将一个国家的经济由非充分就业水平提高到充分就业水平的短期分析，长期、动态的经济问题不是他们研究的重点，这就使得凯恩斯主义经济学不太关注可持续发展问题。

2.1.2　现代经济增长理论模型

1. 哈罗德-多马模型

20 世纪 40 年代末，英国经济学家哈罗德和美国经济学家多马，把凯恩斯理论动态化和长期化，分别推演出基本相似的长期经济增长理论，合称为"哈罗德-多马模型"。如果用 S 代表储蓄率，C 代表资本产出比，G 代表国民收入增长率，则哈罗德-多马模型的均衡增长基本方程式可表示为

$$G=S/C \tag{2-1}$$

哈罗德-多马模型表现了单一的要素资本存量和单一的同质产出之间的动态关系，假定资本产出比 C 不变，储蓄率就成为决定经济增长率的唯一因素。在这个模型中，因为储蓄率可以全部转化为投资，所以，储蓄率就是投资率或资本积累率。由此可见，在哈罗德-多马模型中，资本积累的作用被提高到了十分突出的地位——资本积累是经济增长中的唯一决定性因素。在哈罗德-多马模型中，经济要实现均衡稳定增长必须满足如下条件：

$$G=G_w=G_n \tag{2-2}$$

其中，G 为实际增长率；G_w 为有保证的增长率；G_n 为自然增长率。如果这三种增长率不一致，则会引起经济中的波动。在现实中，由于各种因素的影响，实际增长率、有保证的增长率和自然增长率很难达到一致。因此，索洛在《对经济增长理论的贡献》一文中指出，哈罗德-多马模型的均衡增长条件非常脆弱，犹如"刀锋上的均衡"。

2. 索洛模型

1956年索洛和斯旺各自独立地提出了一个经济增长模型，修正了哈罗德-多马模型，通过假定资本和劳动可以相互替代，成功地解决了哈罗德-多马模型中的刃锋。模型讨论了长期均衡增长的存在性问题和稳定性问题，并分析了在均衡增长条件下的消费、投资与劳动力工资率、资本回报率等的关系。

在索洛模型中，一个经济会自动收敛于一个稳定状态，稳定状态是一个经济的长期均衡，具有一种真正的稳定性，不管经济的初始资本水平是什么，它最后总是会达到稳定状态的资本水平。有了人口增长的稳态，人均资本与产出不变，但由于劳动力的数量以速率 n 增长，因此，总产出和总资本也会以速率 n 增长。投资率变化只有水平效应，没有增长效应，投资率上升所带来的增长率上升只能在短期内存在于从一个稳定状态到另一个稳定状态的过程中，不能影响长期增长率。为了能够解释人均意义上的经济增长，索洛模型引入了外生技术进步。

引入技术进步后，人均产出、人均资本、人均消费将按技术进步增长率 g 增长，即人均收入增长全部来自于外生的技术进步。相应地，产出总量、资本总量、消费总量以人口增长率与技术进步率之和 $n+g$ 增长。投资率上升依然只能影响长期人均产出，而不能影响长期人均产出的增长率。综上，在引入技术进步的索洛模型中，经济增长不仅取决于资本和劳动的投入，而且取决于技术进步，并且只有技术进步能够影响长期经济增长。但技术进步的外生假定使该理论排除了最重要的因素，在相当程度上限制了索洛模型的解释力和适用性，被称为"它解释了一切，却独独不能解释长期增长"的模式（Barro and Sala-I-Martin，1995）。

3. 新剑桥模型

新剑桥模型是由英国经济学家琼·罗宾逊、卡尔多、帕西内蒂等人提出来的，这一模型着重分析收入分配的变动如何影响决定经济增长率的储蓄率，以及收入分配与经济增长之间的关系。它的基本假设是：社会成员分为利润收入者与工资收入者两个阶级；利润收入者与工资收入者的储蓄倾向不变；利润收入者的储蓄倾向大于工资收入者的储蓄倾向。基本公式为

$$G=S/C=\frac{(P/Y\cdot S_P+W/Y\cdot S_W)}{C} \tag{2-3}$$

其中，C 为资本产出比；P/Y 为利润在国民收入中所占的比例；W/Y 为工资在国民收入中所占的比例；S_P 为利润收入者的储蓄倾向；S_W 为工资收入者的储蓄倾向；$S_P > S_W$，且 S_P 与 S_W 都是既定的。由式（2-3）可以看出，利润在国民收入中所占的比例越大，则储蓄率越高；相反，工资在国民收入中所占的比例越大，则储蓄率越低。在资本产出比不变的情况下，经济增长率取决于储蓄率，储蓄率越高则经济增长率越高，而要提高储蓄率，就要改变国民收入的分配，使利润在国民收入中占更大比例。因此，经济要稳定增长，利润和工资在国民收入中要保持一定比例，随着经济的增长，国民收入分配中利润的比例在提高，工资的比例在下降。经济增长是以收入分配的不平等为前提的。经济增长的结果，也必然加剧收入分配的不平等。这是新剑桥模型的重要结论。

4. 阿罗的边干边学模型

阿罗 1962 年在《边干边学的经济含义》一文中提出了著名的边干边学模型，这是将技术进步作为增长模型内生因素的首次尝试，成为 20 世纪 80 年代许多内生增长理论的思想源头。所谓边干边学，包括两个方面，其一，知识可以在生产实践中逐渐积累，劳动力可以通过学徒、在职培训等方式积累工作经验，形成人力资本，学习是获取知识的主要方式；其二，经验具有递增的生产力。随着经验知识的积累，单位产品成本随生产总量递减。新资本的形成吸收了当时所有可用的知识，生产更多的产品将积累更多的知识，于是下一代资本品的技术水平更高，生产每单位最终产品所需的劳动力数量下降，使所有劳动力和积累性物质资本生产最终产品时的效率逐渐提高。

边干边学模型的核心假设有两个。其一，技术进步或生产率提高是投资的副产品。每一项物质资本投资不仅意味着购置了新的机器、设备、厂房，还意味着新知识的创造，提高一个厂商的资本存量会导致其知识存量的相应增加。其二，知识是公共产品，具有外溢效应。每个厂商的技术变化是整个经济中的边干边学并进而是积累的资本总量的函数。阿罗模型中应用了较复杂的数学工具。1967 年，谢辛斯基在《具有边干边学的最优积累》中对阿罗模型结构进行了简化和扩展，提出了一个简化的阿罗模型。在这一模式中，假设有 N 家厂商，则有代表性厂商的生产函数为

$$y = F(k, Al) \tag{2-4}$$

其中，l 为厂商劳动；k 为厂商的资本；A 为知识水平；其方程式为

$$A = K^b \tag{2-5}$$

其中，K 为资本总量，且 $K = Nk$，$b < 1$ 为外溢效应常数，式（2-5）表示技术进步是资本积累的函数，不仅进行投资的厂商可以通过积累生产经验而提高其生产率，那些没有进行投资的厂商也可以通过学习其他厂商的实践经验来提高他们的

生产率。如果知识 A 是给定的，那么每个厂商都满足规模收益不变，资本和劳动都增加一倍，产出也会增加一倍。然而在扩大资本投入的同时，A 也随之增加，于是整个经济就呈现出规模收益递增的特征。假定人口增长率为 n，沿着均衡增长路径，总产出和总资本的增长率均为 $n/1-b$。由于 $b<1$，阿罗模型中的经济增长要快于不含技术进步的索洛模型中的经济增长，而且弹性系数 b 越大，经济增长就越快。

5. 新经济增长理论

20 世纪 80 年代中期，以罗默、卢卡斯等人为代表的一批经济学家，在对新古典增长理论重新思考的基础上，提出了以“内生技术变化”为核心的新增长理论。其突出特点是，强调经济增长不是外部力量（如外生技术变化），而是经济体系的内部力量作用的产物，重视对知识外溢、人力资本投资、开发和研究、收益递增、劳动分工和专业化、边干边学等问题的研究，探讨了长期经济增长的可能前景。

罗默在他 1986 年的《收益递增与长期增长》一文中，对阿罗-谢辛斯基的边干边学模型作了重大修正和扩展，提出了一个由外在效应、产出生产中的收益递增和新知识生产中的收益递减三个要素共同构成的竞争性均衡模型，开拓了知识外溢和边干边学的内生增长思路的研究。罗默模型突破了新古典增长模型对长期增长趋势的预见，指出人均产出可以无限增长，增长率随时间变化可能单调递增，并主要受下列几个因素的影响（谭崇台，2002）。其一，经济的总知识存量的影响。在罗默看来，产出不仅是资本、劳动等实际投入的函数，而且是专业化知识与社会知识总存量的函数。由于知识的外在效应，一个社会总知识存量越多，经济增长率就越大。其二，厂商知识投资决策的影响。如果厂商更多地投资于专业化知识，则不仅使自身形成递增收益，而且使物质资本和劳动等其他投入要素也形成递增收益，进而使整个经济的规模收益递增，收益递增保证了长期增长。其三，储蓄率和跨时替代弹性的影响。如果人们更少消费，多储蓄，更愿意进行知识投资，那么社会总知识存量和厂商的专有知识存量都会增加，进而提高整个经济的增长率。其四，政府政策的影响。如果没有政府干预，均衡增长率不是最优的，因而将现期产品配置由消费转移到研究中的任何干预都是增进福利的，即政府可以取得私人部门无法达到的帕累托改进的效果，政府投资具有增长效应。其五，经济中规模效应的影响。如果劳动力或人口随时间而增长，则人均增长率就会随时间变化而递增。总之，罗默模型强调知识积累是经济增长的决定性因素，资本、劳动、土地等因素都受边际收益递减规律的制约，不可能决定长期增长。但知识却不同，它决定着各种投入要素组合在一起的方式，知识的积累可以带来边际生产力递增的无限空间。

卢卡斯1988年在《论经济发展的机制》一文中，提出了一个以人力资本外在效应为核心的内生增长模型。在这一模型中，人力资本是一个宽泛的概念，不仅包括蕴涵于人体内的知识和技术，还包括独立于人体之外的知识和技术。他认为，人力资本既有内部效应也有外部效应：内部效应是指一个人积累的人力资本可以提高他本人的生产率，并因此增加收益；外部效应是指一个人积累的人力资本有助于提高全社会的生产率，但他并不因此获益。人力资本的外部效应会不断扩散，对所有生产要素的生产率都有贡献。这一模型强调，人力资本投资，尤其是人力资本的外在效应具有递增收益，从而使人力资本成为“增长的发动机”。

2.2　对经济发展理论的反思

从迄今为止的发展结果来评价，人的经济活动对环境的破坏作用，并不亚于自然过程中的突变因素的影响。但是，无论是古典经济增长理论，还是现代经济增长理论，均以物质资本积累、人力资本、技术进步等为研究重点。在经济增长过程中，环境仅仅被当作一个提供资源、容纳生产废弃物的载体，未被纳入决定经济增长的关键因素体系。因此，面对环境的恶化问题，现有的经济增长理论无法作出合理的解释。

1. 自然资源的可替代导向，忽视对经济增长的制约

在几乎所有的经济增长理论中，经济增长被认为只是资本、技术、储蓄率、就业等的函数，资源能够被相互替代或被“其他生产要素”所替代。亚当·斯密论述了影响国民财富增加或减少的因素，认为分工和资本积累足以克服土地稀缺程度的提高对经济增长所带来的消极影响，从而维持经济的持续发展。在李嘉图看来，尽管较高质量的自然资源在数量上相对稀缺，但他并不认为这种相对稀缺会构成对经济发展的绝对制约。在古典经济学中，马尔萨斯强调了资源的绝对稀缺性，并以此为前提描绘了一个极度悲观的未来。但由于其指数关系的简单假定和对技术进步的忽略，他的思想提出后受到了人们的批判和否定。约翰·穆勒是第一个将自然环境纳入经济学分析的学者，但并未作深入分析，他的关于“静态经济”的思想也未成为主流观点得到重视。

以马歇尔为代表的新古典经济学对经济发展的前景持乐观态度，认为经济发展是渐进的、和谐的和经济利益逐步分配到社会全体的过程，他们相信，人类的能力能够克服物质环境对经济增长施加的限制，技术进步和劳动力质量的提高会形成报酬渐增的历史趋势从而使经济能够持续不断发展。经济大萧条之后，凯恩斯从宏观的角度出发，分析了经济增长的原因。他从资源配置的微观经济学分析转向了“有效需求原理”、“总量分析”的研究。在分析和研究经济增长过程中，他认为，通过刺激有效的消费需求，能够促进经济增长。第二次世界大战后至20世纪60年代，围绕着经济增长和发展的问题形成了哈罗德-多马模型，索洛-斯旺的新古典经济增长理论，卡尔多-罗宾逊的新剑桥经济增长理论等。在这些主流经济学理论中，自然资源及可持续发展问题并没有纳入他们的研究范围。哈罗德-多马模型强调了资本积累在经济增长中的决定作用，认为资本稀缺是经济发展的重要约束，其他因素都只是起副作用；新古典经济增长模型则认为技术进步是经济增长的主要决定因素；新剑桥模型论述了收入分配关系对经济增长的影响。20世纪80年代中期，以罗默、卢卡斯等人为代表的一批经济学家，在对新古典增长理论重新思考的基础上，提出了以“内生技术变化”为核心的新增长理论。这一理论克服了新古典经济增长理论将经济增长的动力归为无法解释的外在技术进步的不足，通过运用边干边学模型、人力资本积累、R&D理论等将技术进步内生化，从而很好地刻画了经济增长的内生机制。但是，在有限的资源存量约束下如何将经济增长势头保持下去，资源的可持续利用前景、环境与经济增长如何相协调等并未在新经济增长理论中找到一席之地。

库兹涅茨在接受1971年度诺贝尔经济学奖时所作的演说（题为《现代经济增长：发现和反应》）中认为，“一个国家的经济增长，可以定义为居民提供种类日益繁多的经济产品的能力长期上升，这种不断增长的能力是建立在先进技术以及所需要的制度和思想意识的相应调整基础上的”（库兹涅茨，1981）。也就是说，经济增长是物质产品生产能力的提高，即增长国民生产总值能力的提高；经济增长以技术进步为基础和源泉，以制度（政治与法律制度、经济体制、经济结构等）和思想意识的不断调整为必要条件。经过大量的计算和分析，库兹涅茨得出一个结论：在人均国民生产总值增长的结构中，25%归因于生产资源投入量的增长，75%归因于投入要素的生产率（效率）的提高。因此，经济增长主要是靠生产效率的提高（而不是资源投入数量的增加）推动的，而生产效率的提高又是靠技术不断进步引起的，所以，科学技术进步是现代经济增长的源泉。他认为，经济增长不可能受到自然资源绝对缺乏的阻碍。从上述分析中可以看出，增长理论强调要素之间的相互替代性，认为自然资源对经济增长不起决定作用，在索洛看来，当资源越来越稀缺时，替代成为技术进步的关键因素，可以用“其他要素”来替代“自然资源”。

这种观点时至今日仍为主流经济学家所认可。萨缪尔森在其著名的教科书《经济学》一书中将人力资源（劳动力的供给、教育、纪律、激励）、自然资源（土地、矿产、燃料、环境质量）、资本（机器、工厂、道路）、技术（科学、工程、管理、企业家才能）作为“经济增长的四个轮子”，他认为，“在当今世界上，自然资源的拥有量并不是经济发展取得成功的必要条件”（萨缪尔森和诺德豪斯，1999）。以发展中国家的经济发展问题为研究对象的发展经济学认为，在现有的资源条件下，通过技术进步、资源替代范围的扩大，可以克服自然资源的不足（金德尔伯格，1986）。

自然资源能否被其他要素替代？一些经济学家提出了质疑。美国著名资源经济学家戴利区分了自然资本（产出自然资源流的存量）和人造资本（包括生产品和消费品的存量）的概念，认为自然资本和人造资本的基本关系是互补性的而非替代性的。他说："我们可以用砖来替代原木，但是那只是一种资源代替另一种资源，而不是用资本来代替资源。在建造一幢砖房时，我们会面临一个类似的'不可能'，即用铲子和泥瓦匠来代替砖头"（戴利，2001）。由于二者的互补性，自然资本已经代替人造资本成为最稀缺的限制性因素。戴利认为，越来越多的人造资本不是代替自然资本，而是对自然资本有越来越大的互补性要求，快速地消耗自然资本以暂时地支撑人造资本的价值，在不远的将来，就会使整个自然资本变得更加具有限制性。

自然资源与其他生产要素一样参与生产过程，经济活动中的"资源问题"就是生产成本问题，这几乎是所有经济增长模型的前提。经济学原理把自然资源看作是从自然环境中提取出的"独立的生产要素"，即随着资源的不断开采、利用，资源利用的成本增加；对经济发展而言，资源数量的减少，结果只是成本增加了。随着技术、知识的进步，"成本问题"相对于增长、资本积累、收益等，不足以成为经济增长和社会发展的障碍，因为技术进步可以提高"资源"的利用效率，相对降低成本。所以，经济增长依然是技术、资本及制度问题。环境被认为没有价值，是可以免费获得的资源。

从物理学意义对自然资源的分析，我们可以得出两个规则：①资源一经使用，熵必定增长（从经济学意义上讲，资源的价值便有所损失）；②虽然是消费资源和能量，但物质和能量并不消失，它们是守恒的。由此可知：资源一经消费，就变成熵增的废热与废弃物。因此，讨论资源的枯竭问题时，首先应该考虑废热废弃物堆放场地的枯竭或污染问题。目前的经济学只研究资源的枯竭问题和替代资源的开发问题，而对使用资源之后所产生的废热与废弃物毫不关心，忽视了资源的其他特性。经济学对经济活动是否经济的核算，主要是从经济活动本身直接形成的成本和收益进行的。所谓的"不经济"是指一种事物不能赢得足够的现金利益就是不经济。把资源特性看作与劳动力、资本的特性完全一样，就可能出现这样一种情况：一种活动尽管耗尽自然资源、加害于环境，却可能是经济的，而一种活动尽管付出一些代价去保护环境和保存资源，却是不经济的。这种忽视人对自然界的依赖性，即无视自然资源特性的思想是以市场为主要研究对象的现代经济学的方法论所固有的缺陷（周海林，2001）。

2. 孤立经济系统观点，割裂与生态环境的互动影响

美国著名资源经济学家戴利对传统增长理论进行了尖锐的批判，提出了著名的“稳态经济”理论，他也被誉为“可以改变人类生活的当代100位有远见的思想家之一”。戴利指出，传统发展观的根本错误在于，它的核心理念或前分析观念把经济看作是不依赖外部环境的孤立系统，因而是可以无限制增长的。而可持续发展的核心理念或前分析观念是把宏观经济看作一个更大的、有限的、非增长的生态系统的子系统，经济子系统的增长规模绝对不能超出生态系统可以永久持续或支撑的容纳范围。戴利在其《超越增长——可持续发展的经济学》一书中深刻论证了人类经济的演化已经从人造资本是经济发展限制因素的时代，进入了剩余的自然资本是限制因素的时代，揭示了可持续发展的时代特征，建立了“空的世界”到“满的世界”转变的理论模型，这就是“作为生态系统的开放子系统的经济”的模型（戴利，2001）。

在这一模型中，所有的经济系统都是有限的自然生态系统（环境）的一个子系统。由于生态系统规模保持不变，而经济系统的规模却在不断增加，戴利认为，目前人类经济的演化已经从人造资本是经济发展限制因素的时代进到了剩余的自然资本是限制因素的时代。因此，所有经济系统都必须受到生态环境系统的约束。经济系统的运行须臾离不开环境系统的支持，两者之间一直进行着错综复杂的物质和能量的交换，但是传统经济学却把经济系统看成是一个独立于生态环境以外的封闭系统，很少甚至没有考虑环境因素的影响与作用，只在孤立的经济体系内寻求解释经济增长的最佳答案。由于长期以来人们的熟视无睹或对环境与经济关系的片面理解，当今环境问题积重难返。生态环境灾变问题，本质上说是自然资源利用方式不当、效率低下、废弃物堆弃超过环境承载能力等造成的。

由于人类的经济活动总是在环境中进行的，经济系统应作为更大的、但有限的而且是非增长的生态环境系统的一部分。增长理论却假定，环境资源是无穷尽的，环境吸纳废弃物的能力也是无穷尽的，环境系统根据个人支付意愿原则为经济系统提供生产所需的物质与能量。因而，经济不依赖物质的环境，而仅依赖于不断流动的货币收入，而货币收入在理论上可以无穷大。经济学家承认普遍稀缺原理，但认为世界相对人类行动的范围而言足够大，因此，认为在有限环境中的经济增长的后果是不可能发生的。人类的智慧和技术进步为人类提供了“无限的资源”，这种资源将解决世界是有限的这个问题。即技术进步的速率将超过资源和环境净化能力衰竭的速率，世界经济在所能预见的将来，能够持续增长而不会发生任何灾难。因此，在现代经济增长理论中，规模生产函数一般不考虑自然和自然资源。

热力学第二定律告诉我们：能量是不可能回收利用的，最终，所有的能量都将转化为废热。同样，物质的百分之百回收利用也是不可能的。在每一次循环中，总有一些物质不可避免地损失掉了。因此，美国著名资源经济学家罗根认为，经济过程仅仅是把有价值的自然资源（低熵）转化为废弃物（高熵）。从熵的角度来说，任何生物的或者经济的行为，其成本总是高于产出，即导致“赤字”。从目前经济发展对资源开发利用的趋势看，我们留给后代的可能不只是高成本开采的自然资源，而是整个资源环境系统的破坏乃至坍塌。因此，资源环境的问题不只是“经济发展的成本”问题。自然资源被开发利用，数量不断减少，自然资源在生态系统中的总体特性也会发生相应的变化，进而经济系统所处的自然环境系统发生变化，变得脆弱，从而使得整个“经济增长、发展”的基础发生动摇。

3. 物质资本的核算偏重，轻视经济增长的成本代价

从增长理论可以看出，经济增长的最终目标是实现产出的长期增长。对经济增长的研究暗含以下假定：产出就是收益，生产除了消耗投入的要素外，不付出任何代价。这个假定前提是脱离实际的，因为产出不一定是有益的，有些产出甚至可能是有害的；影响经济增长的各个要素既能带来物质财富的增加，又会产生一些负面效应，如浪费资源、破坏生态环境、造成人为灾害、放大自然灾害的效应等，所有这些都应被看作人们追求经济增长的代价。例如，2004 年年底发生了震惊世界的印度洋地震、海啸灾害。据世界环境保护联盟（IUCN）的初步研究，人类在沿海地带建造度假胜地，掠夺性地开发海洋资源，破坏了海洋植物等自然保护设施，本来可以防御海啸的许多海洋树木和植物、珊瑚礁石，随着人类活动加剧而逐步退化或消失。因而，不恰当的人类活动使这次印度洋海啸灾害效应被放大，造成了超过 15 万人死亡的空前灾难。

增长价值怀疑论的代表人物经济学家米香指出，“由于人类认识的有限性、技术进步的相对性等多种因素，任何形式的经济发展都需要付出一定的代价”(Mishan，1967)。经济增长理论忽视影响经济增长的负面影响，以及由此引起的经济增长的代价，对经济发展成本缺乏全面认识，把产出简单地看作是各种要素投入的结果，这可以说是各种经济增长理论的共同缺陷。

经济增长理论的这一缺陷反映在现行国民经济核算体系中，就是只核算产出部分，不考虑经济发展的成本与代价。代表一个国家或一个地区产出总水平的指标 GNP 或 GDP 既没有真实反映环境污染所带来的损失，也没有考虑自然资源存量的消耗与折旧以及环境退化的损失费用，更没有考虑到生态平衡被破坏而带来的损失。因此，建立在经济增长理论基础上的国民经济核算体系对产出的片面衡量，导致了各国对 GNP 的过度追求，成为“对各国社会经济发展

产生错误导向的一个根源，直接导致了以生态环境和资源存量和质量迅速恶化为代价的虚假繁荣：国民经济虽然不断增长，但经济发展成本不断提高，环境资源基础和承载力在不断削弱；虽然以货币衡量的GNP在增长，真实的GNP却在减少，而且，达到一定程度以后环境经济指数趋向于零，真实的GNP也将出现迅速下降”。

第3章 实践背景：传统发展方式的反思

3.1 新中国成立以来经济发展方式的演变

3.1.1 计划经济时期的经济发展方式

新中国成立后，为了迅速实现工业化，我国学习苏联的经济管理模式，构建起优先发展重工业、高度集中的计划经济体制。特别是在资源配置与经济决策方面，主要依靠指令性计划与国家政策。国有经济控制了能源、工业原料以及交通等重要部分，并实行了土地改革，促进了农村生产力的发展，快速实现了经济恢复，提高了人民的生活水平。1953～1957年，国内生产总值平均每年增长9.2%。工业总产值的比重由1949年的30%上升到1957年的56.7%，工农业产值平均每年增长11.1%，其中，农业为4.5%，轻工业为12.9%，重工业为25.4%。到1957年，我国钢产量达到535万吨，粮食产量已达1.95亿吨，社会总产值平均每年增长11.3%。粮食产量增加到19 505万吨，棉花产量增加到164.0万吨，大部分工业产品产量不同程度的增长了1～3倍。过去没有的新工业部门先后建立起来，社会主义工业化已经初步形成。1957～1978年年底，我国经济进一步发展，社会总产值增长了3.25倍，国民收入增长了1.96倍，工业总产值增长了5.99倍，农业总产值增长了0.84倍。

计划经济时期发展方式追求“一大二公”，排斥其他经济成分，主要依靠指令性计划与行政手段导致资源配置效率下降，由于主观计划的随意性和失误造成了巨大的资源浪费，集中的计划体制和单一的所有制格局抑制了合理竞争和市场调节机制的作用，但在特殊的发展阶段为快速工业化铺平了道路，较快掌握了国家的经济命脉，为党的十一届三中全会后建立市场经济奠定了良好的物质基础（白永秀等，2011）。然而，该时期的经济以“多快好省”为基本思想，片面追求经济增长的速度，忽视了经济效益，不计生态环境恶化的成本，通过资本、劳动与资源要素的大量投入，用“大跃进”和大炼钢铁方式推动经济增长。据统计，1952～1978年资本和劳动的平均贡献度分别为40.1%和30.6%（不同时期各要素对经济增长的贡献率见表3-1）。其中，“以钢为纲”的大炼钢铁运动以牺牲环境和损耗资源为代价，是粗放型经济发展带来高速增长的典型代表。由于没有按经济规律和自然规律办事，这一超高速的增长很快便遇到粮食、生产资料以及工业消费品的供应“瓶颈”制约而难以为继。

表 3-1 各要素对经济增长的贡献率 （单位：%）

时期	1952～1957 年	1957～1966 年	1966～1978 年	1952～1978 年
资本投入贡献	34.5	50.2	36.2	39.5
劳动投入贡献	22.0	38.8	31.8	30.6
综合生产率贡献	43.5	11.0	32.7	29.9

资料来源：叶飞文，2004

3.1.2 改革开放以来经济发展方式的形成

1978 年，党的十一届三中全会的召开标志着中国走上了改革开放的道路。进入市场经济初期，1992 年，在对传统计划经济的反思中，提出发挥市场调节作用的问题，打破壁垒，鼓励私营经济和外资经济，逐步减弱和缩小计划性指令及统一定价，加强市场的资源配置作用，确立了社会主义市场经济体制。在所有制结构上，从以前的单一公有制结构逐渐改变为以公有制为主体、多种所有制经济共同发展。1992 年，邓小平南方谈话与党的十四大召开，明确社会主义市场经济体制的改革目标，提出市场在国家宏观调控下对资源配置的基础性作用，正式确立了我国社会主义市场经济体制。1993 年，党的十四届三中全会作出《中共中央关于建立社会主义市场经济体制若干问题的决定》，在总结了改革开放 15 年的实践经验和参照国际上市场经济国家成功经验的基础上，勾画出社会主义市场经济体制的基本框架与蓝图，成为市场经济初期（1993～2002 年）经济体制改革的行动纲领，极大地推动了市场经济的发展，表 3-2 显示了改革开放到市场经济初期我国主要国民经济指标的变化。

表 3-2 1978～2003 年国民经济指标

年份	国内生产总值/亿元	人均 GDP/元	工业总产值/亿元	农业总产值/万元	对外贸易值/亿美元
1978	3 624	376.48	4 237	11 175 000	206.4
1980	4 518	457.73	5 154	14 541 000	381.4
1985	8 904	864.85	9 716	25 064 000	696.0
1990	18 531	1 620.79	23 924	49 543 000	1 154.5
1994	45 006	3 755.19	76 909	118 846 000	2 367.3
2000	99 214.6	7 858	85 674	138 736 000	2 492
2003	135 822.8	10 542	142 271	148 701 000	4 384

数据来源：1978～2003 年《中国统计年鉴》

市场经济初期基本建立了以公有制为主体、多种所有制经济共同发展的社会主义市场经济体制，实现从高度集中的计划经济体制向充满活力的社会主义市场经济体制的初步转型，构建以国家规划、计划和产业政策为导向，财政政策和货币政策相互配合的宏观调控体系；进一步发挥了市场配置资源的基础性作用，政府宏观调控能力逐步加强，经济调控方式由直接行政控制转向适应市场经济的间接调控方式转变；实现从封闭半封闭对外贸易到全方位开放的转变，基本形成全方位、宽领域、多层次的对外开放经济格局。1978～2003 年，GDP 按可比价格计算，增长了超过 37 倍；人均 GDP 增长了约 28 倍；工业总产值增长了约 34 倍，农业总产值增加了超过 13 倍，对外贸易增长了约 21 倍（表 3-2）。

与此同时，这一时期自然资源利用率开始受到重视，我国万元 GDP 的生态资源占用率迅速减少，由 1980 年的 19.2hm^2/万元降低到 2000 年的 1.8hm^2/万元，降低了 10 倍之多。自然资源的经济利用效率有了较大的提高。与此同时，单位 GDP 的能源消耗呈现下降趋势，从 1975 年的 15 吨标准煤下降到 2000 年的 1.5 吨标准煤，也下降了 90%。1979～2001 年，资本和劳动对经济增长的贡献率有所下降，分别为平均 29.1%和 21.75%（不同时期各要素对经济增长的贡献率见表 3-3）。可见，要素投入型的粗放式经济发展方式有所转变。

表 3-3　各要素对经济增长的贡献率　（单位：%）

时期	1979～1990 年	1990～2001 年	1979～2001 年
资本投入贡献	25.0	30.4	27.9
劳动投入贡献	33.7	8.2	20.4
综合生产率贡献	41.3	61.4	51.8

资料来源：叶飞文，2004

2003 年，党的十六届三中全会通过了《关于完善社会主义市场经济体制若干问题的决定》，标志着我国改革开放进入了完善社会主义市场经济体制的新阶段。这一时期以科学发展观和构建社会主义和谐社会的战略思想为指导，进一步转变经济发展方式，全面深化改革。

市场经济进一步完善时期，我国经济得到快速发展，各方面都取得了长足的进展，国家综合实力和国际竞争力显著提升。2010 年，我国的经济总量已超越日本成为世界第二大经济体（图 3-1）。2013 年，我国货物进出口总额为 4.16 万亿美元，超过美国，成为世界第一货物贸易大国。2013 年，我国外汇储备再创新高，达到了 3.82 万亿美元，是世界上外汇储备最高的国家（图 3-2）。城乡居民收入大幅增长，人民生活向总体小康跃进。2013 年，社会消费品零售总额达 23.78 万亿元，居民的消费总量不断扩大，并逐步向教育、文化、旅游、娱乐等多层次消费转变。我国建立起多元化经营的对外贸易体制，形成了完善的开放型经济体系。同时对外贸易结构不断优化，外资利用质量不断提高。随着 2001 年中国加入世界贸易组织，我国全面参与到经济全球化的进程中。2013 年，我国进出口总额已达 4.16 万亿美元，逐步实现了从粗加工、低附加值产品出口为主向深加工、高附加值产品出口为主的转变，高新技术产品、先进技术和关键设备的出口增长迅速。

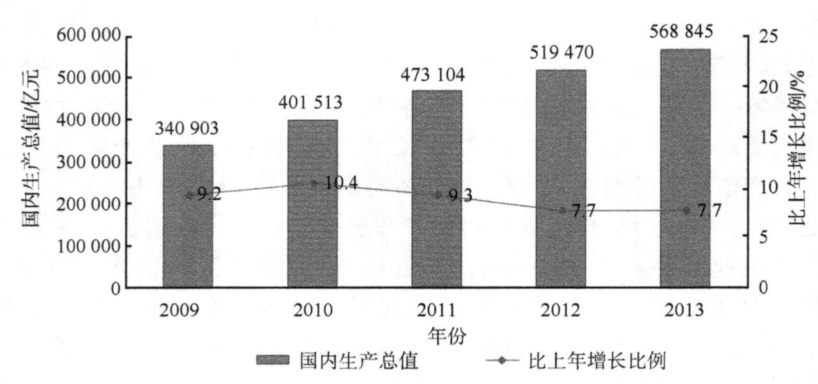

图 3-1　2009～2013 年国内生产总值及其增速

资料来源：中国统计年鉴

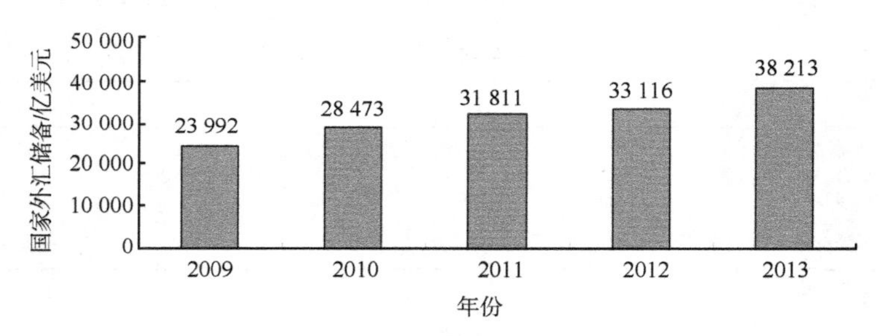

图 3-2　2009～2013 年年末国家外汇储备

资料来源：中国统计年鉴

改革开放以来，随着经济的快速发展，我国的资源瓶颈约束、环境污染等问题日渐凸出。由环境污染而导致的经济损失呈现不断上升的趋势。据世界银行统计数据显示，1986 年我国环境污染损失为 381.55 亿元，占当年 GDP 的 6.75%，1993 年已达 1085.1 亿元，占当年 GDP 的 3.16%。到 1997 年，我国仅空气和水污染造成的经济损失就高达 540 亿美元，相当于中国国内生产总值的 3%～8%（中国科学院可持续发展战略研究组，2002）。与此同时，由于环境破坏造成自然灾害频发，每年气象、海洋、地震等七大类自然灾害所造成的直接损失巨大，整个 20 世纪 70 年代约合 590 亿元；80 年代约合 690 亿元；90 年代损失严重，仅 1996 年因水灾造成的直接经济损失就达 2200 亿元；1998 年我国自然灾害造成的损失高达 3007 亿元（鲍宗豪和张华金，2004）。我国加大了环境污染的治理，2005 年，我国环境污染治理投资为 23 880 000 万元，2011 年已达 71 140 000 万元。

随着经济快速增长和人口不断增加，资源与环境的矛盾越来越尖锐，生态环境的形势十分严峻。以牺牲环境资源和自然资源为代价的经济发展方式难以为继，增强可持续发展能力不仅成为建设小康社会的重要目标之一，也是关系中华民族生存与发展的根本大计。在此背景下，我国提出科学发展观，强调以人为本的全面、协调、可持续的发展。科学发展观的提出不仅是发展观念的转变，更是发展方式的转变与创新。传统的发展模式强调经济增长，其发展方式基本上是高投入、高消耗、高污染、高排放、低效率的粗放型经济增长模式，这种发展模式强调经济增长速度并以 GDP 作为经济发展好坏的唯一标准，发展的同时造成环境污染、生态破坏以及社会矛盾加剧，忽略了发展的质量。科学发展观指导下的发展方式不再走“四高一低”的粗放型经济增长模式，而是少投入、低消耗、低污染、高效率的集约型经济发展模式。经济发展不再单纯依靠消耗人力和物力资源，而是更加注重知识和技术的创新，提高产品的科技含量。社会发展也不再是经济总量的增加和物质财富的增长，而是经济、政治、思想、文化以及人与自然的全面、协调、可持续发展。

3.2　传统发展方式的反思

3.2.1　传统发展方式的特点

经济发展方式是指在一定时期内国民经济的发展战略，生产力要素增长机制及运行原则，包括经济发展的目标、方式、发展重心、步骤等一系列要素。在一定生产技术条件下，经济发展方式受一国可供利用资源的约束。在我国由传统计划经济体制向社会主义市场经济体制转型的过程中，形成了一种强调数量增长的外延式经济发展方式。这种发展模式具有以下几个特征。

1. 以高速增长为主要目标的赶超型

这种发展模式从一开始就强调高速增长，并以实现综合国力赶超发达国家为目标。新中国成立初期我国就提出“超英赶美”的经济增长计划，不计一切力量优先发展经济。在国家政策的支持下，经济实力以成倍的速度增长，2010 年中国经济总量已经超越日本，位居世界第二，社会生产力、经济实力、科技实力以及人民生活水平、居民收入水平、社会保障水平均迈上一个大台阶，综合国力、国际竞争力有了大幅度提升。2012 年中国进出口贸易规模仅比全球第一大贸易大国美国少约 150 亿美元。2013 年，中国货物进出口总额为 4.16 万亿美元，其中出口额为 2.21 万亿美元，进口额为 1.95 万亿美元，超过美国成为世界第一货物贸易大国。

尽管中国以高速增长为目标的赶超型发展模式在经济总量上超越日本，甚至对外贸易总额超过美国居全球第一，但仍存在大而不强等问题。例如，出口产业仍处在全球产业链的中低端，产品技术和附加值不高，外贸发展质量与美国等发达国家还有很大差距，并且受环境、资源、劳动力约束越来越大，各种成本不断上升，不少外贸企业虽出口增加但利润并未提升。此外，外贸依存度仍然偏高，达50%左右，远高于美国的30%。因此，需要加快调整国际贸易结构，减少自身贸易条件恶化及对发达国家依附，避免陷入“比较优势陷阱”，实现从“外贸大国”向“外贸强国”的转变。

2. 以政府的行政力量为主要调节手段的计划型

这种发展模式忽视市场调节规律，采用行政手段来进行资源配置，以达到快速发展的目的。中国从1953年开始执行国民经济的第一个五年计划，建立起了高度集中的、主要用行政手段配置资源、通过指令管理经济的计划经济体制，中国经济发展主要依靠政府的行政力量，几乎忽略了市场的作用。1978年开始实行改革开放，对传统计划经济的反思下，我国开始注重发挥市场的调节作用，逐步减弱、缩小计划性指令和统一定价的范围，从以前的单一公有制经济结构逐渐改变为以公有制为主体、多种所有制经济共同发展的所有制结构。尽管非公有制经济已经开始在市场上占有一定的分量，但公有制经济在经济总量中依然占据着主体地位，仍然是市场的主导者。由于行政审批的原因，政府投资在多数行业远远大于民间投资，这在很大程度上抑制了民间投资的积极性。

2014年，中央政府提出全面深化改革，首当其冲就是简政放权。这主要是针对传统经济模式下形成的不同程度的政企不分、政资不分，行政审批事项繁多，部分行业垄断经营等问题。通过简政放权，进一步减少政府对微观经济的管理，使市场机制发挥基础性的调节作用。

3. 以工业为主导的结构倾斜型

这种发展模式实质上是以农业、轻工业等产业部门的缓慢发展为代价的。中国经济在第一、第二、第三产业之间的基本比例关系严重失衡，作为第一产业的农业基础薄弱，第三产业发展严重滞后。1958～1978年，国内生产总值和第一、第二、第三产业增加值的年均增速分别为5.4%、1.6%、9.1%和4.5%；而第一、第二、第三产业的比重分别由1957年的40.6%下降到1978年的28.2%，由29.6%上升到47.9%，由29.8%下降到23.9%。1979～2007年，第一、第二、第三产业比重分别由1978年的28.2%下降到11.7%，由47.9%上升到49.2%，由23.9%上升到39.1%（汪海波，2008）。虽然整体看来第三产业的增速并不算低，但其发展水平却远低于第二产业的发展，发展滞后，经济结构严重倾斜。

进入新的发展时期，中国调整发展战略，进一步平衡了产业结构。2013年，全年国内生产总值为 568 845 亿元，比上年增长 7.7%。其中，第一产业增加值为 56 957 亿元，增长 4.0%；第二产业增加值为 249 684 亿元，增长 7.8%；第三产业增加值为 262 204 亿元，增长 8.3%。第一产业增加值占国内生产总值的比重为 10.0%，第二产业增加值比重为 43.9%，第三产业增加值比重为 46.1%，第三产业增加值占比首次超过第二产业。虽然在经济结构的倾斜得到了一定的改善，但作为一个农业大国，我国第一产业发展滞后严重制约着我经济的健康、稳定发展。

4. 以数量增长为逻辑的粗放型

这种发展模式的显著特征是片面追求数量增长，通过大量劳动力及资金投入的外延型扩大再生产方式来实现。在生产的过程中忽视了技术创新的应用，忽视了经济发展的质量。集中表现为，经济增长对能源资源的消耗明显偏高，甚至连续几年能源消费增速超过了经济增长速度。与此同时，对生态环境破坏十分严重，随着城市化进程和乡镇企业的发展，环境污染逐步向农村蔓延，生态破坏的范围不断扩大。

新的发展时期，通过环保建设改善生态环境状况。“十一五”期间，中国加快发展节能环保产业，在很大程度上抑制了粗放发展模式对环境的影响。但中国能源效率总体仍然偏低，2012 年，中国国内生产总值占全世界 GDP 的 9%左右，而能源消费却翻了一番，达到 19%，中国煤炭占一次能源消费比重达 70%，比世界平均水平高出约 40 个百分点。2012 年中国单位 GDP 能耗是世界平均水平 2.5 倍，美国的 3.3 倍，并高于巴西、墨西哥等发展中国家。

5. 以牺牲生态环境为代价的透支型

这种发展模式所取得的成绩是以资源环境透支为代价的，早期的工业化中给资源环境造成重大破坏和浪费，而环境保护和治理则往往在经济发展的后期才会得到重视。中国 30 多年经济高速增长所带来的环境代价是极其高昂的。就水资源而言，中国 660 个城市中，2/3 水资源短缺，110 个城市严重缺水。由于大量取用地下水造成上海、天津等大城市面临着地面沉降问题：1900～2004 年沉降超过 1.8 米，90%以上城市地下水受污染，3/4 城市区域的河流水质不适合饮用(Elizabeth，2007)。京津超大城市的发展计划如果不解决水资源问题，必然会加速华北地区的生态环境恶化。环境资源透支在很大程度上促进了这些年 GDP 的增长，但同时也带来了巨大的治理负担。

这种传统的经济发展模式尽管在特定的历史条件下起过一些积极作用，但随着时间的推移，它的弊端日益显露。例如，经济结构严重不合理，高积累、高投入与低效益、低产出相联系，区域发展失衡，资源浪费严重，经济发展呈大起大落格局等，这种发展模式与市场经济存在内在的冲突性。在社会主义市场经济条件下，要使国民经济长期稳定协调地发展，需实现资源的最优配置和最有效的利用，经济发展模式的转换已势在必行。

3.2.2 传统发展方式的问题

过去三十多年的发展，我国虽取得举世瞩目的成就，但由于没有任何现成的理论与实践可以借鉴，在发展的道路上不可避免地走了一些弯路，隐含一些潜在的问题。随着经济社会的不断发展进步，这些问题逐渐成为制约中国经济发展的重要因素，主要表现在以下几个方面。

1. 能源消费总量大、能源消费结构不合理

粗放的传统发展模式，通过消耗大量的原材料和能源来实现经济的快速增长，给资源能源、生态环境带来极大的压力。

2003～2013年，中国GDP由135 822.8亿元上升到568 845.2亿元，平均增速约为9.4%，而能源消费总量由18.37万亿吨（标准煤）上升到37.5万亿吨，平均增速为11.5%，能源消耗比经济增长速度还快约1%，可见生产要素投入的增长速度要快于经济增长速度。2005～2009年，中国进口铁矿砂从2.8亿吨增长至6.3亿吨，价值从183.7亿美元增长至501.4亿美元，铁矿石对外依存度已达69%。同期，中国进口原油从1.3亿吨增长至1.8亿吨，价值从477.2亿美元增长至1293亿美元，石油消费的进口依存度已高达52%。显然，传统的经济增长模式是以大量的资源和能源投入来实现的，属于典型的粗放型增长模式。

此外，我国是世界上为数不多的以煤为主要能源的国家之一，且未来仍然呈现出以煤为主要能源供给的基本特征，能源结构发生根本改变的可能性相当小。而据测算，石油的CO_2排放系数平均相当于煤炭的80%，而天然气仅相当于煤炭的60%，我国以煤为主的能源消费对大气环境污染较大，也面临着很大的碳排放压力。2006年中国CO_2排放量为62亿吨，占全球总排放量的14.6%，已超美国列世界第一。2013年全国能源消费总量37.5万亿吨，比2012年增长3.7%。2013年，煤炭消费量同比增长3.7%；原油消费量同比增长3.4%；天然气消费量同比增长13.0%；电力消费量同比增长7.5%。全国万元国内生产总值能耗下降3.7%。但仍然高于发达国家，甚至高于一些发展中国家。传统高代价的经济发展模式已造成许多城市面临着资源枯竭的困境。近几年来国务院连续公布了甘肃玉门、辽宁阜新等近50个资源枯竭型城市，面对经济下滑、失业等一系列社会问题，资源枯竭型城市的转型问题成为国家发展的一个重大难题。

2. 政府的行政干预较强，市场机制作用受限

为了追求“GDP”快速增长，许多地方不惜成本，以行政手段取代市场的资源配置作用，通过大大压低工业土地等生产要素的价格获得经济发展，造成土地等要素价格的扭曲（低于正常市场价格），加速资源的消耗与浪费。劳动力市场的问题也是如此，具体表现为多市“打工族”的劳动价格大大低于应有的市场劳动力价格。这必然导致资本投资者侵占土地与劳动要素的利润所得，而这种扭曲的增长推动方式必定会以降低社会福利为代价。

投资重复、盲目，出现产能过剩，造成社会资源浪费。政府投资完全由政策决定，几乎不受社会需求的影响。一些地方政府盲目追求 GDP，动用大量公共资源投入基础设施和大型项目，甚至重复建设。由于重工业领域投入较多，相比之下的居民消费需求较大的轻工业和服务业领域投入却相对不足，导致一定程度的结构性产能过剩，势必造成社会资源的浪费。

政府投资挤占了民间资本，不利于资源的优化配置。在社会主义市场经济条件下，非政府投资在资源配置中具有不可忽视的作用。政府权力过分参与经济发展，必然会挤占私人投资空间。政府投资的这种“挤出效应”，减少了民间投资，降低了市场在资源优化配置中的基础性作用。

3. 过度依赖投资拉动，后继贡献日渐减弱

中国过去 30 多年形成的以经济总量扩张为目标的投资主导模式在改革开放后相当一段时期具有其合理性，也有效地解决了过去中国的短缺经济问题。但进入 21 世纪以来，产能过剩与产业结构扭曲的矛盾日渐凸出，投资主导模式的弊端日渐显露，其经济贡献日渐减弱。

地方政府追求 GDP 增长，是吸引投资、鼓励投资的主要因素。资源要素价格的行政控制造成低成本扩张，鼓励并扩大了投资和生产。据统计，我国的投资率长年保持在 40%左右，大多数年份在经济增长总量中的占有份额高出消费和进出口。从发达国家的经验来看，一国在进入重化工业与城市化时代，略微偏高的投资率具有一定的合理性，该阶段的投资率大都为 22%～40%，但中国的投资率比国际上同等发展阶段的国家明显偏高。长年的投资主导模式带来了严重的产能过剩。中国的汽车生产、能源生产、钢产量等行业已经逐渐超过大部分发达国家，有的已经居于世界首位，这些令中国骄傲的行业为中国带来了巨大的经济增长，也带来了产能过剩危机。2006 年国务院将 10 个行业列为产能过剩行业，2009 年产能过剩行业几乎翻了一番达到 19 个。2008 年全球钢铁产量下降了 20%，而中国同期却上升了 15%。过度依赖投资拉动导致地方政府主导第二产业片面发展，造成三次产业比例失调，服务业发展的严重滞后。中国的服务业比例不仅远低于发达国家，甚至低于一些发展中国家，扭曲的供给结构造成了经济的畸形发展，中国低端的制造业以及低成本扩张的市场基础已经不复存在。新时期资源要素价格的上升将是一个长期趋势，中国制造业劳动生产率及增加值较低，制造业的质量与发达国家之间的差距不容忽视。

4. 产业发展不均衡，结构不合理

农业基础薄弱，制造业大而不强，第三产业发展滞后。我国经济增长主要依靠第二产业带动的格局没有根本性转变，特别是工业。伴随着工业化和现代化以及信息化社会的发展，世界各国第三产业增加值在国内生产总值的比重逐渐上升，先后都超过农业和工业；随着第三产业的发展，现代服务业的比重上升、劳动生产率趋于上升，其在经济社会发展中的地位和作用逐步增大，以致服务业成为占主导地位的产业，这些特点可看作第三产业发展的一般趋势。然而我国第三产业的发展过程却被严重地扭曲。1953～1957 年，第三产业的发展虽不是很理想但总体比较正常。而 1958～1978 年，第三产业增加值占国内生产总值由 30.1%下降到 24.2%，其发展受到很大程度的抑制。1979～2007 年，第三产业增加值占国内生产总值由 21.9%上升到 39.1%，一定程度上修复了早前的扭曲状态。相较工业发展而言，第三产业发展状况并没有得到实质性的改善。

5. 社会分配不公，收入差距扩大

第一，贫富差距呈扩大趋势。国际上，经济学家们通常用基尼指数来表现一个国家和地区的财富分配状况。国际上通常把 0.4 作为收入分配差距的“警戒线”。我国基尼系数从 1981 年的 0.31 提高到 2001 年的 0.45，2002 年的 0.46，2006 年的 0.50，到了 2009 年基尼系数又上新高，已达到了 0.63，显著超过通常所说的警戒水准（0.4），可见贫富差距有进一步拉大的趋势。

第二，城乡收入差距逐年扩大。1978 年城乡居民人均收入差距为 2.57 倍，1985 年曾缩小为 1.86 倍，以后逐年扩大，2007 年已扩大至 3.33 倍。2009 年城乡居民收入比由 2007 年的 3.33∶1 扩大为 3.36∶1，绝对差距首次超过 1 万元。若将城镇、农村居民所拥有的福利及其实物补贴，如公费医疗、财政补贴、养老金保障、失业保险等也计算在内，那么，城乡收入的差距会更大。

第三，行业收入差距继续扩大。行业之间收入差距扩大主要表现为有些垄断行业收入分配过分向个人倾斜，使行业之间的收入差距总体上呈扩大趋势。资料显示，1987 年我国收入最高行业和最低行业的工资比是 1.38∶1，1991 年行业平均收入最高与最低水平相差 1.55 倍，到 2002 年这一差距扩大到 2.99 倍；而到了 2010 年，平均工资最高与最低行业相差已超过 10 倍。这说明我国行业间收入差距已经处在一个较高的水平。

第四，地区收入差距扩大。我国地区收入差距的扩大，相当一部分表现在东部、中部、西部的地区间差距上。1980年，东中西部地区的人均GDP比是1.8∶1.18∶1，1990年扩大为1.9∶1.17∶1，2002年进一步扩大为2.63∶1.26∶1，而2009年东部、中部、西部地区的人均GDP比是2∶1∶0.86。地区间人均GDP差距的扩大，说明地区之间的收入差距水平也在日渐增大。

6. 环境污染严重，生态破坏加剧

粗放型的经济增长模式不仅面临资源瓶颈约束，更付出了惨重的环境代价。中国经济长期保持10%左右的高速增长，主要依赖于国内投资持续不断地高涨和进出口贸易连年的高速增长。过度投资与高速增长的贸易换来的高速经济增长导致能源、资源的高耗费和生态环境的严重污染。加上我国特有的以煤炭为主的能源消费结构，进一步加重大气污染，给生态环境系统自洁造成巨大的压力。虽然党的十六大就已经明确提出可持续发展，但生态环境总体形势依然十分严峻。主要的污染物排放量超过环境承载力，流经城市的河段普遍受到污染，许多城市空气污染严重，雾霾天气日益加重，持久性有机污染物危害逐渐显露，土壤污染面积扩大，近岸海域污染加剧，生态破坏严重，水土流失面积增大，沙漠化、草原退化加剧，生物多样性减少，生态系统功能退化。当前中国空气质量达不到国际标准的城市占了1/3左右，地表水能够满足饮用水供应的不足一半。随着经济的不断发展，因环境污染造成的经济损失大幅增加。据有关数据统计，2002～2006年由环境污染造成的经济损失由4 640.9万元增至13 471.1万元。与此同时，治理环境污染的费用也在逐年上升。环境污染治理投资总额2000年为1 014.9亿元，到2012年上升至8 253.4亿元，整整增加了8倍多。

此外，我国中东部发达地区水系、土壤、空气污染严重，废气、废水、废弃物的排放一直未得到有效治理。中国现已成为世界二氧化硫最大的排放者，随之而来的酸雨问题和呼吸道疾病等问题已严重困扰着中国城市和农村的生产和生活。而环境污染不仅是经济问题，更是严重的社会问题与政治问题。为此，有关部门现已加大了治理污染的力度。根据世界银行、中科院和环境保护部的测算，我国每年因环境污染所造成的损失约占GDP总量的10%。2003～2008年，国家用于环境污染治理投资总额不断增加，从1627.7亿元增加到4490.3亿元，6年间增长了176%；其占GDP的比重从1.2个百分点提升至1.49个百分点。

3.3　中国经济发展新阶段的特征

3.3.1　经济发展新阶段面临的机遇与挑战

尽管国际金融危机导致全球经济陷入低速发展，但并未改变世界经济进一步深入发展的、走向全球经济一体化的总体走势，全球经济一体化的深入为我国经济发展带来机遇。一是区域经济一体化趋势加强，贸易投资更加自由化，在全球范围内可以更加灵活配置资源及布局生产是跨国公司发展壮大的主要趋势。这为我国参与国际分工调整，升级产业链提供了机遇，也有助于我国从国际市场上获得生产要素，将我国企业生产的产品和服务推向国际市场，构建更加开放型的经济格局。二是国际政治经济格局发生深刻的变化，面对大国战略调整，新型市场国家加速发展的国际局势，我国的国际政治经济话语权面临新的机遇与挑战，通过积极参与区域与国际性的合作，能够为我国的经济社会发展获得更多的机会，打开更为广阔的空间。三是随着新一轮科学技术革命的不断发展与突破，我国可以利用巨大的国内市场空间、较强产业专业化能力以及强大的科技人才储备，进一步突破关键领域的技术，增强自主创新能力，推动产业结构优化升级，以“后发优势”实现跨越式的发展。

虽然中国发展仍处于重要战略机遇期的基本判断没有错，但与此同时，国内经济结构发生转折性变化，也面临经济放缓、消化产能过剩任务繁重、内生动力不足等困难。尤其是当增速换挡期、转型阵痛期和改革攻坚期这三方面相互作用后，宏观调控的难度进一步加大。国内经济发展还面临资本、土地等生产要素供给下降，生产要素成本加快上升；资源环境约束强化，生态环境治理保护难度加大；出口竞争力将减弱，随着劳动年龄人口减少和储蓄率降低，投资能力也将降低；耗费资本、土地等要素较多、能耗较高、污染较大的第一、第二产业面临发展问题，产能过剩矛盾趋于突出；经济下行压力加大会削弱人们的投资信心，导致房地产市场不景气，地方债务压力加大、财政金融融资风险加剧等挑战。

3.3.2 经济发展新阶段的基本特征

目前，我国经济发展进入了“新常态”，中国经济必然从高速增长转向中高速增长，从结构不合理转向结构优化，从要素投入驱动转向创新驱动，从隐含风险转向面临多种挑战。面临着复杂的系统转型，也意味着改革开放进入一个全新阶段。新常态之“新”，意味着不同以往；新常态之“常”，意味着相对稳定，主要表现为经济增长速度适宜、结构优化、社会和谐。转入新常态，进入经济增长速度换挡期、结构调整阵痛期、前期刺激政策消化期三期叠加，意味着我国经济发展的条件和环境已经或即将发生诸多重大转变，与传统的不平衡、不协调、不可持续的粗放增长方式基本告别。习近平总书记指出：“我国发展仍处于重要战略机遇期，我们要增强信心，从当前我国经济发展的阶段性特征出发，适应新常态，保持战略上的平常心态。”根据大多数专家的观点，新常态主要有以下四个特征。

一是速度层面上来看，中国经济增速由高速转向中高速。新常态下，我国经济增速迎来换挡期，从高速增长期向中高速平稳增长期过渡。国家发改委副秘书长王一鸣说，“从速度层面看，经济增速换挡回落、从过去10%左右的高速增长转为7%～8%的中高速增长是新常态的最基本特征”。告别过去30多年平均10%左右的高速增长，2012年起，我国GDP增速从开始回落，2012年、2013年、2014年上半年增速分别为7.7%、7.7%、7.4%。

二是结构层面上来看，中国经济结构正发生转折性变化。与增长速度放缓相适应，新常态下，经济结构发生全面、深刻的变化，不断优化升级。产业结构方面，第三产业逐步成为产业主体。从2013年开始，我国第三产业增加值占GDP比重达46.1%，首次超过第二产业2014年上半年第三产业占GDP比重升至46.6%。从2013年开始，我国第三产业增加值占GDP比重达46.1%，首次超过第二产业；2014年的上半年经济数据显示；第三产业占GDP比重升至46.6%。需求结构方面，消费需求逐步成为需求主体。2012年，消费对经济增长贡献率自2006年以来首次超过投资。从今年上半年数据看，最终消费对GDP增长贡献率达54.4%，投资为48.5%，出口则是−2.9%。城乡区域结构方面，城乡区域差距将逐步缩小。2011年年末，我国城镇人口比重达51.27%，数量首次超过农村人口。随着国家新型城镇化战略的实施，城镇化速度将不断加快，城乡二元结构逐渐打破。区域差距也将逐渐拉近。收入分配结构方面，居民收入占比上升，更多分享改革发展成果。改革开放30多年来，我国GDP年均增长9.8%，国家财政收入年均增长14.6%，而城镇居民人均可支配收入和农村居民人均纯收入年均增长分别仅为7.4%和7.5%。在新常态下，这种情况将发生改变。瑞士信贷2011年发布的报告预测，未来5年内，中国的工资收入年均增速将达19%，超过GDP增速。

三是动力层面上来看，中国经济发展的动力将从要素驱动、投资驱动向创新驱动转变。2014年前两个季度，消费贡献超过投资贡献约4个百分点；服务业增加值占比继续领跑制造业增加值占比，经济增长开始摆脱单一的投资依赖，消费、投资、外贸结构向趋于合理转变，在淘汰“三高”和过剩产能势必减少经济生出的前置条件下，国内就业岗位不减反增，上半年已实现全年就业目标近七成。高新产业和装备制造业增速超过一般制造业增速近3个百分点，万元产值能耗创7年来同比最大降幅。

四是从风险层面上来看，新常态下面临新的挑战，一些不确定性风险显性化。楼市风险成为社会关注的焦点。2014年上半年，全国商品房销售面积同比下降6%，销售额下降6.7%，截至7月底，46个限购城市中已有超过半数城市放松限购，对比过去房价“越调越涨”的火热情形，当下楼市不容乐观。经济下行压力加大会削弱人们的投资信心，过去积累的楼市泡沫和风险就凸显了出来；在楼市下行预期下房地产企业会暂停购买新的土地，导致以土地财政为重要来源的地方财力紧张，地方债风险就会显现；而房地产市场不景气，银行的相关贷款就会埋下金融风险的隐患。楼市风险、地方债风险、金融风险等潜在风险渐渐浮出水面。这些风险因素相互关联，有时一个点的爆发也可能引起连锁反应。

总的来说，在新的发展时期，资源瓶颈约束和生态环境承载制约将日益凸显。我国人口总量大，耕地面积日益趋紧，人均耕地只有 1.12 亩，还不及世界平均水平的 1/4。淡水资源严重缺乏，加上水资源地域分布极不平衡，人均的淡水资源占有量只有 2600 立方米，远低于 5000 立方米的世界平均水平。特别是随着经济发展带来的雾霾等空气污染和水污染问题越发严重，生态环境恶化的总体趋势尚未得到有效的遏制。此外，石油、天然气以及工业发展所需的矿产资源人均占有量日益趋紧。新的发展时期，生态文明建设刻不容缓，为此，党的十七大把建设生态文明写入党的报告，作为全面建设小康社会的新要求之一，党的十八大报告则首次以“大力推进生态文明建设”为题，独立成篇地系统论述了生态文明建设，提出今后五年大力推进生态文明建设的总要求，并把生态文明建设纳入到社会主义现代化建设五位一体总体布局的高度来论述。党的十八届三中全会则明确指出要加快建立生态文明制度，健全国土空间开发、资源节约利用、生态环境保护的体制机制。面对新时期，要推进生态文明建设，构建循环经济，实现人与自然、人与人、经济与社会的和谐发展。

第 4 章　我国生态文明建设的理论渊源

4.1　中国传统文化中关于生态文明的朴素思想

在中华传统文化中，人与自然环境的关系被普遍认为是天人关系，这个与环境保护紧密联系的哲学命题，各家学说多有论述，其中以儒、道、佛三家最为丰富精辟，其生态智慧产生于遥远的古代，却具有跨越时代的价值。中国传统文化中固有的生态和谐观，为我们建设社会主义生态文明提供了坚实的哲学基础与思想源泉。

4.1.1　儒家文化中的生态文明智慧

儒家文化是中国传统文化的主流，主张“天人合一”，其本质是“主客合一”，肯定人与自然界的统一。在儒家典籍中，有大量的讨论天人关系、天道与人道、自然与人文的内容，不仅代表了早期中国人的自然观，还是儒家思想的逻辑起点和哲学基础。儒家较早地认识到，人是大自然的一部分，把天、地、人三者放在一个大系统中作整体的把握，提出“天人合一”、“仁人爱物”、“天行有常”、“取之有节”等思想，主张以仁爱之心对待自然，强调人类应该尊重自然，合理有节制地开发利用自然，从而实现人与自然的和谐共处。

儒家认为，“仁者以天地万物为一体”，一荣俱荣，一损俱损。尊重自然即尊重自己，爱惜其他事物的生命，即爱惜自身的生命。被称为儒家六经之首的《周易》把“生生”，即尊重生长、长养生命、维护生命作为人的“大德”。“天地之大德曰生”，即天地间最伟大的道德是爱护生命。随后的儒家哲人大都从自我生命的体验去审视同情他人的生命，并推及对宇宙万物生命的尊重。在对待山林资源、动物资源、水资源、土地及环境管理等方面提出了一系列人与自然和谐的措施。

4.1.2　道家文化中的生态文明智慧

在生态哲学视野下，道家哲学有着卓尔不群的生态智慧。在自然观上，老子认为宇宙万物都源于“道”。“道”是哲学的起点和归宿，是一切事物的最终依据，是万物的本源和基础，它强调事物的相互影响和普遍联系，强调“道”与天地初始、不可名状的同一性。道家把“道”作为万物的本源和基础。老子说：

“道生一，一生二，二生三，三生万物。”“道法自然”是老子生态观的核心思想和根本规律。老子说：“人法地，地法天，天法道，道法自然。”所谓“法”是受制，人受制于地，人应谦卑；地受制于天，地应以天的智慧为法；天受制于道，天以道的生化为法；道受制于自然，而道乃是以它所流衍的自然原则为法。也就是说，宇宙万物的生成根源于自然，演化的动力来源于自然，联系统一于自然，人类社会是自然界的组成部分。要依循“道”的自然本性，达成人与自然和谐相处，要懂得尊重自然、爱惜自然。

道家认为，要使人保持人与自然和谐相处而不违反自然规律，必须做到“知足不辱、知止不殆”。老子强调：“祸莫大于不知足，咎莫大于欲得，故知足之足，常足矣。”也就是说，人世间最大祸患莫过于不满足，最大罪过莫过于贪得无厌。凡事皆有度，学会知足，才能得到满足，只有适可而止才能避免祸患，远离危险。既然万物都有自己的限度，人的行为就应当有所“止”，人的欲望就应当有所“满足”，有所克制。庄子也主张“常固自然”、“不以人动天”，使自己的欲望顺应自然法则，以保持人与自然的和谐统一。

4.1.3 佛教文化中的生态文明智慧

佛教曾三次东传中国，而只有在东汉前后的第三次东传中，经过了一定程度的中国化之后，才成为具有中国特点的佛教而成为中华文化的重要力量。佛教虽为外来文化，但很好地实现了与中国本土文化的融合，成为中华道统的重要组成部分。佛教提出“佛性”为万物本原，万物之差别仅是佛性的不同表现，其本质乃是佛性的统一，众生平等，“山川草木，悉皆成佛”。中国佛家认为万物是佛性的统一，众生平等，万物皆有生存的权利。《涅槃经》中说：“一切众生悉有佛性，如来常住无有变异”。佛教正是从善待万物的立场出发，把“勿杀生”奉为“五戒”之首，生态伦理成为佛家慈悲向善的修炼内容。佛家的“缘起”就是自然法则，蕴藏丰富的生态环保思想。“此有故彼有，此无故彼无，此生故彼生，此灭故彼灭。”人类生存环境的好坏与每一个人的行为造作有关，“诸法因缘生，诸法因缘灭”，认为世间万物皆由因缘和合而成，是同体共生的，缘聚则生，缘散则灭，一切众生起源于现象世界的因果联系，处于永无休止的轮回转化之中。人与自然、社会都是普遍联系、相互依存的，尊重他人，尊重生命，保护环境，保护生态。

在生态问题上，佛教认为，宇宙本身是一个巨大的生命之法的体系，无论是无生命物、生物还是人，都存在于这个体系之内，生物和人的生命只不过是宇宙生命的个体化和个性化的表现。在佛教理论中，人与自然之间没有明显界限，生命与环境是不可分割的一个整体。佛教提出“依正不二”，即生命之体与自然环境是一个密不可分的有机整体，认为自然界本身是维系独立生存的生命的一个存在，人类只有和自然环境融合，才能共存和获益。此外，再没有创造性地发挥自己的生存的途径。佛教主张善待万物和尊重生命，并集中表现在普度众生的慈悲情怀上，它所表现出来的对生命的尊重和关爱，对于我们今天更好地保护生态环境显然有其积极意义。

4.2　马克思主义经济学的生态文明思想

马克思主义经济学中蕴含着丰富的生态思想，其内容包括物质变换理论、自然力思想、循环经济思想以及生态消费思想等。

4.2.1　马克思、恩格斯的物质变换理论

作为 20 世纪生态自然观的重要理论来源，马克思所创立的物质变换理论是生态学和唯物主义自然观相结合的一种生态自然观，其思维方式的特征是基于生产和生活实践的人、自然、社会三者的辩证统一。马克思从劳动的社会本质出发，阐述了独特而内涵丰富的物质变换理论。

1. 自然界的物质变换是人与自然有效融入的前提

存在于自然界的生物需要“物质变换”获取所需物质，通过一系列的化学作用转化为自身的有用物质，为其他相依赖的生物提供维持生命正常所需物质。自身具有较强的自稳定性和自组织性。马克思认为，“人本身是自然界的产物，是在自己所处的环境中并且和这个环境一起发展起来的”，“自然界是人为了不致死亡而必须与之形影不离的身体”。可见，在马克思那里，自然是基础，是本原性的东西，人类本身就是自然界的一部分。人类从来只有在自然界中才能生存，需要自然界中其他生物提供生存和发展的基础。因此，自然界的物质变换是人类与自然界能够有效融入的前提，是人类自身发展的基础。马克思在其名著《1844 年经济学哲学手稿》中指出，那种抽象的、孤立的与人分离的自然界，人直接地是自然存在物，人是自然的一部分。马克思甚至把自然比作人的无机的身体，强调人与自然的不可分割的联系。恩格斯在自然辩证法中提出：我们所面对着的整个自然界形成一个体系，即各种物体相互联系的总体。恩格斯认为，宇宙岛（银河系、河外星系）、太阳系（恒星系）、地球、地球上的生命和人类都是无限发展的自然界在一定阶段的产物，任何具体事物都有生有灭，整个宇宙是有机统一的整体，并处在永恒循环的物质运动中。马克思、恩格斯的上述论述集中说明了人与自然的依存关系。

恩格斯在《反杜林论》中指出“人本身是自然界的产物，是在他们的环境中并且和这个环境一起发展起来的”。人作为一个能动的个体，需要维持基本的生

命，而提供人生存和延续的物质都来源于自然。自然界不仅给人提供得以维持生命的生活资料，也在更广泛的意义上“给劳动提供生活资料，即没有劳动加工的对象，劳动就不能存在”。人与人的经济社会关系以人与自然的关系为基础。马克思在《雇佣劳动与资本》中指出“人们在生产中不仅仅影响自然界，而且也相互影响。他们只有以一定的方式共同活动和相互交换其活动，才能进行生产。为了进行生产，人们相互之间便发生一定的联系和关系；只有在这些社会联系和社会关系的范围内，才会有他们对自然界的影响”。这是说人与人的经济社会关系只有通过人与自然的相互作用才能得以实现，而人与人的经济社会关系是人与自然关系不可或缺的桥梁与中介。

2. 劳动是人与自然物质变换的纽带

马克思指出，“劳动首先是人和自然之间的过程，是人以自身的活动为中介来调整和控制人与自然之间的物质变换的过程”，自然界为人类的劳动提供了自然基础和自然条件。马克思在《1844 年经济学哲学手稿》中写到：“没有自然界，没有感性的外部世界，工人就什么也不能创造。它是工人用来显示自己劳动，在其中展开劳动活动，由其中生产出和借以生产自己的产品的材料”。因而可以说劳动是马克思生态思想的基石，是联系人与自然的纽带。“为了在对自身生活有用的形式上占有自然物质，人就使他身上的自然力——胳膊和腿、头和手运动起来。当他通过这种运动作用于他身外的自然并改变自然时，也就同时改变他自身的自然。”而劳动所包含的所有因素都属于自然物质。首先，自然资源为人类提供了劳动的对象，如森林中的木材、开采中的地下矿藏等未经加工的以及经过人们加工的棉花、钢铁等。其次，生产中使用的生产工具、土地、厂房、道路等一切劳动资料也是由自然界提供的，是经过加工的自然物质，而“劳动本身不过是一种自然力即人的劳动力的表现”。马克思很赞成英国古典政治经济学家威廉·配第的“劳动是财富之父，土地是财富之母”这句生态经济名言。当然，这里的土地泛指整个生产过程中不可或缺的自然条件。恩格斯也说“政治经济学家说：劳动是一切财富的源泉。其实，劳动和自然在一起才是一切财富的源泉”。在《资本论》第一卷中，马克思指出：“劳动首先是人和自然之间的过程，是人以自身的活动来引起、调整和控制人和自然之间的物质变换的过程。”这是说，作为物质生产实践的劳动不仅是引起人与自然物质变换的中介，还是调整和控制这一物质变换的桥梁。其中劳动是引起人与自然之间物质变换的中介，具体表现在两个方面。一方面，人类通过生产活动不断向自然界索取各种资源。人类借助人身自然力索取和占有物质、能量等身外自然力，使这些自然资源转化为社会的物质财富，以满足自身生存和发展的需要。“劳动就是为了满足人的需要而占有自然因素，是促成人和自然间的物质变换的活动”。另一方面，人类向自然界排泄各种废弃物。人类利用各种自然资源生产人们需要的物品时，由于技术原因所产生的废弃物，被马克思称为生产排泄物；人类进行新陈代谢的生命活动所产生的排泄物、消费残留物和日常生活垃圾，被马克思称为消费排泄物。这些生产和生活排泄物最终回归自然界。可见，人类不断地向自然索取生产生活资源和向自然排泄废弃物的双向活动过程，实现了人和自然之间物质变换的持续运动。

3. 人类不合理的物质生产实践是物质变换断裂的根本原因

马克思在解释“自然的异化”的实质的基础上，进一步分析了人类历史上各时期出现物质变换断裂即生态环境失衡问题的根本原因。马克思认为，从根本上说，人类历史上各个时期出现物质变换断裂（自然的异化）即生态环境问题，是由人类不合理的物质生产实践活动（即人类过度干预自然秩序和追求利润最大化的资本主义工农业生产方式）造成的。

马克思所谓自然的异化，是指人类改造自然界所获得的成果反过来成为统治人类自身的盲目力量，由于人类过度干预自然秩序的不合理的劳动活动造成人与自然物之间物质变换断裂。正如有的学者所言：马克思把人与自然关系的分离，即自然在人类的过度干预下出现的对人类的背离和惩罚现象称为自然的异化。人和自然之间的物质变换是一个不断循环的双向过程。在人类劳动活动的基础上，通过人和自然之间的物质、能量的双向流动，实现人和自然之间的物质变换的永续循环。如果人类只向自然索取而未返还给自然，或者返还给自然的因素超过自然的承受能力，就会造成人和自然之间物质变换断裂，产生生态环境失衡问题。人类改造自然的各种实践活动，是为了创造更多的物质财富，进而创造更加优美的、更适宜人居的良好环境，实现人类社会的理想追求。人们往往片面追求经济的增长速度、物质财富的积累程度，过度向自然界索取资源，导致自然界自我恢复能力和环境承载能力超出其最大限度，产生“自然的异化”现象。马克思说：“大土地所有制使农业人口减少到不断下降的最低限度，而在他们的对面，则造成不断增长的拥挤在大城市中的工业人口。由此产生了各种条件，这些条件在社会的以及由生活的自然规律决定的物质变换的过程中造成了一个无法弥补的裂缝，于是就造成了地力的浪费。”

4.2.2　马克思主义的自然力思想

自然生态环境和劳动一样是物质财富的源泉。马克思主义认为，任何经济社会形态的存在与发展，都要以自然界作为它的自然基础。因而，在任何现实的生产方式下，人总是把自然界纳入社会生产的劳动过程之中，成为人类劳动活动的构成要素。因此，马克思在《1844 年经济学哲学手稿》中，首先肯定了自然界是一种“普通的自然要素”，是“劳动本身的要素”，也就是说，马克思把自然和劳动看作是生产的原始因素。由于人类在改变物质形态的劳动中离不开自然环境和自然条件，并且不可避免并尽可能地充分利用和借助自然力，所以马克思、恩格斯十分重视自然生产力的作用，尊重自然界的地位和价值。马克思、恩格斯在《政治经济学批判》手稿中，已经得出“一切生产力都归结为自然界”的科学结论，在《哥达纲领批判》中对此进一步地加以阐述，“劳动不是一切财富的源泉。自然界同劳动一样也是使用价值（而物质财富是由使用价值构成的）的源泉”，“自然界”是“一切劳动资料和劳动对象的第一源泉”。

1. 自然力与劳动生产力

马克思认为在社会生产中“人和自然是同时起作用的”，进而提出了自然生产力和社会生产力的概念。马克思指出：“劳动生产力是由多种情况决定的，其中包括：工人的平均熟练程度，科学的发展水平和它在工艺上应用的程度，生产过程的社会结合，生产资料的规模和效能，以及自然条件。”这里面就包含社会生产力和自然生产力的两层含义。前四方面涉及以人为主的社会生产力，而最后的“自然条件”则是属于自然生产力。马克思给自然生产力的定义是：“不需要任何代价的”、“未经人类加工就已经存在的自然资源”，如自然界中的阳光、空气、水、土壤、森林、矿藏、各种动植物等。马克思提到的“自然条件”是属于天然的自然力，他指出：“大生产——应用机器的大规模协作——第一次使自然力即风、水蒸气、电大规模地从属于直接的生产过程，使自然力变成了社会劳动的因素。”也就是说，在社会生产过程中劳动力同这些自然条件的自然力相结合，就构成了劳动生产力的另一种形式即自然生产力。自然力是自然界物质本身具有的一种能力，如风力、水力、太阳能等，但它们只有被“人的手的创造物”所利用而产生出能力时，才是自然生产力。自然生产力看起来似乎与生产过程无关，实际上最终要通过劳动对象和劳动手段进入生产过程之中。马克思说：“各种不费分文的自然力，也可以作为要素，以或大或小的效能并入生产过程。”马克思、恩格斯的论述告诉我们，在整个生产力体系中，人类劳动的社会生产力和自然界的自然生产力是同时起作用的，“自然力的利用引起了劳动生产力的提高”。

2. 自然力对资本周转的影响

资本是按时间顺序通过生产领域和流通领域的，资本停留的时间依次是生产时间和流通时间，生产领域的时间包括劳动过程期间和生产时间，这隐含“资本”“再生产的连续性或多或少地会发生中断”，“在季节性的生产部门，不论是由于自然条件还是由于习惯连续性可能或多或少地发生中断”。“例如，播种在地里的谷种，藏在窖中发酵的葡萄酒，许多制造厂中听任化学过程发生作用的劳动材料”都是资本周转中的中断，这种中断是“受产品的性质和产品制造本身的性质制约的那种中断”。“在这个中断期间，劳动对象受时间长短不一的自然过程的支配，要经历物理的、化学的、生理的变化。”

这些中断是生产所必需的，这也恰恰体现了自然力作用的时间对资本周转有很大的影响。不论对于制造业、农业、林业还是畜牧业，自然力作用的时间越长，所需要的资本越多，资本周转就会越慢。在工业生产中，“产品要经过一个干燥过程，如陶瓷业”，还有“美国的鞋楦制造”，“木材要储存 18 个月才能干燥”，“这样制成的鞋楦才不会收缩、走样。或者把产品置于一定的条件下，使它的化学性质发生变化，如漂白业”。在农业生产上，“越冬作物大概要 9 个月才成熟，在播种和收获之间，劳动过程几乎完全中断”。农业较易受气候和年景好坏的影响，气候越是不利，农业劳动时间，从而资本和劳动的支出就越是紧缩在短时间内。马克思指出了农业耕作方式的改良可以缩短生产时间。此外，“进行多种作物的生产，可以在全年获得多茬收成”，从而缩短资本周转的时间。林业的生产周期较长，“木材生产靠自然力独自发生作用，在天然更新的情况下，不需要人力和资本力”，“只有经过长时期以后，才会获得有益的成果，并且只是一部分一部分地周转，对有些树木来说，需要 150 年的时间才能完全周转一次”。畜牧业生产周期长，因为有一部分牲畜处于储备状态，“另一部分则作为年产品出售，在这里，只有部分资本每年周转一次”。

3. 自然力对剩余价值生产的影响

马克思在分析剩余价值的生产时，谈到“蒸汽和水”是“不费分文”的用于生产过程的“自然力”，但“人要在生产上消费自然力，就需要一种‘人的手的创造物’，要利用水的动力，就要有水车，要利用蒸汽的压力就要有蒸汽机”，要利用电磁力就要让“电流绕铁通过而使铁磁化”等。马克思指出“大工业把巨大的自然力和自然科学并入生产过程，必然大大提高劳动生产率，这点是一目了然的”，但“生产率的提高并不是靠增加另一方面的劳动消耗换来的”，而是可以通过利用自然力，来增加剩余价值。但马克思强调“良好的自然条件始终只提供剩余劳动的可能性，从而只提供剩余价值或剩余产品的可能性，而绝不提供它的现实性”。马克思在分析地租时考察了土地的自然肥力对地租大小的影响，还通过比较工厂生产用蒸汽机来推动和用瀑布作为动力来推动所获得的超额利润的不同，也同样说明了瀑布这种自然力对超额利润进而对地租的影响，当然地租也是剩余价值的转化形式。

《资本论》第三卷中写道“自然力是超额利润的自然基础，是特别高的劳动生产力的自然基础”。通过以上分析还指出要“社会地控制自然力，从而节约地利用自然”，而如果“滥用和破坏劳动力，即人类的自然力”，或者“更直接地滥用和破坏土地的自然力”，会使得“劳动者精力衰竭”、“土地日益贫瘠”。实际上马克思的思想中已经蕴含了不能滥用自然、破坏自然力，而要合理地利用自然力的生态思想。

4. 自然力对社会生产力的影响

马克思还考察了自然力对劳动生产率的影响，指出在整个生产力体系中，由于自然生产力是社会生产力的基础，自然生产力对社会生产力的影响重大，自然生产力条件对社会生产具有巨大的制约和决定作用。

首先，自然生产力对社会生产力的影响既包括“生活资料的自然富源”对社会生产力的影响，也包括“劳动资料的自然富源”对社会生产力的影响。马克思曾说道：“撇开社会生产的不同发展程度不说，劳动生产率是同自然条件相联系的。这些自然条件可以归结为人本身的自然（如人种等）和人周围的自然。外界自然条件在经济上可以分为两类：一类是生活资料的自然富源，如土壤的肥力、渔产、丰富的水等；另一类是劳动资料的自然富源，如奔腾的瀑布、可以航行的河流、森林、金属、煤炭等。”

其次，马克思从国家的角度考察了不同的自然力条件对国家社会生产力的影响。指出：“如果一个国家从自然界中占有肥沃的土地、丰富的鱼类资源、富饶的煤矿（一切燃料）、金属矿山等，那么这个国家同劳动生产率的这些自然条件较少的另一些国家相比，只要较少的时间来生产必要的生产资料。”这段话实际上指明了一般而言自然环境良好的地方，社会生产力就相对发达。但要注意自然力的优劣只是劳动生产率的充要条件，并不是劳动生产率的决定因素。

最后，自然环境的差异直接影响到社会生产分工的发展和生产形式的多样化。自然地理环境和生态环境较差的地区，人们的社会生产分工通常比较简单，生产形式也比较单一。马克思指出“土壤”的“差异性和它的自然产品的多样性，形成了社会分工的自然基础，并且通过人所作出的自然环境的变化，促使他们自己的需要、能力、劳动资料和劳动方式趋于多样化”。

4.2.3 马克思经济学的循环经济思想

马克思经济学蕴含生态系统循环是经济社会系统循环的基础，以及“减量化”、“再利用”、“再循环”及发展循环经济可行性等的循环经济思想。

1. 生态系统的循环是经济社会系统循环的基础

马克思指出产业资本要经过购买、生产和售卖三个阶段，相继行使货币资本、生产资本和商品资本三种职能形式，每种形式完成一定的职能，最后达到实现资本价值的增值。产业资本循环体现了资本运动是连续的、周而复始的循环过程，资本循环如此，经济社会运行亦如此。经济社会运行不是一次运动过程，是不断循环的社会再生产过程，它是由生产、分配、交换、消费四个环节构成的连续不断周而复始的经济循环过程。通过四个环节的循环，经济社会中的物质、能量和信息等要素循环往复不断利用，促进经济发展，推动社会进步。如果"由生活的自然规律所决定的物质变换的联系中造成了一个无法弥补的裂缝"，超出了生态系统的自我调节能力和可承载的范围，以之为基础的经济循环就无法进行。"没有生态系统的自然物流（循环），就不可能有经济系统的经济物流（循环）"（刘思华，1989）。因此，不顾生态环境污染和资源过量消耗的以短期经济利益为着眼点的经济循环，必然超出生态系统的承载范围，破坏生态系统的循环，给人类社会的发展带来巨大的灾难。

2. 循环经济的基本原理

马克思经济学不仅强调了通过废弃物的循环利用来提高经济效益，而且强调通过节约资源和降低废料相结合进行生产来提高经济效益。其废弃物资源化、运用科学技术促进循环利用的观点正是今日所提倡的循环经济的内涵和实质。

首先，关于循环经济可行性的论述。一方面，原材料价格的上涨、大规模生产和不变资本的节约使循环经济具有经济上的可行性。"原料的日益昂贵，自然成为废弃物利用的刺激。""由于大规模社会劳动所产生的废料数量很大，这些废料本身才重新成为贸易的对象，从而成为新的生产要素。"另一方面，科学技术进步所带来的工艺、机器的改良和新发明是发展循环经济的手段。马克思指出："废料的减少，部分地取决于所使用的机器的质量。机器零件加工得越精确，抛光越好，机油、肥皂等物就越节省。""由于机器的改良，废料减少了。"科技的进步不仅发现了废弃物的有用性质，而且通过科技的进步带来机器的应用和改良，提高了资源的利用率，从而为循环经济的实现提供了技术上的可行性。

其次，"减量化""再利用""再循环"的循环经济思想。马克思指出："把生产排泄物减少到最低限度和把一切进入生产中去的原料和辅助材料的直接利用提到最高限度。"这正是循环经济所提倡的在生产的源头贯彻"减量化"的原则，而从生产的源头能减少多少资源的使用以及生产的过程中能减少多少废弃物的排放，不仅"取决于所使用的机器和工具的质量"，"还取决于原料本身的质量"，"而原料的质量又部分地取决于生产原料的采掘工业和农业的发展（即本来意义上的文明的进步），部分地取决于原料在进入制造厂以前所经历的过程的发达程度。"这就要求从改进生产流程、提高工艺技术、开发新型材料和革新产品设计等方面提高资源的利用效率，实现"减量化"的目标。《资本论》第三卷中写到"所谓的废料，几乎在每一种产业中都起着重要的作用"。即废料本质上是生产排泄物，"生产排泄物，即所谓的生产废料"可以"再转化为同一个产业部门或另一个产业部门的新生产要素；通过这个过程，所谓的排泄物就再回到生产从而消费（生产消费或个人消费）的循环中”。这正是循环经济中“再循环”的思想。马克思指出“垃圾是放错了位置的原料”，它们可以通过“再利用”成为生产的原料，“机器的改良，使那些在原有形式上本来不能利用的物质，获得一种在新的生产中可以利用的形式”，并且随着科学技术的不断进步，生产排泄物再利用的能力不断提高，这正是循环经济中“再利用”的思想。马克思还对不同产业的循环经济作了具体的说明，工业“不仅找到新的方法来利用本工业的废料，而且还利用其他各种各样工业的废料，如把以前几乎毫无用处的煤焦油转化为苯胺染料，茜红染料（茜素），近来甚至把它转化为药品”。还有通过工艺、机器的改良和新发明，可以大幅度减少亚麻、谷物在加工中的损失；可以把废毛和破烂毛织物制成再生毛呢，把废丝“制成有多种用途的丝织品”。在农业中，马克思对人们对农产品消费的排泄物不能回到土地将造成的巨大浪费和污染表现出担忧，“消费排泄物对农业来说最为重要。在利用这种排泄物方面，资本主义经济浪费很大；例如，在伦敦，450 万人的粪便，就没有什么好的处理方法，只好花很多钱用来污染泰晤士河”。

除此之外，马克思还严格区分了因废弃物的“再利用”和“再循环”而实现的节约与提高资源利用率而进行“减量化”节约的不同，指出“应该把这种通过生产排泄物的再利用而造成的节约和由于废料的减少而造成的节约区别开来，后一种节约是把生产排泄物减少到最低限度和把一切进入生产中去的原料和辅助材料的直接利用提到最高限度”。

4.2.4　马克思经济学的生态消费思想

马克思经济学指出不适当的消费将会对自然生态环境造成影响，特别强调过度的消费将会对生态环境造成压力，破坏了自然生态环境的自然恢复能力，使其无法吸收、再生和补偿。马克思说：“奢侈是自然必要性的对立面。必要的需要就是本身归结为自然主体的那种个人的需要。”马克思经济学指出消费应当与生产的能力以及经济的发展水平相适应，并通过发展社会生产力来发展消费的能力以及消费资料。恩格斯谈到：“社会应当……根据生产力和广大消费者之间的这种关系来确定，应该把生产提高多少或缩减多少，应该允许生产或限制生产多少奢侈品。”马克思指出“绝不是禁欲，而是发展生产力，发展生产的能力，因而既是发展消费的能力，又是发展消费的资料。消费的能力是消费的条件，因而是消费的首要手段”。马克思主义经典作家强调人类要不断增加对精神产品的消费，通过对物质产品的适度消费，从而在有限的时间内能够有更多的时间进行精神文化的消费以及进行教育培训。进一步地，通过精神消费而实现的人类素质的提高反过来又将促进生产力的发展，从而在更高层次上实现人类的解放和全面发展。与此同时，马克思还看到了奢侈的、过度消费在资本主义制度下的必然性，他指出“资本主义生产的进步不仅创立了一个享乐世界；随着投机和信用事业的发展，它还开辟了千百个突然致富的源泉。在一定的发展阶段上，已经习以为常的挥霍，作为炫耀富有从而取得信贷的手段，甚至成了‘不幸的’资本家营业上的一种必要”。

4.2.5　生态学马克思主义理论

生态学马克思主义是当代西方马克思主义重要流派之一。生态学马克思主义的基本理论观点是用生态学理论去“补充”和“发展”马克思主义，企图超越当代资本主义与现存的社会主义模式，其代表人物及其思想演进主要有如下几个。

1. 威廉·莱斯的生态危机理论

加拿大学者威廉·莱斯较早系统地提出了生态学马克思主义理论，初步形成了生态学马克思主义的理论框架，从而成为生态学马克思主义的创始人。他在1972 年出版的《自然的控制》一书中指出，统治自然的观念是导致生态危机的意识根源。他的生态危机理论概括成一句话即“控制自然和控制人之间的不可分割的联系”。对自然控制的最终目的是对人的控制。同时在另一本书《满足的极限》里，他指出当代资本主义社会已经越来越处于无政府主义状态，科学技术沦为统治和欲望的工具，而要解决生态危机，就要实行稳态经济，发展一种新的人与自然的关系。这种经济要求缩减资本主义的生产能力，扩大其调节作用，重新评价人的物质要求。面对能源短缺，地球自然界的不断萎缩和生态支持系统的日益相互依存，或许还需要一种新的禁欲主义。因此，我们需要建构一种新的自然观来帮助我们人类改善现今的生产生活方式，摆脱生态困境。

2. 本·阿格尔的“异化消费”理论

加拿大的本·阿格尔于 1978 年完成《西方马克思主义概论》，大大发展了生态学马克思主义理论。其中心论点是“历史的变化已使原本马克思关于只属于工业资本主义生产领域的危机理论失去效用。今天，危机的趋势已经转到消费领域，即生态危机取代了经济危机”。他认为，当代资本主义生态危机主要是由“异化消费”所引起的，主张通过“期望破灭的辩证法”来克服异化消费及由其引起的生态危机。所谓“期望破灭的辩证法”，“指的是这样一种状况，即在工业繁荣和物质相对丰裕的时期，本以为可以指望的源源不断提供商品的情况发生了变化，而这不管愿意与否，无疑将引起人们对满足方式从根本上进行重新评价。人们对可以不断提供商品的能力的期望破灭，最终走向自己的对立面，即对人们在一个基本上不完全丰裕的世界上的满足前景进行正确的评价”。由此，他的解决办法是促使社会生产、经济以及政治过程“分散化”和“非官僚化”。然而，可以看出，对权力的过分平均及分化的愿望在当今难以实现。

3. 高兹的政治生态学

法国学者高兹认为现代技术可以分为两种：一种是高度集中的技术即核技术，这是一种独裁主义的政治选择，它导致决策权集中在少数人手里，并有利于对人民的控制，具有独裁和加强资本力量的倾向；另一种是分散的技术，它可以用来开发再生性能源，它服从于大家的控制而不能创造利润，具有潜在的反资本主义倾向。因此，人们必须在两种社会之间作出抉择：一种建立在独裁主义的技术基础上的社会——它加强了对人和自然的统治；另一种建立在民主的技术基础上的社会——它促进个人自主及与自然的协调。

4. 戴维·佩珀和奥康纳的生态社会主义理论

英国绿色运动的著名代表佩珀在其著作《生态社会主义：从深生态学到社会主义》(1933) 里，建构了一种以人类中心主义为核心，目标为生态社会主义的绿色政治。其生态社会主义即人类中心主义和人道主义，强调人类精神。在他看来，关键在于改变资本主义生产方式本身，否则可持续发展与实现绿色资本主义只能是空中楼阁。生态危机的根源在于资本主义制度本身，要想实现生态社会主义，唯一的解决办法就是消灭资本主义制度。美国生态学马克思主义者奥康纳认为社会主义具备了生态上的可能性，社会主义相对于资本主义制度来说更能达到生态平衡。由于社会主义不是以利润为生产目的的，造成环境问题的原因不是社会制度，而是官僚体制中的不协调的机制。在生态学马克思主义者看来，生态学社会主义不仅具有理论上的可行性，而且在具体的实践中也是存在的。因为全球范畴内的生态学社会的构建具有现实的必要性。

有关生态社会主义的主要观点和论证，是生态文明价值体系的重要组成部分，通过中国特色的社会主义实践产生的“科学发展观”和可持续发展理论，和生态社会主义的理论内容一起，构成了生态文明的政治文明理论基石，从而为生态文明提升到国家发展的政治理论高度和社会制度层面提供了基本的理论构架。生态文明建设是生态政治理论在我国政治体制改革中的新的政治思维，党的十八届三中全会生态文明建设的关键是顶层制度体系设计的理论基础。生态学马克思主义继承了传统马克思主义的优秀思想，从而为我国生态文明建设奠定了坚实的理论基础。

4.3 西方经济学中与生态文明建设相关的理论

在西方经济学中，生态思想十分丰富。随着生态资源环境问题的不凸显到资源趋紧、生态恶化、环境污染，相应经历了由起初的不重视、不关注到开始关注；由少数学者研究提出到学术界和各国政府广泛关注，进而生态思想不断丰富与快速发展起来的演化过程。由于论述的侧重点和分析的视角不同，生态思想或理论主要有可持续发展理论、循环经济理论、清洁生产理论、低碳经济理论、生态承载力理论、生态足迹理论及稳态经济理论。

4.3.1　可持续发展理论

1985 年，巴比尔（Edivard B. Barbier）在其著作《经济、自然资源、不足和发展》中指出可持续发展是“在保护自然资源的质量和其所提供的服务的前提下，使经济发展的净利益增加到最大的限度”。马坎蒂尔（Anil Markandya）和皮尔斯（David Pearce）认为可持续发展是“今天的资源使用不应减少未来的实际收入”。英国环境经济学家皮尔斯等将可持续发展表述为“当发展能够保证当代人的福利增加时，也不会使后代人的福利减少”。

对可持续发展的系统表述始于 1987 年世界环境与发展委员会主席、挪威前首相布伦特兰夫人领导下的一个写作班子向联合国提出的一份题为《我们共同的未来》的报告。报告认为：“可持续发展是既满足当代人的需要，又不对后代人满足其需要的能力构成危害的发展。”（世界环境与发展委员会，1997）报告进一步指出，这里的“可持续发展”，包括两个重要概念：一是“需要”的概念，尤其是世界上贫困人民的基本需要，应将此放在特别优先的地位来考虑；二是“限制”的概念，技术状况和社会组织对环境满足眼前和将来需要的能力施加的限制。此后，有学者提出“可持续发展就是建立极少产生废料和污染物的工艺或技术系统”，这实际上提出了可持续发展要转向更清洁、更有效的技术，尽可能接近“零排放”或“密闭式”的工艺方法，这也为可持续发展提供了技术措施和对策。

4.3.2　循环经济理论

1962 年，美国经济学家肯尼思·艾瓦特·鲍尔丁（Kenneth Ewart Boulding）提出的“宇宙飞船理论”以及“用能循环使用各种资源的循环式经济代替过去的单程式经济”的观点，被看作是循环经济思想的萌芽。所谓的单程式经济，就是传统工业化模式下，“大量生产—大量消费—大量排泄废弃物”的技术经济模式。循环经济是指废弃物经过加工处理变成再生资源，再回到生产过程中循环使用的经济发展模式。虽然鲍尔丁的循环经济思想仍然没有超出马克思循环经济思想的范畴，但是他提出变单程式经济为循环式经济，不是基于资本的节约，而是基于地球上不可再生资源的有限性，同时也把循环经济提高到了技术经济范式的层次。

随着循环经济理论和实践的不断发展，其关注的焦点也越来越多地汇集到环境治理与环境保护上。一方面，这是因为 20 世纪五六十年代的一系列环境事件的发生，使得人们在 60 年代以后开始关注生态与环境保护的相关问题。另一方面，从西方经济学的观点看，市场价格机制可以解决资源的短缺问题。资源的短缺引起的供求关系变化必然引起价格的上涨，迫使生产者通过技术手段节约使用日益昂贵的资源，或者寻求替代资源。同时，由于环境具有明显的公共性，难以确定其产权，传统的市场方法解决不了环境污染和环境治理的问题。20 世纪 80 年代以来，西方发达国家开始采取从源头预防废弃物产生，以达到从源头控制环境污染和生态破坏的目的。由于所有废弃物都是消耗资源产生的，所以减少资源消耗和对产生的废弃物进行循环利用就成为环境保护和生态修复最有效的途径。因此，发达国家政府通过制度创新，在传统市场经济框架内引入了环境治理和环境交易制度体系，把环境作为经济要素纳入市场经济循环中。通过对循环利用资源和废弃物进行专项立法，进而发展到进行综合立法来促进循环经济的发展。我们把这种以生态和环境保护为最终目的的循环经济发展方式称为深绿色的循环经济。

4.3.3 清洁生产理论

清洁生产是通过对“末端治理”的分体批评而产生的。清洁生产在不同的国家和地区有不同的定义。联合国环境署指出“清洁生产”是指将综合性预防战略持续地应用于生产过程、产品和服务中，以增加生态效率和减少对人类和环境的风险。对于生产过程来说，要求节约原材料和能源，淘汰有害的原材料，减少和降低废弃物的数量和毒性；对于产品来说，就是降低产品生命周期对环境的有害影响；对服务来说，要求将预防战略结合到环境设计和所提供的服务中。

清洁生产要求企业将对环境的影响控制在企业的生产决策，产品或服务的设计，原材料、零部件及物资的采购，生产制造及辅助制造，产品的售后服务的全过程。要求把环境保护的理念融入到企业的日常生产经营管理活动中去，对企业的经济活动进行环境保护的有限管理和控制，从而建立其切实有效的环境保护制度。对于产品生产要求减少从原材料的提炼到产品的最终处置的全生命周期的对环境的不利影响。特别强调把产品在制造过程、使用过程以及废弃再利用过程对环境的影响控制在设计当中。

4.3.4 低碳经济理论

低碳经济是指温室气体排放量尽可能低的经济发展方式，尤其是要有效控制二氧化碳这一主要温室气体的排放量。在全球气候变暖的大背景下，低碳经济受到越来越多国家的关注。低碳经济以低能耗、低排放、低污染为基本特征，其实质是提高传统化石能源利用效率同时降低二氧化碳排放量，以及增加清洁能源和可再生能源在能源供应中的比例以改变现有的能源供应结构，其核心是技术创新、制度创新和发展观的改变。发展低碳经济是一场涉及生产模式、生活方式、价值观念和国家权益的全球性革命。

近年来，全世界人民已经逐渐达成共识，温室气体的过量排放已经导致了全球气候变暖，而全球变暖已经对地球产生了不可逆转的影响。因此，减少以二氧化碳为主的温室气体的排放是世界各国共同的任务。对过去几十年来大气二氧化碳排放负有主要责任的工业发达国家首先实现碳减排。英国的《斯特恩报告》指出，如果按照全世界目前的趋势发展下去，气候变化可能造成的经济代价将相当于大萧条和世界大战带来的经济损失的总和。若不采取行动实现碳减排以遏制全球气候的变化，对人类生态环境造成的后果将不堪设想。在巨大的压力和挑战面前，世界各国都在探索未来的可持续发展路径。在此大背景下，“低碳经济”的概念在几年前应运而生，目前已经得到很多国家政府的支持。现代研究已经证明：低碳经济必将成为未来经济增长的新动力，在发展低碳经济中充满着商机，谁执低碳经济之牛耳，谁就将在未来的国际竞争中掌握话语权和主动权。只有发展低碳经济，减少温室气体排放，保障能源供应安全，减轻经济增长对生态环境和全球气候的不利影响，才能引领经济和社会实现长期、可持续的繁荣和发展，才能早日在全球范围内实现生态文明。

4.3.5　生态承载力理论

生态承载力理论认为，作为人类生存和生产的资源和环境系统，对人类生产活动的承载力是有一定限度的，生态承载力包括资源的再生能力、环境污染的最大容量、生态破坏的限度等。生态承载力的概念最早来自于生态学。1921 年，Burgess 和 Park 首次使用了生态承载力这一概念，指出生态承载力是在某一特定环境条件下（主要指生存空间、营养物质、阳光等生态因子的组合），某种个体存在数量的最高极限。具体来看生态承载力包括两层含义：第一层含义是指生态系统的自我维持与自我调节能力，以及资源与环境子系统的供容能力，是生态承载力的支持部分；第二层含义是指生态系统内社会经济子系统的发展能力，为生态承载力的压力部分。其中生态系统的自我维持与自我调节能力是指生态系统的弹性大小，资源与环境子系统的供容能力则分别指资源和环境的承载能力大小；而社会经济子系统的发展能力指生态系统可维持的社会经济规模和具有一定生活水平的人口数量。资源可分为可更新资源和不可更新资源，随着人类对资源的不断利用，对资源的消耗终将导致不可更新资源的枯竭，因而对于可更新资源的利用，生态承载力才具有可持续性。其计算公式是：$E_c = e/p^1$，其中，E_c 为人均生态承载力；e 为可更新和不可更新资源的人均太阳能值；p^1 为全球平均能值密度。

4.3.6　生态足迹理论

生态足迹理论或称生态空间占用，是一种衡量人类对自然资源利用程度及自然界为人类提供的生命支持服务功能的方法，是计量人类对生态系统需求的指标。生态足迹将每个人、地区或国家所消耗的资源以及吸纳产生废弃物所具有的生态生产能力折合为全球统一的、具有生态生产能力的地域面积，通过对比生态足迹的总需求和总供给来判断是生态赤字还是生态盈余。它既能反映不同主体的资源消耗强度和消耗量，又能反映资源的供给能力及吸纳产生废弃物所具有的能力，揭示了人类能够生存的生态阈值，可以比较客观和准确地反映不同个人、地区与国家之间的对于全球生态环境的影响。生态足迹（ecological footprint），或称生态空间占用，是一种衡量人类对自然资源利用程度以及自然界为人类提供的生命支持服务功能的方法，是计量人类对生态系统需求的指标，计量的内容包括人类拥有的自然资源、耗用的自然资源，以及资源分布情况。1999 年，魏格内格给出了一个被较为广泛接受的定义，指出生态足迹是指能够持续地提供资源或吸纳废弃物、具有生物生产力的地域空间。

4.3.7　演化经济学的稳态经济理论

演化经济学的生态思想代表人物包括肯尼思·E. 博尔丁、赫尔曼·E. 戴利和尼古拉斯·乔治斯库、罗根等经济学家，他们从不同角度，以不同方法反驳了宏观经济学追求无限增长的错误倾向和人们头脑中固有的技术万能理念，强调人类必须也只能追求的终极模式——稳态经济。戴利（H. Daly）等经济学家把传统的不考虑生态影响的经济模式称为“增长经济”，他认为“化学从炼金术中发展而来，占星术孵化了天文学，政治经济学这个道德的科学却堕落为政治经济的不道德游戏”（戴利，2006），他把根据生态环境和社会相结合而形成的经济称为“稳态经济”，主张在必要时应该不惜放弃短期经济增长和资源消耗，以维持整个社会的长期生存稳定，能够为全社会提供一个无限期保持下去的较高的生活水平。

稳态经济观隐含的经济意义和社会意义都是颠覆性的。从稳态经济出发，生产和消费的物质流必须最小化而不是最大化，经济的核心概念是财富，而不是收入和消费，在物质形态财富恒定时，经济增长必须是非物质的商品，即服务和休闲，商品密集型的活动如消费应该让位于时间密集型的活动，人类的时间不应该像现在这样具有极高的机会成本。对于必要的生产和消费，他们主张生产耐用的和可再生的，耐用的含义不同于传统经济学上的耐用消费品，它主要指一切耗用低熵生产出的产品应尽可能地使用较长的时间，再作为高熵物质回到循环利用体系中去，从而尽可能地减少对能源和物质的消费。

第5章　生态文明建设的一般理论分析框架

5.1　生态文明建设的利益—行为—制度—激励分析框架

我国生态文明建设的核心是利益格局的变化及其制度安排与激励结构的调整，因而生态文明建设的路径选择是一个政治经济学问题。随着生态文明建设中利益关系的变化，不同经济主体的行为也会随之调整，为保障生态文明建设目标的实现，必须作出适当的制度安排，与此相适应的激励结构也需重新设计。因此，可以通过利益—行为—制度—激励的理论框架来分析生态文明建设的路径选择问题（何爱平，2013）。

5.1.1　利益格局变化与协调：生态文明建设的核心

对利益的追求是推动经济发展的动力，利益关系问题也是政治经济学的基本问题。马克思认为："人们奋斗所争取的一切，都同他们的利益有关"。传统的工业文明是建立在资本高投入、资源高消耗、环境高污染基础上的，生态文明则是实现人与自然和谐相处，经济、社会和生态环境协调统一的人类发展新文明。生态文明建设是一场涉及生产方式、生活方式、价值观念以及社会结构等的革命，在由传统的工业文明向新的生态文明过渡，大力推进生态文明建设的过程中，个人利益和集体利益、局部利益和整体利益、当前利益和长远利益之间存在矛盾；各种经济主体包括生产主体企业、消费者个人、各级政府之间的利益格局会发生变化并存在利益冲突。在地区、企业、个人的生产活动和消费活动中，个人权益的满足不能以侵占多数人的生态权益为代价；局部利益的获得不能以损害整体的生态权益为代价，当前利益的实现不能以破坏后人的生态权益为代价。利益矛盾的存在是导致经济发展中产生资源、生态和环境问题的根本原因。因此，研究各种物质利益关系的变化并协调利益冲突是生态文明建设的核心问题。

5.1.2　经济主体行为调整：生态文明建设的基础

在市场经济中，家庭与企业作为微观经济主体，分别以效用最大化和利润最大化为目标，政府作为宏观经济主体，通过发挥调节作用而参与经济发展过程。其中各经济主体为了实现各自利益的最大化会采取相应的不同行为并展开博弈。

经济发展中的外部性问题可以被解释为微观经济主体间的合作博弈或非合作博弈。如果是合作博弈，讨价还价的结果是有效率的。但如果是非合作博弈，那么，在完全信息条件下是有效率的；如果信息不完全，那么讨价还价不可能实现有效率的结果。环境污染基本上都是不完全信息条件下的非合作博弈，这种博弈是“看不见的手”竞争机制失败的例证（萨缪尔森和诺德豪斯，1999）。

微观经济主体间非合作或纳什均衡是无效率的，需要政府的介入，诱导微观经济主体达到合作性均衡，消除对环境的污染。然而，在生态文明建设中，中央政府与地方政府的导向并不一致，中央政府以长远利益和全局利益为导向，通盘考虑整个国家的经济社会发展战略目标，注重经济社会发展与资源生态环境相协调；地方政府则以地方政绩为导向，更多地追求地方利益和短期经济的快速发展。而中央政府这一委托人的实际执行权和控制权移交到地方政府这一代理人手中，地方政府便会以经济实权和信息不对称的信息资源优势，扭曲和偏离中央政府的具体政策，谋取自身利益最大化。因此，如何通过有效制度安排协调各经济主体的行为是生态文明建设的基础。

5.1.3　制度安排：生态文明建设的保障

诺思通过对众多国家经济史的研究阐明了制度对国家或地区的经济发展具有决定性作用，他认为“制度在社会中具有更为基础性的作用，它们是决定长期经济绩效的根本因素”。新制度经济学的核心命题和主要观点也强调了制度的重要作用（诺思，2008）。公共物品的供给也是一个囚徒困境的问题，生态文明具有比较强的公共物品性质，由于其不可分割性和非排他性，存在着不付成本而共同享用的搭便车机会主义行为。因而需要通过适当的制度安排，诱导微观经济主体达到合作性均衡，消除对生态环境的污染与破坏，这对生态文明建设十分重要。为此，党的十八大特别提出“要加强生态文明制度建设”。制度安排是生态文明建设的根本性保障，正确的制度安排能够节约交易成本，对经济主体产生激励并引导其采取合理行为，从而实现帕累托改进。缺乏制度或制度设计不合理则不能引导资源的有效配置，使微观经济主体难以实现合作性均衡，从而导致公共资源的过度使用和破坏。在生态文明建设中，制度安排确立了生态文明建设的总体框架、战略目标和具体的政策实施机制，使各类经济主体在进行生态文明建设中有了制度保障和指导。

5.1.4　激励结构设计：生态文明建设的方向

在新制度经济学看来，正式规则与非正式规则都被界定为一种契约关系，由于市场中出现的欺骗和违约行为会阻碍交换的有效进行，因此必须通过设立机制为合作者提供足够的信息，检测对契约的偏离，通过强制性的措施保证契约的实施。机制是指表示组织协调经济活动的系统的规范实体（赫维茨，2009），而激励机制设计则是通过设计一套机制（规则或制度）使人们有积极性以行动来实现设计者的既定目标。市场经济中的任何行为人特别是政府，都不可能获得他人的所有信息，也正是由于信息不完全，市场调节与政府调控都存在失灵的可能。如果人们能够获得所有的信息并拥有最精确的计算能力，那么集中决策（如计划经济）就不存在问题。正是现实社会中间接控制的分散性决策方式，使得激励机制发挥着重要的作用。激励结构设计能够规范经济秩序，降低交易的不确定性。与制度相配套、设计合理的激励结构不仅能够保障制度安排引导的方向正确性，还能提高制度安排的效率，使行为人在追求个人利益行为的同时，正好与社会实现整体价值最大化的目标相一致，实现激励相容。生态文明建设中，设计与制度安排相配套，合理的激励结构能够有效地解决集体利益与个人利益之间的矛盾冲突，形成推动生态文明建设的有效激励，使经济主体的行为方式、结果符合集体利益的最大化目标，实现个人利益与集体利益目标函数相一致，从而促进生态文明建设。

5.2　生态文明建设的利益协调

5.2.1　利益矛盾的制约

生态文明建设是经济、社会、政治、文化的全面变革，这必然会在政府、企业和消费者之间引发利益的冲突和矛盾。冲突与矛盾主要表现在以下三个方面。一是作为生产主体的企业与其他经济主体之间的利益矛盾。生态文明建设的提出对企业来讲将是一系列的变革，它意味着企业的生产方式、所用资源、生产产品以及组织结构都将发生实质性的变化。这不仅要求企业关注自身利益、目前利益，还要求企业考虑到社会收益和未来利益。此外，在影响企业自身的利益同时还会涉及企业之间、企业与消费者、企业与金融机构以及企业与政府等多方面的利益关系。二是消费者个人之间的利益矛盾。随着生活水平的不断提高以及物质消费品的极大丰富，奢侈型、享乐型的生活方式和铺张浪费的消费行为造成了资源的过度消耗和生态环境的加速恶化。大力推进生态文明建设要求改变消费者原有的生活习惯和消费行为，“形成合理消费的社会风尚”，如垃圾分类、使用节水节电设备、选择绿色公共交通出行等。这不仅会限制消费者的既得利益，还将改变消费者的利益所得，同时还会引起消费者个人之间的利益冲突与矛盾。三是政府与微观主体之间以及各级政府之间的利益矛盾。政府一方面作为生态文明建设的推动者和政策的制定者，将会引导与改变微观主体包括消费者和企业的利益流动与利益关系，符合生态文明建设要求的微观主体或受益者出于自身利益的考虑将会积极支持政府的有关政策和措施，利益受损者将会消极地排斥和抵触；另一方面，中央政府和地方政府的目标与职责不相容，在生态文明的建设上存在着利益矛盾。在生态文明建设的具体实施中，中央政府这一委托人的实际执行权和控制权移交地方政府这一代理人手中，由于目标和导向的不同，地方政府以信息不对称的信息资源优势，会扭曲和偏离中央政府生态文明建设政策，地方政府和中央政府的利益矛盾冲突在所难免。同时，不同地区的地方政府从本地区利益出发偏向本地区利益诉求往往会损害其他地区利益，如污染企业向落后地区的转移等。

5.2.2 实现生态文明建设的利益协调

生态文明建设是一场全面性的深刻的变革，会触动某些阶层或群体的既得利益，从而导致不同经济行为主体之间的物质利益冲突和矛盾。然而，由于任何经济组织或个人都可以享受到生态文明所带来的巨大公共福利，受到利益冲击的经济主体也是获得物质利益的经济主体。传统工业文明中，政府是生态环境保护的主要力量，企业和家庭参与意识淡薄，社会公众及相关利益者缺少生态公共利益的诉求和表达，只是在政府和主管部门的发动下被动地参与，不利于生态文明建设的推进。因此，要充分分析利益相关者的利益诉求，结合不同经济主体的利益诉求，将潜在的、边缘的利益相关者纳入进来，满足各个利益相关者的物质利益。要使各个经济主体在有利于生态文明建设中获得足够的利益，在不利于生态文明建设中付出足够的代价，承担足够的损失和惩罚。对于企业，要将生态文明建设的社会整体利益和企业发展利益相结合，对受政府管制的企业加以引导和优惠补贴。对消费者要引导其理性消费、绿色生活，通过收税调节和财政转移协调个人利益和集体利益，从而使不同经济主体积极、广泛地参与到生态文明建设中来。

生态文明具有很强的公共物品特征，由于具有非排他性和非竞争性，存在经济主体只愿意享受不愿意支付成本的搭便车行为。然而，生态文明建设不仅关乎当代人的福利，更会影响到后代人的物质利益。生态文明影响的广泛性和持久性要求既要协调好代际内个体利益之间的矛盾、个体利益和集体利益的矛盾以及地区之间的矛盾，还要协调好不同代际的利益矛盾。要在生产、分配、交换、消费的各环节都维护公共利益、长远利益，协调各个部门、各地区的利益，只有将不同经济主体的利益、个体利益和公共利益、短期利益和长远利益协调一致才能从根本上使各个层面的经济主体为推进生态文明建设共同发挥力量。

5.3　生态文明建设的行为调整

5.3.1　主体行为的制约

生态文明建设是一个涉及各个层面及主体的过程，需要政府、企业及社会公众的共同参与，牵涉到各行为主体的利益抉择和博弈，再加上生态环境本身具有公共产品非竞争性和非排他性的特点，不可避免地会出现各种问题，包括搭便车行为及各主体的寻租行为。

1. 公共产品与主体行为约束

正如前文所说，生态环境是一种公共产品，对它的消费具有非竞争性、非排他性的特点。这两个特性意味着公共物品如果由市场提供，每个消费者都不会自愿掏钱去购买，而是等着他人去购买而自己顺便享用它所带来的利益，这就是“搭便车”问题。各行为主体会从自身利益最大化出发选择可以节约成本的行为策略，因此每个行为主体都倾向于享受环境建设带来的外溢性收益，普遍采取搭便车行为。由于主体行为对生态造成破坏、污染又没有对此进行赔偿，所以主体行为有着负外部性。这样就与生态文明建设产生了矛盾。

党的十八届三中全会决定强调要对水流、森林、山岭、草原、荒地、滩涂等自然生态空间进行统一确权登记，形成归属清晰、权责明确、监管有效的自然资源资产产权制度。但是，将自然资源资产化是一个很复杂的系统性工程。首先，自然资源种类多样，分布也都有其各自的特点，涉及范围层面都很广泛，很多时候难以在各主体单位间明确予以界定和区分。其次，自然资源价值的表现形式也不同于普通商品，难以正确估量和准确定价，这些问题都将是自然资源资产化的阻碍。最后，由于这些规定和政策并没有充分落实，很多企业仍然基于个人利益最大化的考虑，选择搭便车行为，对生态文明建设造成了阻碍。

2. 寻租现象与主体行为约束

自然资源具有公共物品的性质，在开采利用的过程中不可避免会出现负外部性，为了解决这个问题，减少负外部性的损害，必须进行市场谈判或者是政府干预。然而，市场谈判的交易往往成本过大且效力不足，这个时候，就需要政府干预的介入，即政府通过行政许可制度进行监管和保护。另外，由于资源的稀缺性，资源的天然供给不足，而其中一部分必不可少的自然、社会资源为政府所掌握，即政府官员和一般公务员具有处置这部分资源的权力，加之制度规则（制度造成的寻租空间过大等）以及官员和公务员的道德问题，为寻求相关主体或个人利益，就产生了寻租行为。行政机关通过设定、实施自然资源行政许可，创造寻租机会，与被许可人进行各种博弈，甚至恶意串通，实现自身利益最大化。

在生态文明建设中，政府是在宏观层面作为主导力量而存在的，一系列与生态文明建设相关的政策推进及项目都是由政府规划提出并付诸实践的。但中央政府和各级地方政府以及政府不同部门之间存在行为差异。中央政府通常以长远利益和全局利益为导向，通盘考虑整个国家的经济社会的发展战略目标，进而提出“加快实施主体功能区战略，推动各地区严格按照主体功能定位发展”来推进生态文明建设。地方政府则偏向局部利益和眼前利益，以率先发展和财政收入为目标追求地方官员政绩。在推进生态文明建设中，由于追求地方利益的行为而牺牲国家利益的现象屡见不鲜。例如，沿河治理污染，很多省份只对上游企业严格把关甚至坚决关闭，而对于下游的污染企业则置若罔闻。长期以来，我国各职能部门相割裂，缺乏统一协调机制和沟通机制，各个部门就某一事务存在权责相互推诿的现象，使得生态文明建设成为“纸上谈兵”。

在微观层面，改革开放以来，通过进行现代企业制度改造以及向外资企业学习先进管理技术，我国企业如雨后春笋般快速发展与成长。但由于原材料、劳动力成本低廉，以利润最大化为目标的企业在很大程度上是依赖资本驱动与资源消耗来实现的，因而缺乏创新意识，创新能力严重不足。随着经济全球化和一体化的不断深入，面对日益激烈的国际竞争和不断强化的资源环境约束，企业自主创新能力不足日益成为发展的瓶颈。企业生产的最终目的是给消费者提供消费，人们的消费关系又会创造出新的消费需求，从而为再生产提供了前提，因而没有需要就没有生产。消费作为人类最基本的经济行为，对生态环境直接或间接地产生着巨大影响。消费活动是分散的，但分散的行为后果的加总却会造成巨大的资源消耗和环境危害。随着经济发展出现的过度消费现象，对自然资源过度掠夺，从而产生环境灾变。因此，改变传统消费模式是生态文明建设的重要内容。

5.3.2 引导生态文明建设的行为调整

推进生态文明建设，要求无论是各级政府、企业还是家庭都要以实现生态文明的目标为导向调整自己的行为，使经济主体的行为符合人与自然、经济与社会相和谐的要求。

首先是政府的行为调整。作为生态文明建设的推动者和公共政策的制定者，政府应继续推进经济发展方式转变，抓紧调整生态文明建设的政策导向，加大对生态文明建设的政策性倾斜，增加政府环保投入占财政支出的比例，加快构建资源节约环境友好的循环经济方式。政府在推进生态文明建设中应主要依靠法律手段和经济手段，避免运用行政手段，减少直接参与，从而减少寻租和腐败的滋生。政府要加大对使用清洁能源或使用可循环利用资源，以及改进生产工艺减少污染的企业进行财政补贴的力度，而对高耗能、高污染的生产企业课以重税，从而将政府与企业的行为调整一致。

其次是企业的行为调整。企业要把生态文明的理念融入到企业的日常生产经营管理活动中去，要从“先污染后治理”向绿色设计、绿色采购、绿色生产和清洁生产、零排放、循环经济转变；要从以经济效益为中心向经济效益、社会效益和生态效益兼顾转变。应将清洁生产的理念贯穿于企业的生产决策，产品或服务的设计，原材料、零部件及物资的采购，生产制造及辅助制造以及产品的售后服务的全过程；采用可降解或可循环的材料，减少从原材料提炼到产品最终处置的全生命周期对环境的不利影响，强调将产品制造、使用及废弃再利用各过程对环境的影响都控制在产品的设计当中。

最后是家庭的行为调整。家庭作为生态文明建设最广泛的主体，其行为直接关系到生态文明建设能否切实地落实和推进。家庭要树立人与自然、人与人和谐相处的生态文明观念，减少和反对极度自私的、挥霍的享乐型高消费，逐步形成有利于人与自然协调发展、和谐相处的适度、低碳消费观，改变不符合生态文明要求的生活行为与习惯，减少一次性用品的使用，杜绝过度的包装，提倡节水节电器具的使用，从而减少浪费资源、破坏生态、污染环境的一些消费行为。大力提倡生态消费，鼓励多元化、低能耗的可持续消费方式，引导消费欲望从片面追求无穷的物质消费转向多元化的文化精神消费上来，树立积极科学的新消费观念。

5.4　生态文明建设的制度安排

5.4.1　生态文明制度的内涵及构成

对于制度的定义，不同的学者观点不同。舒尔茨对制度的定义为：“我将制度定义为一种行为规则，这些规则涉及社会、政治及经济行为。例如，它们包括管束结婚与离婚的规则，支配政治权力与使用的宪法中所含的规则，以及确立由市场资本主义或政府来分配资源与收入的规则。”（舒尔茨，1994）拉坦和舒尔茨的观点相同，他也认为：“制度就是一套行为规则，它们被用于制度特定的行为模式与相互关系。”（拉坦，1994）诺斯认为：“制度是一系列被制定出来的规则、守法程序和行为的道德伦理规范，它旨在约束追求主体福利或效用最大化的个人行为。”（诺斯，1991）青木昌彦从博弈论的角度定义了制度，他指出：“制度是关于博弈如何进行的共有信念的一个自我维持系统，制度的本质是对均衡博弈路径显著和固定特征的一种浓缩型表征，该表征被相关域几乎所有参与人所感知，认为是与他们策略决策相关的，制度从而以一种自我实施的方式制约着参与人的策略行动，并反过来又被他们在连续变化的环境下的实际决策不断再生产出来”。对制度构成的分析，是进行制度分析的基本理论前提（青木昌彦，2001）。诺斯认为："制度由正式规则（成文法、普通法、规章）、非正式规则（习俗、行为准则和自我约束行为规范），以及两者执行的特征组成。"（诺斯，1991）即制度主要是由正式制度、非正式制度和它们的实施方式构成。生态文明制度的构成包括正式制度、非正式制度和实施机制三方面。

不同于制度学派，马克思认为，离开了人与人之间的社会经济关系就揭示不出制度的本质。他指出："人们在自己的社会生产中发生一定的、必然的、不以他们的意志为转移的关系，即同他们的物质生产力的一定发展阶段相适合的生产关系。这些生产关系的总和构成社会的经济结构，即有法律的和政治的上层建筑竖立其上并有一定的社会意识形式与之相适应的现实基础。"在马克思看来，表现为各种规则的伦理道德、法律制度、意识形态和国家都属于上层建筑的范畴，是一定阶级的利益和意志的要求，是制度、产权、法律体现出来的一种思想意志关系。

现有文献对生态文明的定义很多，但没有对生态文明制度进行明确界定。在上文中界定了制度是从"规则"层面上理解，则在制度分析部分中就从规则上来界定生态文明制度，即生态文明制度就是指："全社会制定或形成的一切有利于支持、推动和保障生态文明建设的各种引导性、规范性和约束性规定和准则的总和，是关于在生态价值观念、生态思维方式、生态生产与消费行为，生态环境保护、生态资源开发、生态补偿、生态技术创新、生态政府责任等一系列制度的总称"。

通过以上对制度构成的简要分析，我们可概括出生态文明制度中的正式制度、非正式制度以及实施机制的内容。生态文明建设中的正式制度是指人们有意识创造的一系列政策法则来约束生态文明建设中出现的各种问题，包括政治规则、经济规则和契约，以及由这一系列的规则构成一种等级结构，具体体现在生态文明法律制度、生态文明政府调控制度、有效产权界定制度等方面，带有一定的强制性。生态文明建设中的非正式制度主要是从整个社会的价值信念、伦理规范、道德观念、风俗习性、意识形态等因素来推动社会的生态文明观念的建立。非正式制度可以形成或构成某种正式制度安排的"先验模式"，从而在生态文明制度建设中发挥更坚定、更持久的作用。相对于正式制度来说，在生态文明建设中非正式制度变迁速度和可移植性比正式制度要差很多，且非正式制度的改变是一个长期缓慢渐进的过程，依赖于文化底蕴、意识形态等因素，不带强制性。要保证生态文明制度有效，除了完善正式制度与非正式制度外，更重要的是看制度的实施机制是否健全。离开了实施机制，那么任何制度尤其是正式制度就形同虚设。制度实施机制的主体一般都是国家，因此确保生态文明建设中制度的实施机制有效，就要杜绝政府的"软政权"问题。总之，生态文明制度建设的有效进行必须保证正式制度、非正式制度与实施机制要彼此相容，相互协调，否则正式制度与非正式制度之间出现冲突就会影响制度的稳定。

5.4.2　生态文明建设中制度安排制约

在我国经济发展中，由于制度的不合理或欠缺已经严重地阻碍和制约了生态文明建设的推进。具体表现在以下三个方面。一是资源环境产权归属模糊，产权制度不合理。产权归属模糊导致所有者和代理者的权利和责任不明确，法律上明确规定的资源环境归国家和集体所有，但实际上为地方政府、部门或当地居民所占有，导致为争夺开发权而使得资源被掠夺式地开发与浪费，生态环境遭到破坏。二是资源有偿使用制度不健全。在市场经济条件下，自然资源的无价、低价使用是资源滥用、环境污染的根本原因。我国现有法律体系中没有系统性、全民性、深入性的资源有偿使用的规定，部分有偿使用的条款只是作了原则性或是指导性的规定，并未规定具体的实施方法及有偿使用的途径等。三是生态补偿的制度不健全，我国虽然实行生态补偿比较早，但是生态补偿缺乏具体的、可操作的办法，部分补偿的方式和方法尚在探索与补充阶段。由于制度的不完善，现有的成本分担和利益补偿安排是受益者不承担或少承担成本，受损者得不到相应的利益补偿。因而受损者缺乏保护环境的动力，生态恶化的趋势就难以从根本上得到遏制。

党的十八大特别提出“要加强生态文明制度建设”，指出保护生态环境必须依靠制度。制度建设是生态文明建设的重要内容，有学者认为，制度建设代表了生态文明的“软实力”（夏光，2013）。

目前我国存在的制度体系是一种有利于传统经济、传统技术和消费方式发展的制度。资源耗竭和环境破坏往往是由人们不合理的行为造成的，而人们不合理的行为产生的原因则在于制度缺陷。可见，制度转型是实现生态文明的根本性保障。为适应生态文明建设的需要，激励新技术、新经济、新产业、新生活成长，应探讨有利于资源环境与经济社会协调发展的有效组织制度及激励机制，积极进行制度创新，促进传统制度体系向有利于生态文明建设的制度体系转型，从而解决传统模式带来的资源耗竭以及生态环境恶化的问题。

5.4.3　生态文明建设中制度安排转型

推进生态文明建设，要促进制度体系的生态化转型，包括源头治理和全过程的生态环境保护制度转型和环境税费制度转型。要完善水资源管理制度、耕地保护制度以及环境保护制度，如对国家重点生态功能区和农产品主产区建立限制开发的制度。改变以往的末端治理，在源头推行环境友好的清洁生产制度，对生产的全过程实现系统的环境保护管理。实施更加严格的环境质量标准，严格环境保护行业准入制度，切实做到经济发展政策和环境政策充分融合。可通过政策倾斜或发放污染许可证的方法使各部门达到总的环境质量目标，保护生态环境。完善环境和生态税费制度，科学、系统地设计“高碳经济、线性经济、黑色经济”的生态环境税，从而将生态环境污染内部化（沈满洪，2012）。

要建立有效的资源环境产权制度，明晰和强化资源的真正所有者以及各个代理者的权利与责任，避免逃避责任，确保资源使用权的排他性和可让渡性。要完善资源产权的一级市场，开放资源的二级市场，使资源产权从资源的行政管理部门的约束中挣脱出来。积极探索资源权在地区之间、产业之间以及企业之间的交易制度，优化配置资源，提高资源的利用效率。从客观上更好地发挥其经济刺激作用，优化资源配置。要努力构建和完善环境产权制度。环境产权制度主要有享受优美环境的权利和排污权交易制度，目前我国的排污权交易只在少数地方实行，排污权交易制度亟须完善。要对资源的使用加强管理，保证资源科学合理、可持续利用，保护环境和生态平衡。要根据资源的性质，区别对待可再生资源和不可再生资源。对于可再生资源要保证其可再生性，保证资源的使用不超过资源再生的阈值，必要时制定资源使用的限制条款，从而有效地限制对水资源、土地资源及能源的过度使用或奢侈性消费；对于不可再生资源，则要制定严格的使用标准制度，以制度的强制性规定确保有限的资源能够实现有效、高效、节约与合理利用，从而保证稀缺资源即不可再生资源的可持续使用。

与此同时，要完善以财政转移支付为主要手段的生态补偿制度，调整利益相关者在生态建设中所产生的环境利益及其经济利益分配关系，体现生态价值和代际补偿，实现生态补偿的规范化和制度化。对循环经济、低碳经济、绿色经济等促进生态文明建设的行为给予研发资助、财政补贴。与此同时，加强生态环境的监管力度，防止因人为因素造成环境破坏。通过在《环境保护法》中对环境管理信息公开的范围和内容作出明确规定，扩大环境立法听证的范围，通过法律手段赋予公众监督环境管理信息公开的权利，建立和完善环境保护有奖举报制度。制定配套的地方环境保护条例，基本形成宽领域、多层次的环境保护法规体系。最为重要的是抓好环境执法监管，严厉打击各类环境违法行为，建立严格的生态环境责任追究制度，有效保障人民群众的生态环境权益。

5.5 生态文明建设的激励机制

5.5.1 生态文明建设中的激励机制制约

作为世界上最大的发展中国家，我国长期处于贫困落后状态，改革开放以来，我国确立了以经济增长为目标的赶超式发展战略，与此相适应，确立了偏重经济增长指标（GDP）的政府绩效考核体系。这种发展战略的实施使中国经济在较短时间内取得了举世瞩目的发展，但这种增长基本上沿袭了传统的“高资本投入，高资源消耗，高污染排放”增长模式，虽然提高了生产力，却过度地消耗了资源，破坏了生态平衡和生态环境。可见，单纯 GDP 的增长并不能反映国民福利的改善。因为，在以 GDP 为核心的国民经济经济核算体系中，只计算自然资源的开采成本而忽略资源消耗和环境成本并且不反映自然资本存量的变化，这实际上是低估了经济过程的投入价值，高估了当期经济生产过程的新创造价值，而这些高估的产值实际上是自然资产价值转化成物质资产价值。

另外，在经济增长过程中，政府治理污染费用、治理水土流失的投入甚至包括居民因环境破坏致使健康受损而增加的医疗费用投入都被计入国民收入。所以，单纯追求 GDP 在一定程度上鼓励决策者通过对自然资源的掠夺与环境的破坏来实现所谓的经济高速增长，客观上导致了地方政府片面地追求经济增长速度，只重视当前利益，而忽略长远利益，忽视了经济增长所带来的资源环境成本，忽视经济发展的质量和效益，阻碍了生态文明建设。

5.5.2　生态文明建设中的激励机制设计

激励结构的设计就是要“使制度正确”，在经济发展的主体如企业、家庭和各级政府之间形成特定的激励相容机制，即促进各个经济主体的行为在追求自身利益最大化的同时促进生态文明建设。基本的环境质量是一种公共产品，是政府必须提供的基本公共服务。党的十八大报告提出要“增强生态产品生产能力”。作为公共产品的良好生态环境，包括清新空气、清洁水源、安全食品——这些都是人类生产生活的必需品，是消费品，而各级政府理应成为第一生产者、提供者。政府要以科学发展观为指导，改变以经济总量和增长速度为中心的考核办法，建立体现生态文明要求的目标体系、考核办法、奖惩机制。关键要将环境损害、资源消耗以及生态效益纳入到经济社会的发展评价体系中，增加反映生态文明建设的各项指标在政府绩效考核评价中的权重，提高考核的质量和科学合理性，通过对生态文明建设活动的全过程跟踪，客观反映区域生态文明程度。建立以市场为导向、企业为主体、产学研相结合的技术创新体系，政府要继续加大技术创新的投入，对采取节能技术、清洁生产或是发展循环经济的技术改造和技术创新的贷款给予利率优惠或实行贴息，从而降低企业进行创新推动生态文明建设的成本。另外，设立节能减排及资源高效利用等方面的专利技术认证、专利技术保护和管理机制，通过专利鼓励企业对生产工艺等进行创新，同时提高企业创新激励和回报。

第6章　我国生态文明建设的状态评价

6.1　生态文明建设状态评价的指标体系设计

6.1.1　生态文明建设的理论界定

生态文明建设是一场全面性的深刻变革，不仅涉及不同利益主体的利益关系，也将涉及生产方式以及生活方式的变革；不仅涉及资源、环境和生态系统，也涉及经济、政治、社会、文化等方方面面。生态文明建设是一项巨大的工程，不仅要实现资源节约、环境友好、生态保护，更要在物质文明、政治文明、精神文明中体现和融入生态文明。推进生态文明建设就是要寻找人口经济社会发展与资源生态环境系统的最优均衡和最佳结合，在人类改造自然变自然资本为人造资本的过程中，遵循自然规律原则，不断克服传统生产、生活方式对自然的破坏，促进生产、流通以及消费过程的减量化、再循环与再利用，实现人与自然的和谐相处，经济、自然与社会协调发展的目标。与此同时以体现资源节约、环境友好、生态良好的明确制度安排来确立其总体框架、战略目标以及具体的政策。

6.1.2　生态文明建设评价指标体系的基本框架

推进生态文明建设要以生产、生活方式转变为途径，以正式制度与非正式制度安排为保障，从而实现人与自然和谐共生、经济与自然良性互动、社会和谐稳定的目标（图6-1）。具体包括以下几个方面。

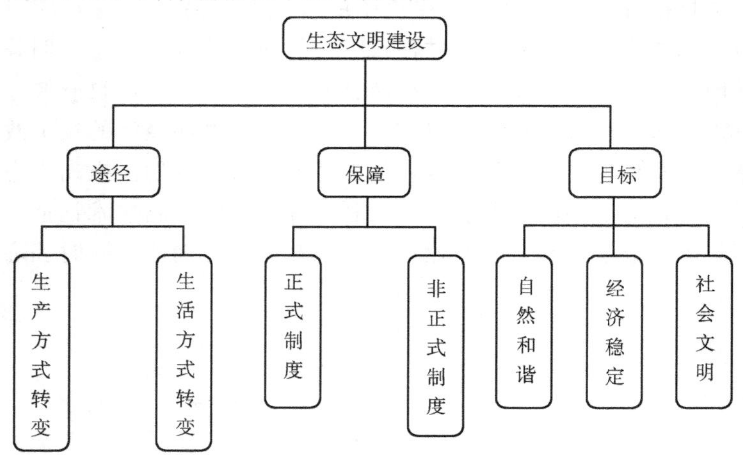

图6-1　生态文明建设的评价体系框架

1. 生态文明建设的途径：生产与生活方式转变

戴利认为生态系统是包含经济子系统在内的大系统，生态系统的规模是不变的，随着开放的经济系统不断扩大，已从“空的世界”逐步转向“满的世界”，“牛仔”的线性生产生活必然会受到生态极限的制约难以持续（戴利，2001）。人类的社会经济活动对生态环境的破坏一旦超过生态阈值则无法修复，彻底破坏生态系统。正如恩格斯在《自然辩证法》中所指出“我们不要过分地陶醉于我们人类对自然界的胜利，对于每一次这样的胜利，自然界都对我们进行了报复”。我国经济高速发展是以自然资本快速消耗支撑人造资本价值来实现的，这导致资源趋紧、环境恶化以及生态破坏等问题日益严重，剩余的自然资本已取代人造资本成为经济发展的制约因素，因而必须协调人造资本与自然资本的关系，以转变创造和消费人造资本的生产方式与生活方式为推进生态文明建设的途径。

首先新中国成立以来以“赶超战略”（林毅夫等，2003）为导向的不合理的生产方式阻碍了生态文明建设。改革开放初期，我国生产力水平落后，地区经济发展水平差异较大，但自然资源和劳动力资源较为丰富，因而根据比较优势理论，主要依赖低廉的资源和廉价的劳动力来实现经济总量增长的目标。这为经济持续稳定健康发展留下了隐患，虽然中央曾多次调整经济结构和增长方式，但与传统工业化道路相配套的体制与机制依然遗留下来，要素市场化程度低，资源要素价格严重扭曲。“高投入、高消耗维持的高增长”模式依然难以消除，粗放式的增长模式人为地低估了外延增长所付出的自然资源成本，客观上导致了紧缺资源的浪费。随着市场经济体制改革不断深入，各类企业快速发展壮大，以利润最大化目标的企业依靠原材料成本优势和初级产品优势便可获得较高的市场份额，加上生态环境问题的公共物品属性以及公共资源产权的缺失，更加深了资源的过度开发和污染废气物的过度排放。总之，传统的生产方式是以原材料和初级产品的低成本、低价格来实现的，难以反映资源的真实稀缺程度以及资源的社会经济价值，进而在对自然的不断“压榨”的条件下片面追求人造资本的生产，割裂了生产与自然的平衡关系，引起资源耗竭、环境恶化，日益逼近生态承载力的极限。因而，要推进生态文明建设，首先必须改变传统的生产方式（此处生产不单纯指工业生产，而是一切可以创造价值的生产），包括工业生产和农业生产，实现由与自然相割裂的生产方式向与自然良性互动的生产方式的转变。要摒弃工业文明中简单地将生产中损耗的资源环境代价转移到生产成本的做法，尽可能地减少生产单位产品的资源消耗强度，在生产的过程就将环境和生态考虑与设计在内，通过创造各种手段采用“减量化”“再循环”“再利用”的循环方式和绿色低碳清洁的生产方式，减少污染废弃物的排放，减轻对生态环境的破坏。

其次，传统的生活方式是造成生态文明难以推进的另一重要方面。消费是生产的最终目的同时也是再生产的需要。正如马克思所说，“生产方式……在很大程度上是这些个人的一定活动方式，表现为他们生活的一定形式”。作为微观经济主体的消费者以效用最大化为目标，理性人只考虑个人自身的利益，产品低价优势的诱导客观上也使依靠资源的高投入之生产方式成为可能。此外，过度追求物质产品享受和生活水平提高的过度消费也导致资源的过快消耗和环境破坏的加剧。虽然个体消费活动是分散的并对环境生态影响甚微，但分散的消费行为后果加总却是巨大的资源消耗和环境危害。传统的生活方式片面地强调人类自身的利益，忽视了人类活动与赖以生存的自然生态环境系统的协调平衡，在不断提高生活水平的同时逐步扩大了人与自然的对立。因而，推进生态文明建设，还必须以生活方式的转变为途径，减少和反对极度自私的、挥霍的享乐型高消费，崇尚多元化的文化艺术及精神享受的消费，逐渐形成绿色适度的消费观念。同时自觉采取低碳环保的出行方式以及切实践行节约的起居方式。构建以环保节约为原则，以适度消费为特征，满足基本生活需要和高文化精神享受的人与自然相和谐的生活方式。

2. 生态文明建设的保障：正式与非正式制度安排

诺斯对不同国家经济史的研究表明制度对一个国家或地区经济增长和经济发展起决定性的作用，他认为“制度在社会中具有更为基础性的作用，它是决定长期经济绩效的根本因素”（诺斯，1994）。强调制度的重要作用是新制度经济学的核心命题和主要观点。党的十八届三中全会特别提到加快生态文明制度体制建设的重要作用，指出必须建立系统完整的生态文明制度体系，用制度保护生态环境。

目前，我国生态文明水平较低，生态问题严重的主要原因正是由于缺乏必要的硬性约束与软性约束来制约和调节人们的意识与行为。在生态文明建设中，不同经济主体有不同的利益诉求。政府以全局的视角，追求社会经济的可持续发展和社会经济效益的最大化。企业则以利润最大化为目标追求自身收益与发展，生态文明建设对企业而言意味着使用清洁能源，提高资源的使用效率，减少污染排放或增强污染治理，这势必会在短期内增加企业的生产成本，降低利润。消费者以效用最大化为目标，追求产品物美价廉和个人生活水平的提高，生态文明建设对消费者而言则意味着节约资源能源，消费绿色环保产品，低碳出行，这可能导致消费者生活成本提高和短期内生活便利性的下降。而生态文明是共同的文明，具有很强的公共物品特征，各个经济主体行为都存在不愿为其支付成本而只愿享受收益的道德风险倾向。加上资源环境的产权不明晰和残缺，存在严重的外部不经济。因而，如果没有外在约束，市场机制是无法调节追求个体利益最大化的经济人自发地参与到生态文明建设中来。正如马克思、恩格斯在《神圣家族》一书中说道："既然正确理解的利益是整个道德的基础，那么就必须使个别的私人利益符合全人类的利益"。这就需要宏观经济主体——政府——通过适当的制度安排发挥激励调节作用，诱导微观经济主体实现个人利益的同时也符合生态文明建设这一社会共同利益。

因此，在生态文明建设中，如何通过有效的制度安排协调不同主体的利益，进而激励和约束各经济主体的行为是生态文明建设的重要保障。制度安排能够确立生态文明建设的总体框架、战略目标和具体的政策实施机制。具体来看，体现生态文明理念要求的明确制度安排是指在全社会制定或形成的一切有利于支持、推动和保障生态文明建设的各种引导性、规范性和约束性规定和准则的总和，包括正式制度和非正式制度（夏光，2013）。正式制度有强制性的实施机制，能够保证强制目标的实现，非正式制度能够降低正式制度的实施成本，促使公民自觉遵守正式制度，在维持社会秩序方面依然具有无可替代的作用，但由于非正式制度没有国家强制力做后盾，因此约束力往往欠缺，这就需要正式制度和非正式制度相配合才能够发挥更大的作用，而如果正式制度和非正式制度相冲突，则会导致"有法不依"的规避正式制度现象的出现。因此，需要以协调一致的正式制度和非正式制度安排共同为推进生态文明建设提供规则以维持秩序。通过制度安排来引导、制约和规范各个经济主体为了实现生态文明这共同利益自觉地行动，实现个人利益与集体利益的统一，保障推进生态文明建设目标的实现。

3. 生态文明建设的目标：经济、社会与自然协调发展

马克思经济学蕴含极其丰富的生态思想，强调了人与自然之间物质交换过程中的主体作用，以及人的生产方式、生活方式和自然、经济、社会的可协调性。生态文明建设的目标就是要实现人与自然和谐共生，经济与自然的良性互动以及社会与自然的和谐进步，即自然和谐、经济稳定以及社会文明。

首先，推进生态文明首先要实现自然和谐，特别要实现人的生存发展与自然和谐共生。生态文明最本质最突出的特点就是，不同于农业文明下人敬畏自然、开发自然简单地与自然相处，也不同于工业文明下人类无情地征服自然、改变自然造成与自然的割裂与对立，而是尊重自然、爱护自然，优化人与自然的关系实现人与自然的和谐共生的高级文明形态。生态文明之生态不是传统意义上狭义的生态环境，而是指包含动物、植物等一切自然物生存和发展的空间和系统。而人本身是属于自然界的，是自然中的一部分，人需要不断地从自然生态系统中获取能量和养分才能得以保证自身的活动与发展。正如恩格斯在《反杜林论》中指出的"人本身是自然界的产物，是在他们的环境中并且和这个环境一起发展起来的"。但人又不同于一般的自然，人类是地球生命系统最特殊最重要的部分，这是因为人是具有劳动能力的，能创造自然和改变自然，因而特别强调具有主观劳

动力的人的生存和发展与资源、生态环境和谐相处，处理好人与自然的关系，进而实现自然和谐。

其次，推进生态文明建设，还要实现经济与自然的良性互动，即经济稳定。传统的经济发展方式片面地将 GDP 作为发展的唯一目标，单纯地追求物质财富的积累，不计资源消耗及生态环境成本，对自然不断索取中实现经济快速增长，造成了将经济发展与自然生态系统的割裂与对立。生态文明的内涵不仅包含生产力发展和物质财富增加，更应包含自然生态状况，实现经济与自然的良性互动。生态文明建设要求在经济发展中将资源的可再生能力、环境的自我调节能力以及生态的可承受能力都考虑进来，实现经济发展与资源生态环境的最优均衡。这就要求各个微观经济主体，包括企业、家庭、政府以及组织机构的经济行为要以经济、社会与自然的和谐发展与良性互动为目标，以符合自然规律为准则，在生产行为和生活行为上注重资源节约、环境保护和生态平衡。总之，生态文明建设需改变数量型增长模式，要求经济发展由单纯地追求经济目标转向追求经济与生态复合型双重目标转变，走包含生态效益在内的质量型发展模式，建立生态型的生产方式和经济秩序，能动可持续地利用自然，实现经济与自然的良性互动，走可持续发展之路。

最后，推进生态文明建设的目标还要实现社会与自然的和谐进步，即社会文明。马克思、恩格斯指出，文明是相对于野蛮和蒙昧而言的，它标志着人类社会的进步，正如恩格斯所说，“文明是实践的事情，是一种社会品质”。社会是人类生存和发展的高级组织形式，生态文明作为人类文明的高级形态，自然不能割裂和排除社会的进步。生态文明超越传统工业文明，是以协调性为特征的新文明形态，不但要求实现经济与自然的良性互动，还要反映人类经济活动的组织形式即社会的发展稳定和谐，生态文明是内含人与人、人与社会相和谐的社会文明。生态文明目标追求注重增进公众的经济福利和环境权益，促进社会和谐。由于人类的生产行为是联系人与自然的中介，也是调节社会与自然关系的手段，故生态文明还要求经济发展与转型过程中兼顾社会稳定和谐。在经济社会的发展中，以良好的生态环境净化人的心灵、引导人的行为活动，从而自觉地珍爱自然、珍爱人类自身，以自然生态良性发展这一人类整体利益为共识消除人与人之间、不同阶层之间的矛盾与隔阂，实现利益关系的协调，促进人类文明的发展。强调经济活动对社会具有良好的促进作用，以及社会发展中突显人的发展，进而实现社会进步、社会稳定与社会和谐的生态文明建设目标。

人与自然的和谐共生、经济与自然的良性互动以及社会与自然的和谐进步三者共同构成了生态文明建设的目标，简言之，生态文明建设的目标就是要实现经济、社会与自然的协调发展。

6.1.3　生态文明建设指标构建的原则

生态文明建设评价的具体指标构建需要在生态文明内涵支撑以及生态文明建设理论阐释的基础上，考虑从哪些方面来选取合适的具体指标对分项指标加以具体解释和表征，从而构建起生态文明建设的评价体系。为了使生态文明建设评价的具体指标的选取符合科学性和合理性，需要遵循以下几个原则。

1. 全面性与代表性相结合

生态文明建设是一项涉及生产生活等方面的巨大的整体变革，而评价指标是对生态文明建设的总体性的概括和抽象性的描述，这要求所选取的指标能够全面、科学地反映生态文明建设的整体状况，确保指标设计能够涵盖生态文明建设的各个方面。但与此同时，指标选取要具有代表性，各指标既要相互独立又不能相互重叠，同类问题的指标之间尽量减少冗余的信息，避免指标的相互交叉和关联。

2. 理论性与操作性相结合

从政治经济学的视角系统阐释生态文明建设，并进一步层层分析生态文明建设的途径、保障和引向是设计指标体系的理论基础。在构架生态文明建设的理论阐释的评价指标时要以生态文明的内涵剖析和生态文明建设的系统理论阐释为基础，体现指标设计的理论性。也就是说既要考虑理论的完备性，又要避免指标的简单罗列。在具体操作时，要求评级指标体系的数据来源要可靠且较易获得，尽可能采用相对成熟和公认的指标，不易直接获得的指标则要求能够根据权威数据依据较为广泛认可的公式计算得到；同时注意指标口径的一致性，能够做到时间序列上的纵向可比较。

3. 现实性与导向性相结合

评价指标体系既要能够评价当前社会水平和技术水平下现实的建设水平，又要体现一定的前瞻性和导向性，即反映生态文明建设的努力方向，引导政府部门和广大人民群众为推进生态文明建设共同努力。对生态文明建设的状态进行评价，其目的不仅在测度现有的建设水平上，最重要的目的是激励和引导“建设美丽中国”的生态文明建设目标。在设计各项指标时，既要保证能够引导朝更接近生态文明寓意的方向推进，又要保证与当下生态文明建设状态相衔接，使之成为一个连续的动态评价体系，从而为推进生态文明建设提供有效指导。

6.1.4　生态文明建设评价的具体指标构建及说明

1. 具体指标的构建

第一个维度是途径，包含生产方式转变和生活方式转变。生产方式的转变包括生产投入、生产过程以及生产产出。生产投入包含要素投入、技术投入和资本投入。传统的微观经济学中，投入要素指劳动、土地和资本，实际上这里的土地代表了一切的自然力即资源。随着工业经济的发展，以石油、天然气为代表的页岩能源也逐渐成为工业生产不可或缺的自然力，因而选取单位 GDP 能耗、单位 GDP 建设用地占用以及清洁能源使用率表示要素的投入，前两者表示生产方式转变中自然力要素总量，清洁能源的使用率则可体现生产方式转变的资源投入结构，三者共同体现了资源能源减量化和持续性。技术投入以劳动者素质来表示，R&D 投入占 GDP 比重则体现资本投入。“生产过程是指适当地组合和转化使用要素而形成所需产品的一种过程，一般除形成所需货物以外，还产生不需要的货物（如垃圾产品）”（施瓦尔巴赫，2010）。具体到生态文明建设中，此处的“不需要货物”就是指工业生产所产生的废气、废水和固体废弃物。为了体现生态环境污染的减少情况，以工业废气达标排放率、废水达标排放率以及工业固体废弃物综合利用率来表现工业生产过程中的转变。农业生产过程不可避免要投入化肥和农药，而这会降低土壤肥力和地下水水质，对资源和生态环境产生不利影响，产生“垃圾产品”，由于该影响无法直接统计，因而以农药施用强度和化肥施用强度来表示。在生产产出方面，以“三废”综合利用产品产值表征工业生产的转变情况，农业生产转变则以农业成灾率来表示。

生态文明建设的另一重要途径是生活方式转变，要求消费、出行和起居方式实现资源能源的节约以及对生态环境的保护。消费方面，由于我国城乡二元经济结构城乡收入差距比较大，因而分别以城市居民家庭人均文教娱乐消费现金支出、城市居民家庭平均每百户空调拥有量和农村文教娱乐用品及服务支出占比、农村居民家庭平均每百户空调拥有量来表现消费方式对生态文明建设的影响。出行方面，每万人拥有的公共交通车辆可表现居民的绿色出行率，私人汽车拥有量则是高碳的出行方式。起居方面，由于城乡居住条件和日常生活差异，同样也分城市和农村两方面来考察，城市方面以城市生活污水处理率、城市生活垃圾无害化处理率、城市每万人拥有的公共厕所来表现，农村方面以农村安全饮用水覆盖率、农村卫生厕所覆盖率、农村居民人均住房面积来体现生活起居的改变。

第二个维度是制度，制度保障包括正式制度和非正式制度两个分项指标。根据黄少安的观点，“正式制度是通过国家法律法规、行政法规、政府政策和命令等形式表现出来”，具体包括制度安排和制度实施（黄少安，2008）。安排上，中央方面以当年颁布的环境保护部门规章数来表现，地方则以当年颁布环境保护地方性政府规章数以及当年颁布的地方环境保护标准数来体现；实施上，环境影响评价制度执行率以及“三同时”执行合格率可以体现有关制度的执行情况。而国家的有关生态环境保护的规章、法规一旦不被遵守，无论是国家公务人员还是普通公民，都要受到国家强制力的问责和处罚，因而当年实施的环境行政处罚案件数表征行政问责，当年结案的环境犯罪案件数则表征民事处罚。

生态文明建设的另一重要保障是非正式制度，它是人们在经济社会发展的实践中产生的，非正式制度不是有人有意识地设计、制定出来的，通常是自然演化出来的，如习俗、语言以及道德伦理规范等。基于这一概念内涵，非正式比较难以直接地表征，因而间接地刻画。具体来讲，以公民和民主党派的监督、有关部门和科研机构对生态文明建设的呼吁来表达，选取本年来信总数，各级人大、政协环保议案提案数刻画非正式制度中的监督，同时表现民间及各民主党派对生态文明建设的认识水平、使命感和积极性；当年设置的环境科技科研课题数则体现了非正式制度中，学术界以及科研机构对于生态文明建设的关注程度和研究力度，是对生态文明建设的呼吁。

第三个维度是目标，具体来看包含自然和谐、经济稳定以及社会文明三个方面。自然和谐方面，人均公园绿地面积表征人居生态，水土流失治理面积表征生态保护，自然保护区占辖区面积比重则体现了生物多样性；森林覆盖率、造林总面积以及地表水体质量表示资源的质量和数量即资源水平；环境状况以环境空气质量和突发环境事件数来表征。

经济稳定方面，首先是经济结构，第三产业相对第一、第二产业来讲污染较小，高科技产业相比低附加值的产业来讲污染也较小，因而用第三产业增加值占国内生产总值比和高科技产业占比来表现经济与自然的关系。其次是经济效率，亿元 GDP 生产安全事故死亡率表现生产中人这一劳动力的损失，对人本身的伤害会降低生产的效率；污染与破坏事故直接经济损失是人类经济活动影响到自然，进而自然反馈于经济所造成的负面影响；自然灾害的经济损失占 GDP 比重则是自然生态系统对经济发展的减值和破坏，环境污染治理投资占 GDP 的比重体现人类积极降低和克服经济发展对自然的破坏，协调经济与自然之间关系。

社会文明方面，包含社会和谐与社会进步。社会和谐方面，交通事故发生数体现了出行的不安全进而间接地表现了行驶中人与人的不和谐；每万人口受理案件数包含各类民事、刑事诉讼案即民事纠纷与刑事纠纷，体现了人类各类活动中人与人的不和谐；城镇登记失业率实际上表现了就业人口与未就业人口之间不和谐，是社会潜在的不稳定因素；城市和农村的基尼系数则分别体现了城市和农村不同阶层之间贫富差异或利益矛盾。在社会文明方面，城市化率体现社会组织形式的高级聚集形态，平均预期寿命体现居民对于生活质量的希望，卫生服务总费用占 GDP 的比重体现国家对卫生服务水平的重视，教育经费占 GDP 的比重表现国家对居民的学习与发展、社会人力资源和文明程度提高的投入。

生态文明建设评价体系框架的方面指标、分项指标和具体表征指标构成、指标单位以及指标属性如表 6-1 所示。

表 6-1 生态文明建设的评价指标体系

方面指标	分项指标	具体表征指标	单位	指标属性	
				正指标	逆指标
生产方式转变	投入	单位 GDP 建设用地占用	平方公里/万元		√
		单位 GDP 能耗	吨标准煤/万元		√
		清洁能源使用率	%	√	
		劳动者素质		√	
		R&D 投入占 GDP 比重	%	√	
	过程	废水达标排放率	%	√	
		废气达标排放率	%	√	
		工业固体废弃物综合利用率	%	√	
		化肥施用强度	万吨/万公顷		√
		农药施用强度	万吨/万公顷		√
	产出	农业成灾率			√
		工业“三废”综合利用产品产值	万元	√	
生活方式转变	消费	城市居民家庭人均文教娱乐消费现金支出比重	%	√	
		城市居民家庭平均每百户空调拥有量	台		√
		农村文教娱乐用品及服务支出占比	%	√	
		农村居民家庭平均每百户空调拥有量	台		√
	出行	每万人拥有的公共交通车辆	辆	√	
		私人汽车拥有量	万辆		√
	起居	城市生活污水处理率	%	√	
		城市生活垃圾无害化处理率	%	√	
		城市每万人拥有的公共厕所	座	√	
		农村安全饮用水覆盖率	%	√	
		农村卫生厕所覆盖率	%	√	
		农村居民人均住房面积	平方米/人	√	

续表

方面指标	分项指标	具体表征指标	单位	指标属性	
				正指标	逆指标
正式制度	安排	当年颁布环境保护部门规章数	件	√	
		当年颁布环境保护地方性政府规章数	件	√	
		当年颁布地方环境保护标准数	件	√	
	实施	环境影响评价制度执行率	%	√	
		“三同时”执行合格率	%	√	
		当年实施的环境行政处罚案件数	起		√
		当年结案的环境犯罪案件数	起		√
非正式制度	监督	本年来信总数	封	√	
		各级人大、政协环保议案、提案数	件	√	
	呼吁	当年设置的环境科技科研课题数	项	√	
自然和谐（人与自然和谐共生）	生态	人均公园绿地面积	平方米/人	√	
		水土流失治理面积	千公顷	√	
		自然保护区占辖区面积比例	%	√	
	资源	森林覆盖率	%	√	
		造林总面积	万公顷	√	
		地表水体质量	—	√	
	环境	环境空气质量	—	√	
		突发环境事件数	次		√
经济稳定（经济与自然良性互动）	经济结构	高科技产业占比	%	√	
		第三产业增加值占国内生产总值比重	%	√	
	经济效率	亿元 GDP 安全事故死亡率			√
		污染与破坏事故直接经济损失	万元		√
		自然灾害经济损失占 GDP 比重	%		√
		环境污染治理投资占 GDP 比重	%	√	

续表

方面指标	分项指标	具体表征指标	单位	指标属性	
				正指标	逆指标
社会文明（社会与自然和谐进步）	社会和谐	交通事故发生数	岁		√
		每万人口受理案件数	起/万人		√
		失业率	%		√
		城镇居民家庭恩格尔系数	%	√	
		农村居民家庭恩格尔系数	%		√
	社会进步	城市化率	%		√
		平均预期寿命	岁	√	
		卫生服务总费用占 GDP 的比重	%	√	
		教育经费占 GDP 的比重	%	√	

2. 具体表征指标的说明

• 单位 GDP 建设用地占用：指每生产一单位国内生产总值的建设用地占用数量。计算公式：单位 GDP 建设用地占用＝建成区面积/国内生产总值。该指标数据来源于国家统计局。

• 单位 GDP 能耗：指每生产一单位国内生产总值的能耗数量。计算公式：单位 GDP 能耗＝本年度能源消耗总量/国内生产总值。该指标数据来源于国家统计局。

• 清洁能源使用率：指水电、核电、风电占能源消费总量的比重。计算公式：清洁能源使用率＝水电、核电、风电的消费量/能源消费总量×100%。该指标数据来源于国家统计局。

• 劳动者素质：指适龄劳动者的受教育程度，以高中入学率来表征。计算公式：普通高校招生人数/普通高中毕业生人数。该指标数据来源于国家统计局。

• R&D 投入占 GDP 比重：指全社会研究与试验发展（R&D）经费支出与当年国内生产总值（GDP）的比例。反映全社会 R&D 投入强度的相对数指标。计算公式：全社会 R&D 经费内部支出/当年 GDP。该指标数据来源于国家统计局。

• 废水达标排放率：是指报告期内废水各项污染物指标都达到国家或地方排放标准的外排工业废水量。计算公式：达到国家或地方排放标准的工业废水排放量/工业废水排放总量×100%。该指标数据来源于国家统计局。

• 废气达标排放率：指工业中二氧化硫、粉尘、烟尘的去除量占工业二氧化硫、粉尘、烟尘总排放量的比重。计算公式：二氧化硫、粉尘、烟尘的去除量/工业二氧化硫、粉尘、烟尘总排放量×100%。该指标数据来源于国家统计局。

• 工业固体废弃物综合利用率：是指工业固体废弃物综合利用量占工业固体废弃物产生量与综合利用往年储存量之和的百分比。计算公式：工业固体废弃物综合利用量/（工业固体废弃物产生量＋工业固体废弃物综合利用往年储存量）×100%。该指标数据来源于国家统计局。

• 化肥施用强度：指本年度化肥施用总吨数与耕地总面积的比值。计算公式：本年度化肥施用总吨数/耕地总面积×100%。该指标数据来源于农业部。

• 农药施用强度：指本年度农药施用总吨数与耕地总面积的比值。计算公式：本年度农药施用总吨数/耕地总面积×100%。该指标数据来源于农业部。

• 农业成灾率：是指因灾使农作物产量比常年减产三成以上的播种面积与因遭受水、旱、病虫、霜、冻、风、雹等自然灾害而使农作物产量比常年减少的播种面积。前者即农业成灾面积，后者即农业受灾面积。计算公式：农业成灾面积/农业受灾面积×100%。该指标数据来源于国家统计局。

• 工业“三废”综合利用产品产值：是指报告期内利用“三废”作为主要原料生产的产品价值（现行价）；已经销售或准备销售的应计算产品价值，留作生产自用的不应计算产品价值。该指标数据来源于国家统计局。

• 城市居民家庭人均文教娱乐消费现金支出比重：指城市居民家庭人均文教娱乐消费现金支出占总城市居民家庭总现金支出的比重。计算公式：城市居民家庭人均文教娱乐消费现金支出/城市居民家庭消费现金总支出。该指标数据来源于国家统计局。

• 城市居民家庭平均每百户空调拥有量：指城市居民家庭中每百户家庭中拥有具有空气加热、冷却、增湿、除湿等功能的空气调节器（不包括冷暖风机）的数量。计算公式：（城市空调器数量/农村居民家庭个数）×100 户。该指标数据来源于国家统计局。

• 农村文教娱乐用品及服务支出占比：指农村住户用于文化、教育、娱乐方面的支出（包括文化教育娱乐用品支出和文化教育娱乐服务支出）占农村居民家庭平均每人消费支出的比例。计算公式：农村居民家庭平均每人文教娱乐消费支出/农村居民家庭平均每人消费支出。该指标数据来源于中国农村统计年鉴。

• 农村居民家庭平均每百户空调拥有量：指农村居民每百户所拥有的空调机的数量。例如，具有空气的加热、冷却、增湿、减湿等功能的家用空气调节器，不包括冷暖风机。计算公式：（农村空调器数量/农村居民家庭个数）×100 户。该指标数据来源于中国农村统计年鉴。

• 每万人拥有的公共交通车辆：指城市中每万人拥有的公用交通车辆数。计算公式：城市公共交通车辆总数/城市中的人口数×万人。该指标数据来源于国家统计局。

• 私人汽车拥有量：指报告期末在公安交通管理部门注册登记并领有本地区私人车辆牌照的汽车数量。该指标数据来源于国家统计局。

• 城市生活污水处理率：是指报告期内生活污水处理量与生活污水产生量的比例。计算公式：城市生活污水处理率＝城市生活污水处理量/城市生活污水产生量×100%。该指标数据来源于国家统计局。

• 城市生活垃圾无害化处理率：是指报告期内生活垃圾无害化处理量与生活垃圾产生量的比例。计算公式：城市生活垃圾无害化处理率＝城市生活垃圾无害化处理量/城市生活垃圾产生量×100%。该指标数据来源于国家统计局。

• 城市每万人拥有的公共厕所：是指报告期末城区内每万人平均拥有的公共厕所数。计算公式：城市每万人拥有的公共厕所＝公共厕所数/期末城区人口数×万人

• 农村安全饮用水覆盖率：指使用自来水的农村人口占行政区划农村总人口的比例。计算公式：农村卫生厕所覆盖率＝使用卫生厕所的农村人口数量/行政区划农村总人口数量×100%。该指标数据来源于中国农村统计年鉴。

• 农村卫生厕所覆盖率：指使用卫生厕所的农村人口占行政区划农村总人口的比例。计算公式：农村卫生厕所覆盖率＝使用卫生厕所的农村人口数量/行政区划农村总人口数量×100%。该指标数据来源于中国农村统计年鉴。

• 农村居民人均住房面积：指农村住户自有或租用的实际住人或可以用来住人的房屋面积。与住房连成一体的起居室或放置灶具的地方、专用厨房，均应包括在内，但不包括专用仓库等生产用房面积。该指标数据来源于中国农村统计年鉴。

• 当年颁布环境保护部门规章数：指环境保护部门当年颁布的环境保护规章数量。该指标数据来源于中国环境统计公报。

• 当年颁布环境保护地方性政府规章数：指地方政府当年颁布的环境保护规章数量。该指标数据来源于中国环境统计公报。

• 当年颁布地方环境保护标准数：地方环保部门当年颁布的针对环境保护的标准数量。该指标数据来源于中国环境统计公报。

• 环境影响评价制度执行率：环境影响评价制度执行的数量与环境影响评价制度总数的比例。计算公式：环境影响评价制度执行数量/环境影响评价制度总数。该指标数据来源于中国环境统计公报。

• “三同时”执行合格率：建设项目“三同时”执行符合环境保护及有关部门标准的数量占建设项目“三同时”执行总量的比例。计算公式：建设项目“三同时”执行合格数/建设项目“三同时”执行总量。该指标数据来源于中国环境统计公报。

• 当年实施的环境行政处罚案件数：当年度环境行政案件判决处罚的实际

实施数量。该指标数据来源于中国环境统计公报。

• 当年结案的环境犯罪案件数：指当年判决并实行判决决议的环境犯罪案件总数。该指标数据来源于中国环境统计公报。

• 本年来信总数：指本年度向环境保护部门相关来信受访机构检举、提议等的信件总数。该指标数据来源于中国环境统计公报。

• 各级人大、政协环保建议、提案数：指各级人大代表、政协委员提交的有关环境保护的建议与提案总数。该指标数据来源于中国环境统计公报。

• 当年设置的环境科技科研课题数：当年环境保护部及有关部门设置的有关环境科技的科研课题的数量。该指标数据来源于中国环境统计公报。

• 人均公园绿地面积：是指报告期末城区内人均拥有的公园绿地面积。该指标数据来源于国家统计局。

• 水土流失治理面积：是指在山丘地区水土流失面积上，按照综合治理的原则，采取水平梯田、淤地坝、谷坊、造林种草、封山育林育草（指有造林、种草补植任务的）等治理措施，以及按小流域综合治理措施所治理的水土流失面积总和。该指标数据来源于国家统计局。

• 自然保护区占辖区面积比例：指自然保护区的总面积占全国行政辖区面积的比例。计算公式：自然保护区占辖区面积比例＝自然保护区总面积/全国行政辖区面积。该指标数据来源于国家统计局。

• 森林覆盖率：指以行政区域为单位森林面积占区域土地总面积的百分比。计算公式：森林覆盖率＝森林面积/土地面积×100％。该指标数据来源于国家统计局。

• 造林总面积：是指报告期内在荒山、荒地、沙丘、退耕地等一切可以造林的土地上，采用人工播种、飞机播种、植苗造林、分植造林等方法新植成片乔木林和灌木林，经过检查验收符合《造林技术规程》要求的单位面积株数，并按《中华人民共和国森林法实施条例》规定，成活率达 85％以上（含 85％，年降雨量在 400 毫米以下且无浇灌条件的地区造林成活率达 70％以上）的总面积。四旁植树如一侧在四行以上，连片面积 0.066 公顷（一亩）以上，应统计在造林面积内。该指标数据来源于国家统计局。

• 地表水体质量：指全国全年Ⅰ类、Ⅱ类、Ⅲ类水河流长度占全国河流总长度的比例。计算公式：水质优于Ⅲ类水的河流长度/全国河流总长度。该指标数据来源于国家统计局。

• 环境空气质量：报告年度主要城市空气质量好于二级以上的天数占全年天数的比例。计算公式：环境空气质量＝年度主要城市空气质量好于二级以上天数/（365×城市数）。该指标数据来源于国家统计局。

• 突发环境事件数：指突然发生，造成或可能造成重大人员伤亡、重大财产损失和对全国或者某一地区的经济社会稳定、政治安定构成重大威胁和损害，有重大社会影响的涉及公共安全的环境事件。该指标数据来源于国家统计局。

• 高科技产业占比：指开发区高新技术企业总产值占国内生产总值的比重。计算公式为：开发区高新技术企业总产值/国内生产总值。该指标数据来源于国家统计局。

• 第三产业增加值占国内生产总值的比重：是指第三产业对国内生产总值增长速度的贡献率，等于第三产业增加值增量与GDP增量之比（按不变价格计算）。计算公式：第三产业增加值增量/GDP增量×100%。该指标数据来源于国家统计局。

• 亿元GDP安全事故死亡率：生产亿元国内总值发生的安全事故死亡人数。计算公式：当年生产安全事故死亡总人数/年度亿元GDP×100%。该指标数据来源于国家统计局。

• 污染与破坏事故直接经济损失：是指环境污染与破坏事故造成的千元以上直接经济损失的总额。该指标数据来源于国家统计局。

• 自然灾害经济损失占GDP比重：全年发生的各类灾害的经济损失与国内生产总值的比。其中，灾害包括旱灾、虫灾等农业灾害，地震、滑坡和泥石流等地质灾害，以及低温冷冻和雪灾、洪涝、台风等气象灾害，赤潮等海洋灾害以及森林灾害。该指标数据来源于国民经济和社会发展统计公报。

• 环境污染治理投资占GDP比重：是指环境污染治理投资总额占GDP的比重。计算公式：环境污染治理投资占GDP比重=环境污染治理投资总额/当年GDP。该指标数据来源于环境保护部。

• 交通事故发生数：指交通车辆在道路上因过错或者意外造成人身伤亡或者财产损失的事件。该指标数据来源于公安部。

• 每万人口受理案件数：指全国每万人受理的各类案件的总数，包括受理扰乱单位秩序案件、扰乱公共场所秩序案件、寻衅滋事案件、阻碍执行职务案件、非法携带枪支弹药及管制工具案件、违反危险物质管理规定案件、殴打他人案件、故意伤害案件、盗窃案件、敲诈勒索案件、抢夺案件、盗窃及损毁公共设施案件、伪造变造及倒卖有价票证与凭证案件、违反旅馆业管理案件、违反房屋出租管理案件、受理诈骗案件、卖淫嫖娼案件及赌博案件、毒品违法活动案件和其他治安案件。该指标数据来源于公安部。

• 失业率：是指城镇登记失业人员与城镇单位就业人员（扣除使用的农村劳动力、聘用的离退休人员、港澳台地区及外方人员）、城镇单位中的不在岗职工、城镇私营业主、个体户主、城镇私营企业和个体就业人员、城镇登记失业人员之和的比。计算公式：城镇登记失业人员/（城镇单位就业人员+城镇单位中的不在岗职工+城镇私营业主+个体户主+城镇私营企业和个体就业人员+城镇登记失业人员）×100%。该数据来自人力资源和社会保障部。

• 城镇居民家庭恩格尔系数：指城镇居民家庭的食品支出金额在消费支出总金额中所占的比例。计算公式：城镇居民家庭恩格尔系数=城镇居民家庭食品支出金额/城镇居民家庭消费支出总金额×100%。该指标数据来源于国家统计局。

• 农村居民家庭恩格尔系数：农村居民家庭食品支出金额在消费支出总金额中所占的比例。计算公式：农村居民家庭恩格尔系数=农村居民家庭食品支出金额/农村居民家庭消费支出总金额×100%。该指标数据来源于国家统计局。

• 城镇化率：是城镇化的度量指标，一般采用人口统计指标，即城镇人口占总人口（包括农业与非农业）的比例。计算公式：城镇人口数量/年末总人口数×100%。该指标数据来源于国家统计局。

• 平均预期寿命：指已经活到一定岁数的人平均还能再活的年数。它是反映人类健康水平、死亡水平的综合指标，其高低主要受社会经济条件和医疗水平等因素的制约。在不特别指明岁数的情况下是指 0 岁人口的平均预期寿命。该指标数据来源于国家统计局。

• 卫生服务总费用占 GDP 的比重：指一个国家或地区在一定时期内，为开展卫生服务活动从全社会筹集的卫生资源的货币总额（按来源法核算）占国内生产总值的比重。该指标能够反映一定经济条件下，政府、社会和居民个人对卫生保健的重视程度和负担水平。该指标数据来源于国家统计局。

• 教育经费占 GDP 的比重：指国家财政性教育经费、社会团体和公民个人办学经费、社会捐（集）资经费、事业收入及其他教育经费之和占国内生产总值的比重。计算公式：教育经费总和/当年 GDP。该指标数据来源于国家统计局。

6.2　生态文明建设评价方法

6.2.1　生态文明建设评价方法的选择

现有文献对于生态文明建设的评价基本采用构建综合指标体系来完成，在评价方法上多采用层次分析法、德尔菲法和熵值法等。这些都是主观赋权评价法。主观赋权评价法在确定指标权重时通常要求相关领域的专家依靠个人经验对问题作出判断，虽然可以较好地反映研究的问题和特征，但难以避免专家的个人主观因素所带来的偏差。为了避免主观赋权的缺陷，客观地评价生态文明建设状况，本书考虑选用客观评价法，客观赋权评价法主要有主成分分析法、灰色关联度法、TOPSIS 评价法等，客观赋权评价法能够客观地反映指标的特征，避免人为因素的影响。TOPSIS 评价法主要用于有限方案多目标决策分析；灰色关联度法主要用于少量样本情况，且不能解决指标间相关造成的评价信息重复问题。主成分分析法是构造原始变量的线性组合，从而将多个有相互关系的指标化为少数几个相互不相关的综合变量，从而起到降维与化简问题的作用，并从根本上解决指标间信息重叠的问题。本书具体指标较多，各个方面的具体指标高度相关，因而本书选取主成分分析法对生态文明建设的状态进行客观评价，通过适当的线性变换用较少主变量反映原来众多的指标信息。同时由于各指标的权重是根据各指标数据本身的变异程度来确定的，这就克服了主观赋权评价法的人为因素影响。

6.2.2　主成分分析法概述

主成分分析是把原来多个变量划为少数几个综合指标的一种统计分析方法。从数学角度来看，这是一种降维处理技术。在实际综合评价中，为了全面反映问题所包含的信息，往往会设计和收集较多的变量，变量太多无疑会增加分析问题的难度和复杂性，并且变量之间往往会存在大量的重复信息，即变量间存在较强的相关关系，变量间存在的多重共线性也会引起极大的误差。主成分分析法就是一种考察变量间相关性的多元统计方法，它能够提取变量信息，减少分析维度，从而使问题简单直观。主成分分析方法研究如何通过少数几个主成分量来解释多个变量间的内部结构，为用较少的新变量代替原来较多的变量，并使这些少数变量尽可能多地保留原来较多的变量所反映的信息，且彼此不相关，从而能够充分有效地利用数据，揭示事物或现象的内在规律。

假定有 n 个样本，每个样本共有 p 个变量，则构成一个 $n \times p$ 阶的数据矩阵，

$$\boldsymbol{X} = \begin{bmatrix} x_{11} & x_{12} & \cdots & x_{1p} \\ x_{21} & x_{22} & \cdots & x_{2p} \\ \vdots & \vdots & & \vdots \\ x_{n1} & x_{n2} & \cdots & x_{np} \end{bmatrix}$$

记原变量指标为 x_1，x_2，…，x_p，设它们降维处理后的综合指标，即新变量为 z_1，z_2，z_3，…，$z_m(m \leqslant p)$，则

$$\begin{cases} z_1 = l_{11}x_1 + l_{12}x_2 + \cdots + L_{1p}x_p \\ z_2 = l_{21}x_1 + l_{22}x_2 + \cdots + L_{2p}x_p \\ \cdots\cdots \\ z_m = l_{m1}x_1 + l_{m2}x_2 + \cdots + l_{mp}x_p \end{cases}$$

系数 L_{ij} 的确定原则要求 z_i 与 $z_j(i \neq j$；i，$j=1$，2，…，$m)$ 相互无关，并且 z_1 是 x_1，x_2，…，x_p 的一切线性组合中方差最大者，z_2 是与 z_1 不相关的 x_1，x_2，…，x_p 的所有线性组合中方差最大者；z_m 是与 z_1，z_2，…，z_{m-1} 都不相关的 x_1，x_2，…，x_p 的所有线性组合中方差最大者。

新变量指标 z_1，z_2，…，z_m 分别称为原变量指标 x_1，x_2，…，x_p 的第 1，第 2，…，第 m 主成分。从而主成分分析的实质就是确定原来变量 $x_j(j=1$，

2，…，p）在诸主成分 z_i（$i=1$，2，…，m）上的荷载 l_{ij}（$i=1$，2，…，m；$j=1$，2，…，p）。

主成分分析通常包括以下计算步骤：

第一，对原来的 p 个指标进行无量纲化处理，以消除变量在数量级或量纲上的影响。

第二，根据无量纲化处理后的数据矩阵求出协方差矩阵或相关系数矩阵。

第三，计算协方差矩阵或相关系数矩阵的特征值与特征向量。

解特征方程 $|\lambda \boldsymbol{I}-\boldsymbol{R}|=0$，常用雅可比法（Jacobi）求出特征值，并使其按大小顺序排列 $\lambda_1 \geqslant \lambda_2 \geqslant \cdots \geqslant \lambda_p \geqslant 0$；

分别求出对应于特征值 λ_i 的特征向量 $\boldsymbol{e}_i$（$i=1$，2，…，p^r）要求 $\|\boldsymbol{e}_i\|=1$，即 $\sum_{j=1}^{p} e_{ij}^2=1$ 其中，e_{ij} 表示向量 $\boldsymbol{e}_i$ 的第 j 个分量。

第四，计算主成分贡献率及累计贡献率

贡献率：
$$\frac{\lambda_i}{\sum_{k=1}^{p}\lambda_k}(i=1,\ 2,\ \cdots,\ p) \tag{6-1}$$

累计贡献率：
$$\frac{\sum_{k=1}^{i}\lambda_k}{\sum_{k=1}^{p}\lambda_k}(i=1,\ 2,\ \cdots,\ p) \tag{6-2}$$

一般取累计贡献率达 85%以上特征值，λ_1，λ_2，…，λ_m 所对应的第 1，第 2，…，第 $m(m \leqslant p)$ 个主成分。

第五，计算主成分载荷

$$l_{ij}=p(z_i,\ x_j)=\sqrt{\lambda_i}e_{ij}(i,\ j=1,\ 2,\ \cdots,\ p) \tag{6-3}$$

第六，计算各主成分得分。

6.3 我国生态文明建设的总体评价

6.3.1 数据来源与数据处理

本书所使用的数据来自于国家统计局的统计数据、环境保护部公布的环境统计公报、水利部公布的中国水资源公报以及国民经济和社会发展统计公报，还有相关年份的中国农村年鉴以及中国能源年鉴。一些指标个别年份数据有缺失，由于存在明显的线性趋势，采用对已获得原有数据做线性回归基础上用线性预测值来代替缺失值，具体应用 SPSS19.0 的缺失值替换来实现。

对于逆向指标我们采取其倒数的方法使其正向化，使得处理之后的所有指标对于生态文明建设都具有正向作用。对原始数据进行无量纲化处理采用均值化的方法，以消除各个指标之间计量单位和数量级的差别，均值化方法处理数据用公式表示为

$$y_{ij}=x_{ij}/\overline{x}，其中，\overline{x}=\frac{1}{p}\sum_{i=1}^{p}x_{ij} \tag{6-4}$$

采用均值化的方法做无量纲化处理后各变量的平均值均为 1，标准差则是原始变量的变异系数，即

$$\sigma(y_j)=\sqrt{\frac{E\ (x_j-\overline{x}_j)^2}{\overline{x}_j^2}}=\frac{s}{\overline{x}_j} \tag{6-5}$$

这不仅保留了各指标数据差异程度的信息，也可以反映各指标相互影响程度差异的信息。

6.3.2 指标处理与权重确定

对于 2003～2012 年生态文明建设的评价，分别从生态文明建设中的生产方式转变、生活方式转变、正式制度、非正式制度、自然和谐、经济稳定以及社会文明七个方面进行主成分分析，以累计方差贡献率 85％为标准提取主成分（表 6-2）。

表 6-2　七方面指标的统计特征

方面指标（维度）	成分	特征根	方差贡献率	累计方差贡献率
生产方式转变	1	8.034	66.953	66.953
	2	2.239	18.659	85.613
	3	1.132	9.437	95.050
生活方式转变	1	9.952	82.937	82.937
	2	1.367	11.389	94.326
正式制度	1	3.260	46.572	46.572
	2	1.899	27.126	73.698
	3	1.058	15.116	88.814
非正式制度	1	1.984	66.118	66.118
	2	0.920	30.671	96.789
自然和谐	1	4.816	60.195	60.195
	2	2.181	27.266	87.461
经济稳定	1	3.490	58.169	58.169
	2	1.760	29.341	87.510
社会文明	1	5.875	66.275	66.275
	2	1.740	19.338	85.614

之后由 SPSS 软件操作得到的因子载荷（每一载荷量表示主成分与对应变量的相关系数）分别除以其相应的特征值开平方所求得的特征向量即各主成分表达式中每个指标所对应的系数。也就是说，特征向量是由下式求得：

$$u_{ij}=\frac{r_{F_iX_j}}{\sqrt{\lambda_i}},\ j=1,\ 2,\ \cdots,\ p \tag{6-6}$$

其中，r_{F_ixj} 表示因子载荷，即第 i 个变量与第 j 个主成分之间的相关系数；λ_i 为第 i 个主成分对应的特征值。再以各个方面指标每个主成分所对应特征根占所提取的总特征根之和的比例乘以每个指标所对应的系数便得到具体表征指标的最终权重。即如果提取了两个主成分则用第一主成分 F_1 所对应的特征根与两个主成分特征根之和的比例作为贡献率乘以 F_1 中每个指标所对应的系数，再加上第二主成分 F_2 所对应的特征根与两个主成分特征根之和的比例作为贡献率乘以 F_2 中每个指标所对应的系数，便得到了该方面指数的综合主成分值即基础指标的权重（表 6-3）。

表 6-3　各具体表征指标的主成分系数与最终权重

具体表征指标	第一主成分系数	第二主成分系数	第三主成分系数	具体表征指标的权重
单位 GDP 建设用地占用	0.347	0.102	−0.023	0.262 178
单位 GDP 能耗	0.339	0.136	−0.036	0.261 927
清洁能源使用率	0.298	−0.11	−0.464	0.142 27
劳动者素质	0.004	0.624	−0.248	0.100 705
R&D 投入占 GDP 比重	0.304	−0.251	−0.12	0.152 96
废气达标排放率	0.331	0.196	0.094	0.280 974
废水达标排放率	0.346	0.1	−0.028	0.260 585
工业固体废弃物综合利用率	0.295	−0.124	−0.08	0.175 522
农药施用强度	−0.349	−0.027	−0.113	−0.262 36
化肥施用强度	−0.348	0.045	−0.124	−0.248 61
高科技产业占比	0.07	0.47	0.633	0.204 407
第三产业增加值占国内生产总值比	0.139	−0.468	0.511	0.056 758
城市居民家庭人均文教娱乐消费现金支出比例	−0.296	−0.144		−0.277 64
城市居民家庭平均每百户空调拥有量	−0.309	0.109		−0.258 52
农村文教娱乐用品及服务支出占比	0.309	−0.06		0.264 436

续表

具体表征指标	第一主成分系数	第二主成分系数	第三主成分系数	具体表征指标的权重
农村居民家庭平均每百户空调拥有量	−0.307	0.088		−0.259 3
每万人拥有的公共交通车辆	0.309	0.026		0.274 822
私人汽车拥有量	−0.293	0.118		−0.243 36
城市生活污水处理率	0.315	0.022		0.279 614
城市生活垃圾无害化处理率	0.301	0.155		0.283 368
城市每万人拥有的公共厕所	−0.202	0.613		−0.103 57
农村安全饮用水覆盖率	0.154	0.722		0.222 598
农村卫生厕所覆盖率	0.304	0.128		0.282 744
农村居民人均住房面积	0.314	−0.053		0.269 677
当年颁布环境保护部门规章数	0.531	0.008	0.193	0.313 728
当年颁布环境保护地方性政府规章数	−0.061	0.529	0.604	0.232 386
当年颁布地方环境保护标准数	0.477	−0.04	0.202	0.272 282
环境影响评价制度执行率	0.224	0.445	−0.572	0.156 043
“三同时”执行合格率	0.276	−0.569	−0.199	−0.062 94
当年实施的环境行政处罚案件数	−0.483	0.102	−0.287	−0.270 96
当年结案的环境犯罪案件数	−0.356	−0.432	0.331	−0.262 3
本年来信总数	0.655	0.338		0.554 573
各级人大、政协环保议案、提案数	−0.311	0.936		0.084 055
当年设置的环境科技科研课题数	0.689	0.101		0.502 719
人均公园绿地面积	0.444	0.141		0.349 553
水土流失治理面积	0.448	0.104		0.340 773
自然保护区占辖区面积比例	0.11	−0.605		−0.112 87
森林覆盖率	0.406	0.125		0.318 411
造林总面积	−0.224	0.56		0.020 377
地表水体质量	0.072	0.523		0.212 579
环境空气质量	0.451	−0.002		0.309 798
突发环境事件数	0.408	−0.011		0.277 396
农业成灾率	0.439	−0.398		0.158 406
工业“三废”综合利用产品产值	−0.439	0.38		−0.164 44

续表

具体表征指标	第一主成分系数	第二主成分系数	第三主成分系数	具体表征指标的权重
亿元 GDP 安全事故死亡率	0.463	0.332		0.419 084
污染与破坏事故直接经济损失	0.505	0.193		0.400 406
自然灾害经济损失占 GDP 比重	0.077	−0.641		−0.163 7
环境污染治理投资占 GDP 比重	0.373	0.373		0.373
交通事故发生数	0.395	0.031		0.311 827
每万人口受理案件数	−0.366	0.165		−0.244 67
失业率	0.153	−0.663		−0.033 45
城镇居民家庭恩格尔系数	0.245	−0.326		0.114 529
农村居民家庭恩格尔系数	0.394	−0.024		0.298 489
城市化率	−0.399	0.045		−0.297 55
平均预期寿命	0.337	0.054		0.272 336
卫生服务总费用占 GDP 的比重	0.236	0.594		0.317 802
教育经费占 GDP 的比重	0.379	0.26		0.351 809

之后再以表征具体指标权重的特征向量与均值化之后的数据相乘，就可以得到各个方面的得分。在此基础上以同样的方法计算各方面指数的权重（表 6-4）。

表 6-4　各方面指数的系数向量与相应权重以及建设状态的统计特征

方面指标	第一主成分系数	第二主成分系数	方面指标的权重
生产方式	0.392	0.352	0.379 22
生活方式	0.375	0.409	0.385 863
正式制度	0.442	−0.238	0.224 741
非正式制度	−0.343	−0.398	−0.360 57
自然和谐	0.363	0.4	0.374 821
经济稳定	0.345	0.415	0.367 365
社会文明	0.378	0.402	0.385 668
成分	特征根	方差贡献率/%	累计方差贡献率/%
1	4.509	64.419	64.419
2	2.117	30.248	94.667

6.3.3　2003～2012 年我国生态文明建设的总体评价的结果

以每个主成分所对应的方差所提取的主成分累计方差贡献率的比例乘以对应

方面指数的得分值，即构建七个方面主成分综合评价模型为

$$F_{ij}=\frac{\lambda_{i1}}{\lambda_{i1}+\lambda_{i2}+\cdots+\lambda_{ij}}\times F_{i1}+\frac{\lambda_{i2}}{\lambda_{i1}+\lambda_{i2}+\cdots+\lambda_{ij}}\times F_{i2}+\cdots+\frac{\lambda_{ij}}{\lambda_{i1}+\lambda_{i2}+\cdots+\lambda_{ij}}\times F_{ij} \tag{6-7}$$

其中，F_{ij} 表示第 i 个方面第 j 个主成分的得分值；j 表示第 i 个方面主成分的个数；λ_{ij} 表示第 i 个方面第 j 个主成分因子的方差贡献率。

以式（6-7）显示的综合评价模型得到生态文明建设状态各方面指标的评价得分。为了减少极端数值对极端结果的视觉影响，接近人们意识中对得分的认识，采用功效系数法将生态文明建设的得分和各方面指标的得分转化为［60，100］区间之内可以度量的评判分数，公式表示为

$$z_i=\frac{x_i-\min(x_i)}{\max(x_i)-\min(x_i)}\times 40+60 \tag{6-8}$$

其中，max（x_i）和 min（x_i）分别为指标 x_i 的最大值和最小值。最终得到 2003～2012 年中国生态文明建设水平评价结果的汇总（表 6-5）。

表 6-5　2003～2012 年中国生态文明建设状态评价结果汇总

年份	生产方式	生活方式	正式制度	非正式制度	自然和谐	经济稳定	社会文明	生态文明建设水平
2003	60.0	60.0	60.0	99.4	60.0	60.0	60.0	60.0
2004	64.9	69.6	64.7	95.8	65.1	70.4	66.4	68.7
2005	68.8	72.4	64.4	96.6	67.6	68.3	71.9	71.9
2006	73.9	76.9	75.8	99.9	73.4	66.0	76.8	77.5
2007	79.6	80.6	72.6	79.3	77.1	75.9	80.8	79.6
2008	77.2	83.9	63.6	74.8	80.9	78.8	85.9	81.4
2009	81.8	85.7	62.8	76.9	84.2	80.9	90.1	83.1
2010	84.2	89.2	83.2	66.9	86.4	83.1	93.2	86.7
2011	85.9	91.3	75.8	59.9	83.6	85.2	95.9	80.9
2012	83.7	93.4	73.6	63.1	79.3	87.6	96.7	82.3

6.4　结论及建议

从图 6-2 可以看出，2003 年以来我国生态文明建设大体趋好，由 2003 年总体评价得分 60 上升到 2012 年的 82.3。其中 2003～2007 年上升趋势明显，2007～2010 年又相对缓和，2010～2012 年呈现出先下降后上升的震荡特征，在

2010 年达到最高点 86.7 之后大幅下降到 2011 年的 80.9，之后小幅上升到 2012 年的 82.3。从各方面指标来看，生态文明建设水平基本与生产生活方式趋势相近，表明生产、生活方式对生态文明建设具有较大的决定作用。此外，受正式制度、非正式制度以及经济稳定的影响比较大。对比生态文明建设中七个方面指标以及建设水平的得分可以发现，正式及非正式制度对生态文明建设水平具有较强的“拉上”“拉下”作用，其中又以正式制度的影响最大。2006～2009 年正式制度及非正式制度得分都出现了较大幅度的下降，对应地将建设水平由之前较为强劲的增长势头拉平趋缓。2010～2012 年正式及非正式制度得分的大幅下跌后小幅回弹又将建设水平得分从 86.7 拉低为 80.9 后又拉高为 82.3。

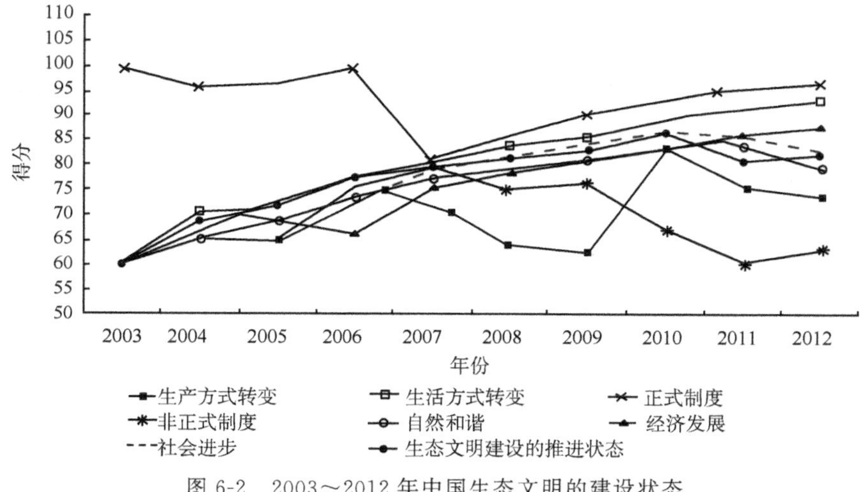

图 6-2　2003～2012 年中国生态文明的建设状态

从生态文明建设的途径来看，首先是生产方式转变。自党的十六大提出“生态文明”以来，除 2008～2009 年及 2011～2012 年生产方式转变得分有微小的下降以外，2003～2008 年以及 2009～2012 年均为稳定提高，但总体来看是提高的，它与生态文明建设的状态相关性也较高。从生产投入来看，单位建设用地占用不断下降，从 2003 年的 208.419 平方公里/万元下降到 2008 年的 92.207 平方公里/万元，单位 GDP 能耗降低，清洁能源使用率提高，劳动者素质提升；研究与试验发展 R&D 经费占 GDP 比例有所提高。从生产过程来看，废气达标排放率、废水达标排放率以及工业固体废弃物综合利用率均有所提高，但农药施用强度和化肥施用强度均增强，阻碍了生态文明建设。从生产产出来看，污染较小的高科技产业比例有所下降，不利于生态文明建设的推进；污染较小的第三产业增加值占国内生产总值的比例有所提升，一定程度上推动了生产方式由传统的高污染、高消耗逐步向生态文明所提倡的低污染、低消耗方式的转变。其次是生活方式转变的评价得分，2003～2012 年基本趋于稳步上升的趋势，其中，2003～

2005年的上升趋势比较明显，2006～2012年趋于缓和。这说明在生态文明建设的生活方式方面，在逐步地转变高消耗享乐型的奢侈消费方式、高碳的交通出行方式以及污染浪费严重的起居方式，以推进生态文明建设进程。

从生态文明建设保障来看，首先是正式制度的评价得分，2003～2005年为平稳上升，考虑到党的十六大之后在生态文明建设上有所重视，因而制度保障状态的评价呈现平稳上升。2006～2009年出现了明显下降，究其原因，一方面，是由于政府财政预算中环境污染治理投资支出以及相应的科研经费减少；另一方面，是十六大提出生态文明作为小康社会的四大目标之一时间较长，人民以及政协对生态文明关注度有所下降；2008～2009年下降趋势趋于缓和则是十七大首次把建设生态文明写入党的报告，人大代表以及政协的环保提案、议案数大幅增长，一定程度上扭转了正式制度得分下降的趋势，之后的2009～2010年，随着生态文明建设的推进，政府加强有关环境立法、环境执法与环境管理，环境犯罪率也有所下降，这使得该阶段的正式制度得分从63.2分上升到接近83.2分。但2010年之后，又出现了一个较大的回落。其次是非正式制度的评价得分，非正式制度的得分呈现出三阶段的下降趋势，分别为2003～2006年的小幅度下降与回升阶段，2006～2009年的快速下滑后期小幅回升阶段，以及2009～2012年直线下降阶段。这表明生态文明意识的滑坡和不足，缺少推进生态文明建设的主人翁意识和呼吁，对生态文明建设的政府工作以及对破坏生态文明建设行为的监督与谴责不足。

从生态文明建设的目标来看，一是自然和谐方面的得分，总体而言呈现逐年上升的趋势，其中2006～2007年上升趋势比较明显，2010～2012年出现了小幅下降。表明生态系统不断得到优化，资源消耗速度趋缓，环境污染得到一定程度的控制。二是经济稳定方面，2004～2006年经济稳定得分下降，其余年份均呈现平稳的上升趋势。在经济结构上减轻了重污染行业的比例，农业成灾率大幅下降。三是经济效率方面，亿元GDP安全事故死亡率2003～2012年下降了近乎7倍，经济增长更有效率，经济与自然的关系较为协调。四是社会文明方面，在社会和谐方面，2003～2012年，交通事故发生数明显下降，失业率、城乡居民恩格尔系数均有所下降，但每万人受理的案件数却上升了3倍。五是社会进步方面，卫生服务总费用占GDP的比重以及教育经费占GDP的比重均有所提高，社会进步的同时优化了社会与自然的关系，推动了生态文明建设。

根据评价结果，生态文明建设应从以下几个方面着手。一要重点加强正式制度的保障作用，并注意制度保障的稳定性。包括完善主要由市场决定价格的机制，充分发挥市场机制的基础配置作用；确保和落实每年度生态文明建设资金切实投入，特别要在环境污染的治理以及生态修复补偿方面给予财政资金的支持，加大资金的倾斜力度；改革生态环境保护管理体制，独立环境监管和行政执法，并建立统筹的生态系统保护修复和污染放置区域联动机制。二要加强生态环保意识，在全社会牢固树立生态文明观念，确保非正式制度的促进和规范作用。要加大生态文明建设的宣传教育，设立生态文明建设宣传日进行定期的宣传；鼓励与扶持民间绿色环保组织或团体，给予政策的优惠与资金支持，发挥民间力量；加强环境情况的监测与预报，及时披露环境监测信息并加大环境信息公开力度；健全环境破坏举报制度，发挥公众舆论的监督机制。三要加快生产方式的转变，推进产业结构优化升级。加快由高污染、高消耗、低产出、低效益的经济发展方式向低污染、低消耗、高产出、高效益的经济发展方式的转变；培育节能、环保产业的发展推动产业结构优化升级；加快实施创新驱动战略，推动新能源、新材料、新兴信息产业、新能源汽车、节能环保产业以及生物产业的发展。四要引导生活方式的转变。树立适度的消费观念，并践行低碳环保的生活方式，使用清洁能源、环保家电，采取绿色出行方式等。五要尽快完善环境污染、生态破坏以及自然灾害的预警与灾后修复重建系统。加大环境污染治理投资，推动生态环保项目落实与生态基础设施建设，形成推行生态文明建设的有力牵引与强大动力。

第7章　我国生态文明建设利益格局的变化

7.1　利益格局变化的根源：自利性

当前的生态环境问题表面上看是由人们对环境资源的攫取和掠夺、人与自然的利益矛盾造成的，实质上是由人们追求利益过程中的利益冲突所致，人与自然的关系通过人们之间的利益冲突表现在生态环境上，经济利润被过度追逐，成本约束被弱化和虚化，资源耗竭、生态恶化成为必然的结果，从而在根本上削弱生态文明建设的基础。按照经济理性的原则，“经济人”总是从很多可能的行为中选择预期会最大化其效用的行为。自利性一方面使人与自然之间的关系变成了主体和工具的关系，另一方面使人们之间的关系变成了争夺利益的关系。因此，从一定意义上讲，生态文明建设中利益格局变化的根源在于“经济人”的自利性。

7.1.1　微观经济主体企业的自利性

如果把同行业中所有企业的物质利益视为一个集体利益，人们作为生态环境资源这一公共产品的消费者，属于一个成员庞大的集团。在生态文明建设中，企业这一微观经济主体是“理性”的，在一定的约束条件下追求自身经济利益的最大化。根据有限理性理论，由于生态文明建设中的不确定性和信息的不完全性，理性“经济人”不可能掌握未来行动的全部方案，也无力计算出所有方案的实施后果。人们总是在有限信息和有限计算能力的制约下，在有限的备选方案中选择“最佳”的方案。对于每个企业来说，它只有自己的物质利益，其最根本目标就是追求自身经济利益的最大化。由于每个成员单独参与生态治理的成本很大，以至于远超过从生态文明建设中获得的效用或利益。根据曼瑟尔·奥尔森的观点，在这样的集团中，企业很难有参与生态环境治理的动力。机会主义倾向的存在使属于该集团的个体成员面对日益稀缺的生态公共产品时，更可能作出“搭便车”的行为选择，采用欺骗、毁约、“搭便车”等符合个体经济理性的行为和以毁坏资源环境为代价的“贫穷污染”的发展模式。对物质利益的追求“因为建立在掠夺性的开发和竞争法则的基础之上而被赋予了力量，必然要在越来越大的规模上进行”。因此，“人类理性最不纯洁，因为它只具有不完备的见解，每走一步都要遇到新的待解决的任务”。行为主体“理性”地追逐个体经济利益未必能保证社会集体利益的理性，人与自然的关系变成了索取与被索取的关系，生态的恶化是必然的。“求利，而且是追求最大的利益，构成了人类经济行为的‘万有引力’，由此发动的市场行为仿佛牛顿力学中的惯性运动，一往无前地趋向利益增长的顶峰，受此动机驱策而驰骋市场的人们也仿佛是永不满足的永动机，而市场本身则无异于利益搏杀的战场。”（万俊人，2000）各地区经济的持续高速增长导致环境污染、生态退化等问题日益加剧，生态环境资源越来越成为人类生存所必需的稀缺资源。因此，受自利性支配的经济主体——企业为了实现自身经济利益的最大化会不择手段、无节制地利用乃至掠夺生态资源，无视生态利益的重要性，从而造成严重的生态环境问题。

7.1.2　微观经济主体家庭的自利性

在生态文明建设中，不仅当代人要消耗资源，后代人也必须依靠一定的自然资源才能保证生存和发展。但是生态资源是有限的，资源必须在不同代人之间分配，从而出现生态资源在不同代人间的分配问题。由于对后代人利益的维护是由本代人代行的，代际财富需要当代人作出牺牲，当代人付出的代价越大，后代人的受益就会越大。这就要求本代人具有较强的利他主义观念。但是，现实中完全的利他行为与代际利益的转移并没有扩展到整个社会中，同样的经济行为可以表现为当前经济利益与长远利益之间的对立。恩格斯指出：“在社会历史领域内进行活动的人，全是具有意识的、经过思虑或凭激情行动的、追求某种目的的人。”家庭利用自然资源时往往只会考虑眼前的利益，不会顾及到自然生态的条件，不大可能在代际问题上协调当代人与后代人之间的生态利益关系，为后代保留资源的审慎常常屈服于当前更大的利益。当代人和后代人在生态环境的使用方面存在代际利益的冲突，从而导致自然资源不断地被破坏或趋于枯竭，加剧了当代生态危机问题解决的难度。人类的发展是世代发展的过程，各代人在地球上生存和发展，都对地球所禀赋的生态资源拥有均等的享用权。生态文明建设在代内公平的基础上实现代际公平，意味着前代人的发展不能通过牺牲后代人的生态利益来维持，后代人和当代人一样平等地使用地球上的环境资源。生态文明建设作为对人类整体发展的一种规划，这种规划不可能通过个别家庭的努力达成。广大家庭必须超越追求短期利益的行为，进而作出更为全面和理性的权衡。

7.1.3　宏观经济主体政府的自利性

生态环境几乎都是公共物品或准公共物品，其产权的不完全或不存在会导致生态市场出现大面积的失灵。生态文明建设作为一个关系全局的举措，政府在其中扮演着主导者（制定宏观规划和法律法规）、引导者（引导企业生态化生产和公众采纳生态生活方式）、监督与维护者（对企业进行监督、审核并对处罚违规企业）等角色。在企业、公众和政府三方的博弈中，政府既要保护企业的利益，又要维护公众的权益。理论上来说，政府作为国家权力的执掌者和公共利益的代表者，必然成为差异化利益的共同诉求对象，“站在社会之上……把冲突保持在‘秩序’的范围以内”。按照委托代理理论，政府以公共利益名义进行的施政行为是受公民委托并得到社会认同，这种权威性通过法律程序上升为对社会公共利益的诉求，使政府的强制性活动具有合法性。企业削减污染物排放的努力会随着政府规制的增加而增强。然而，分税制规定了中央政府与省级政府的分税范围，而省政府一般对地级政府实行财政包干，地级市政府又会将包干的压力分解到县政府和区政府，从而导致好的税源层层上收，地方政府经常处于财政困难之中。尤其是县级市政府，经常发生入不敷出的现象。因此，为了维持政府机构的运转，地方政府必须另谋出路，地方政府作为公共权力机构，在生态文明建设中有其特殊的地位。地方政府官员的行为与市场上“经济人”的行为相似：作为政府部门，是公共利益的代表者与维护者，但他们除了关注公共利益之外，还追求地方的利益；他们同样像微观经济主体追求经济利益那样追求政治利益，关心任期内地区经济利益的实现程度。因此，地方政府官员追求任期内仕途晋升的政治行为与其在市场中追求物质利益最大化的行为一致。

7.2 利益格局变化的动因：利益冲突性

我国生态文明建设中的利益冲突指企业、家庭和政府等各微观和宏观经济主体因在生态文明建设中的根本利益无法相容而产生的矛盾与冲突。“在现实世界中，个人有许多需要”，人们对生态环境的需求是无穷尽的，随着每次索取的成功，进一步索取的需求就会接踵而至。人们利益需要的无限性与社会生产能力的有限性之间的矛盾决定了人类利益冲突整体上必然存在，最终经济利益、当前利益和政府追求的区域利益的实现必然会给生态利益、长远利益和公共利益造成损害，因而在自利性的根源基础上，利益的冲突性加剧了我国生态文明建设中利益格局的变化。

7.2.1 经济利益与生态利益的冲突

生态利益作为多数或全体社会成员的公共利益，要求在生态文明建设时，在满足大多数人需要的同时能够保护并优化生态系统，保持生态生产力的可持续运行性，从而满足全人类整体的效益。然而，生态环境虽然能够满足人类的多种需求，人类能够从自然界中获得经济利益，但是作为公共资源的一种，生态环境具有竞争性而非排他性。由于有限的自然资源和生态环境对于市场中的“利润最大化者”来说，属于“公共领域”中的“共同财产”，是与个人经济利益相独立的、异己性的一种利益形式。只有在特定条件下，尤其有外部巨大威胁时其价值才会体现出来，公共利益才能得到个体普遍的认可。马克思指出：“表现为全部行为的动因的共同利益，虽然被双方承认为事实，但是这种共同利益本身不是动因，它可以说只是在自身反映的特殊利益背后，在同另一个人的个别利益相对立的个别利益背后得到实现的。”利用生态环境所产生的物质利益“最大化者”能够独占，而破坏生态环境所带来的后果却要由全体居民分担。这种“收益-成本”的比较，客观上是对破坏生态环境行为的鼓励，每个个体不可能公平地享有生态利益，公共的生态利益因而不可能总是得到所有个体的认可，人们不可能都从生态利益公共性的基础上考虑并实现自身的利益。即使认识到环境问题的重要性和严重性，企业必然会选择尽可能地将其作为免费的生产资料并直接将废料排入，还是会采取以毁坏资源环境为代价的“贫穷污染”的发展模式。要素的反生态配置、经济条件的人为控制、活动周期的极度压缩具有严重的反自然性，致使资源短缺、环境污染、生态失衡日益严重，温室效应、臭氧层空洞、酸雨、不可降解废弃物等问题层出不穷，造成资源短缺、环境污染、生态失衡、生物物种减少等生态环境问题。而且随着大量人工合成和有毒化学品的出现，它们被使用后产生的有毒污染物会使生态环境问题更加严重。从而陷入既依赖环境又破坏环境的环境与经济互相促退的恶性循环，从而造成“外部不经济”——生态环境的破坏。“一切生产都是个人在一定的社会形式中并借这种社会形式而进行的对自然的占有”，在实现个人经济效益的过程中损失了生态的效益，导致“生态文明的要求与非生态发展的激励”的矛盾。个人经济利益与生态利益存在冲突。因此可以看出，人们在生态文明建设中，总是以个人经济利益为中心进行行为抉择，正是由于人们把追求个人经济利益作为首要目的，造成了资源能源的快速耗费和环境污染的日益严重。无效的生产造成系统性的巨大浪费，使经济系统出现整体性的高碳化，导致企业在谋求自身利益的过程中不愿自己承担风险，不会采取有效的措施规避风险，从而不负责任地将风险转移给了其他的利益个体，最终危害全社会的公共利益。这种取舍方式往往会忽视对生态环境的保护和关注，导致环境问题不可避免。

7.2.2　区域利益与公共利益的冲突

政府针对污染性企业的宏观调控和微观规制的政策或制度，都会对企业的污染行为产生重要影响，企业对生态环境污染的轻重，在很大程度上取决于政府生态政策和制度的合理性，而生态政策是否恰当同政府官员的利益目标有关。随着中央不断向地方放权让利，地方政府官员的独立利益得到强化和放大。地方政府官员在追求区域利益最大化的本性驱使下，并不会总是完全以整体利益和生态利益为导向，往往选择管辖区的区域利益而非社会公共利益或者长期生态利益。因此，当政府的生态职能与区域利益出现冲突时，“起而代之的是……对职位和收入的担忧”，是对任期内区域利益的关注，进而其生态职能就变成了区域利益的牺牲品。由于生态文明建设政策的执行和效益的显现是一个长期的过程，对地方政府官员的政绩不能产生立竿见影的影响，尽管生态环境指标逐步纳入了政府绩效考察的范畴，由于制定绩效评估标准时缺乏科学的具体标准，评估指标的模糊成为流于形式、形同虚设的政策。因此，中央主要围绕 GDP 增速、投资规模等反映增长速度和经济数量的指标评估地方政府官员的政绩标准，使得在生态文明建设的过程中，理性的地方政府官员往往只从管辖区的区域利益出发，将目光集中在经济指标的完成上，没有足够的动力进行生态治理，不会去关注对生态的保护与治理，以投资回报期短为选择标准，尽可能将投资用来扩大短、平、快产品的生产规模，主要追求经济发展速度等眼前经济的发展。抢着执行有利可图的管理职能，没有经济利益时各部门则互相推诿，进而“为了延长专制政权的寿命”，会选择抢着执行有利可图的管理职能，没有区域利益时各部门则对生态文明建设“视而不见”，注重容易出政绩的领域而忽视那些效益较慢的领域。与此同时，为了减少与其他部门的矛盾，平衡自身在政府各部门中的利益，地方政府表面上积极维护公众的环境利益，实则对污染企业的执法敷衍行事，甚至凭借自身所拥有的信息优势，在数字上瞒上欺下，对生态文明假设的政策进行“扭曲性创新”，以“上有政策下有对策”的方式，尽可能地减少或避免自身物质利益的损失。一些地方政府由于被过度卷入经济领域而与企业结盟，甚至本身演变为“厂商”，参与市场并攫取经济利益。在环保履职的过程中只顾搞政绩工程，走入忽视生态环境内在价值的误区，注重容易出政绩的领域而忽视了那些效益较慢的领域。政府作为“统治阶级的各个个人借以实现其共同利益的形式”，这种利益很容易在政府部门内部达成共识，成为部门人员的行为准则。因此，尽管政府官员在追求管辖区的区域利益时会有损于整体公共利益，但这些做法仍然可以畅通无阻。

7.2.3　当前利益与长远利益的冲突

生态文明建设是一个关系全局的问题，关系到整个社会和全人类的利益。在生态文明建设中，不仅当代人要消耗资源，后代人也必须依靠一定的自然资源才能保证生存和发展。对生态文明建设有最直接影响的环境条件和因素关系到几代人生存的生态环境均衡问题，需要长期的总体规划。从总量上看，适合人类开发和利用的生态资源具有有限性。可再生资源虽然可以再生，但其再生能力非常缓慢。因而涉及资源在不同代人之间的分配，需要当代人为后代人作出替代性的选择。由于对后代人利益的维护是由当代人代行的，代际财富需要当代人作出牺牲，当代人付出的代价越大，后代人的受益就会越大。这不仅要求当代人能够对未来拥有较为充分的信息，更需要当代人具有较强的利他主义观念。但是，这一时空的跨越与长远的利益往往由于无法切实感受而被忽略，人们很难想象并计划未来的发展状况，并准确估计现在作出的决策与行为到底能够在多大程度上影响生态环境日后的状况。现实中完全的利他行为与代际财富的转移并没有扩展到整个社会中。在生态文明建设中，经济行为主体会较多地考虑近期利益。企业不顾资源的稀缺程度，在投资时倾向于投资少而见效快的项目，并将污染企业布局在下风、下水区域；家庭为了满足自己的需求，会选择过度开发自然资源；政府官员因为任期的短期性与生态治理的长期性之间存在矛盾，会忽视生态环境的系统性和可持续性，忽视经济社会的协调发展。人们总是追求短时间内的物质利益以抵消风险，而当代人因追求物质利益所引起的生态环境问题，其影响一般是隐性的，可能要经过很长时间才会表现出来，或者说，要等到后代人或更多的世代，人们才能看到其灾难性的后果。生态环境的平衡和失衡都要经历一个相对漫长的周期，生态保护和环境的恢复需要较长的时期。与物质资源具有的可替代性相比，臭氧层、热带雨林的水土保持作用等生态要素很难相互替代，甚至根本不可能替代。这样一来，当代人与后代人分享生态资源的公平与否的问题，当代人往往感觉不到。“当人类将自己的意志强加给自然的时候，也就干预了自然选择的过程。”（拉夫尔，1993）人类开发利用生态资源所导致的利益关系表现为代际关系，其后果在时间和空间上均具有累积性。当代人的经济行为所造成的生态问题会损害后代人的利益和权利。当代人追求物质利益欲望的满足，促使其加大对生态环境的征服力度，这种征服一旦超过一定的限度，就意味着对后代人生存条件的损害。“我们为满足眼前的利益不仅出卖了良心，而且也出卖了生活的福利，甚至有未出世的后代的生存。”（米萨诺维克，1987）“只要私人利益和公共利益之间还有分裂……那么人本身的活动对人说来就成为一种异己的，与他对立的力量，这种力量驱使着人，而不是人驾驭着这种力量。”按照“唯利是图”的原则，通过市场这只“看不见的手”，为个人谋取经济利益，这就会不可避免地与生态环境发生冲突。

7.3　利益格局变化的表现：利益差异性

在生态文明建设中，利益的驱使导致企业和家庭对自然环境进行无情的索取和恣意的破坏，极端利己主义、拜金主义、享乐主义盛行，个人权益的满足以侵占公共的生态权益为代价；以 GDP 为政绩考核的指标体系使得各级政府不惜以牺牲生态环境来获取眼前经济的发展，从而造成各种利益之间的差异。

7.3.1　技术异化下的利益差异性

对于企业而言，利润最大化是其核心目标。但企业实现利润的过程，往往也是对生态环境和社会利益的消耗过程，因此，企业的生产活动在生态文明建设中充满着悖论。“劳动首先是人以自身的活动来引起、调整和控制人和自然之间的物质变换的过程。”然而，利益驱动下的企业关注的是如何通过最小的成本换取最大限度的交换价值，只关注“取得劳动的最近的、最直接的有益效果。完全不顾社会的公共利益，摧毁一切阻碍发展生产力……的限制”。

以资源无限供给、环境无限容量为假设，“大量生产”“大量排放”的生产导致自然环境在形成使用价值的同时，以线性经济为特征的行为方式构成对自然环境的负价值：产品设计没有考虑消费后的去向，产品功能没有考虑循环再利用。技术作为人类利用自然、改造自然的手段和方法，伴随满足人类需求、推动经济繁荣和社会文明，使人们获得掠夺自然的最新手段，保证经济总量快速增长的同时，在物质利益动机的支配下，把对自然的征服与对人的统治“合理化”。严重依赖能源密集型的技术意味着企业生产会以更快的速度消耗资源，并向自然界生产更多的生产废料，使生态环境的污染与破坏日益严重。生产者变为利润的奴隶，工人成为机器的奴隶。“这种生产力已经不是生产的力量，而是破坏的力量”，生态学马克思主义的代表者奥康纳认为，“对资源加以维护或保护，或者采取别的具体行动，以及耗费一定的财力来阻止那些糟糕事情的发生（如果不加以阻止，这些事情肯定要发生），这些工作是无利可图的。利润只存在于以较低的成本对新或旧的产品进行扩张、积累以及市场开拓。”（奥康纳，2003）因此，在现行生产方式下保持“产出的成倍增长而又不发生整体的生态灾难是不可能的。事实上，我们已经超越了某些生态极限”（福斯特，2006）。恩格斯指出：“我们不要过分陶醉于我们对自然界的胜利，对于每一次这样的胜利，自然界都报复了我们。每一次胜利，在第一步都确实取得了我们预期的结果，但是在第二步和第三步却都有了完全不同、出乎预料的影响，常常把第一个结果又取消了。”技术越先进，对资源的耗费就会越大，产生的废弃物就会越多，对生态环境的破坏就会越严重。米都斯等在研究报告《增长的极限》中，应用系统动力学的方法，以人口、工业、粮食、资源和环境污染为参数，建立的经济增长预测模型中，得出在未来的100年里，若不优化目前的发展状态，经济增长将会达到极限，并最终导致整个人类经济与社会体系的“灾难性的崩溃”。同时认为，技术的进步并不能扩展人口、资源的增长极限的能力，抨击了技术乐观主义。提出经济“零增长”的模式，主张停止发展的方式以实现生态平衡等。因此，不考虑技术的社会效益和生态环境利益来谋取经济利益的行为是以牺牲社会利益为代价的。经济行为主体通过技术对生态环境的干预已超过了自然界自身的同化能力，企业只考虑或主要考虑技术的经济效益，不考虑或很少考虑技术应用的社会效益与环境利益，会造成严重的资源浪费和环境污染，损害整个社会的利益，由此产生的负面效应也在不断地产生并进一步扩大，造成生态环境的破坏和生态危机的出现，导致社会公共利益的损失。因此，在生态文明建设的过程中，企业一旦把最大限度地获取经济利益作为唯一目的，经济上的互相角逐就会引起对生态环境资源的争夺，商业利润的竞争使得企业难以考虑自身行为对生态环境的损害，出现由技术异化引发的经济利益与生态利益之间的差异。

7.3.2　消费异化下的利益差异性

在物质财富不断丰富的今天，消费异化不再是资本主义发达国家特有的，而已经成为消费领域中一种普遍的现象。随着生产力的发展，我国进入了以“丰盛”和“消费”为特点的新时代，消费社会逐渐取代生产社会，消费方式与消费内容也随之发生了巨大转变。在“消费者主导”的趋势下，消费决定生产。在消费者“效用最大化”原则下，人们更多的是通过消费区分社会结构、以此获得身份建构。这种符号逻辑使得人们在购买商品时不再执着于使用价值，而更加关注商品背后的符号所赋予的价值。拥有这些商品，就会获得心理上的满足感。消费者不会自主地选择商品，反而被符号牵着鼻子走，希望通过消费体现自己的个性，理性消费被感性消费完全取代，消费的目的变为满足消费者被激发出来的幻想，但这种幻想与人们真实的、具体的自我相背离，成为人们展现品味、炫耀地位、满足虚荣心的方式，催生了无止境的欲求消费，人们的消费行为发生了异化。

在“见物不见人”的发展逻辑中，消费活动中的“消费异化”遮掩了“劳动异化”，消费者沦为商品的奴隶。消费异化引发的商品大量生产与消费，在物质资料极大丰富的同时，虽然表面上带来了经济繁荣，但是也加大了人类对自然的需求，从而极大地破坏了生态的和谐与平衡。人们没有合理利用自然给予我们的生产资料和生活资料，不断膨胀的虚假需求与生态承受能力产生严重的矛盾。人类物欲消费需求的增长，导致对自然资源的过度开发和非理性使用。导致资源的过快消耗和环境破坏的加剧，进一步威胁到生态的承受能力，伴随着人类对自然界物质与能量消耗的不断加大，排入生态系统的废弃物也在不断增加，资源环境处于严重的透支状态。这种资源耗竭型的消费方式，破坏了资源环境的良性循环，造成生态资源的极大浪费、环境受到严重污染、生态平衡被打破，不仅使人们对资源的利用超过了自然资源再生和复原的能力，也导致人类排放的废弃物超过了生态系统的净化能力，从而加重了生态环境的负担，对本来就很脆弱的生态系统造成了更大的压力。温室效应、大气污染、酸雨污染、森林锐减、物种减少的现象日趋严重，导致资源危机和环境危机。“为了直接的利润而从事生产和交换……他们首先考虑的只能是最近的最直接的结果。”艾伦·杜宁指出：“从全球变暖到物种灭绝，消费都应当对地球遭受的不幸承担巨大的责任。”（艾伦·杜宁，1997）因此，在生态文明建设的过程中，家庭一旦把最大限度地获取当前利益作为唯一目的，消费就会从满足个人物质需求变为一种无限的社会活动，越来越偏离单纯满足生活需要的初衷，呈现出挥霍性的倾向，出现由消费异化引发的当前利益与长期利益之间的差异。

7.3.3 政绩俘获下的利益差异性

分析政府这一宏观经济主体在生态文明建设中的行为时，政府只是一个抽象的主体，具体事务由各级政府官员实施。中央政府担任促进经济增长和生态文明建设两种职责，“发展主义政府”与“生态政府”的角色之间存在矛盾，地方政府官员存在自身经济利益和政治利益诉求，从而在生态文明建设的过程中，会出现由于横向权力关系和纵向权力分工引起的政府官员自身利益和公共利益之间的差异性。

政府作为公共事务的管理者与公共产品的提供者，体现了其公利性的属性。但政府也不可避免地拥有自身利益，即政府除了代表并增进公共利益为社会服务的本质属性外，还具有为自身生存与发展创造条件的特性。中央政府在发挥促进经济增长和生态文明建设双重职能时，面临角色上的紧张局面。一方面，我国作为发展中国家，政府需将很大注意力放在促进经济增长上，因而中央政府需要认真担当“发展主义政府”的角色。另一方面，我国经济发展中所面临的生态环境污染及破坏在深度、广度上都显而易见，经济持续健康发展所面临的资源与环境约束越来越强，中央政府作为生态公共利益的维护者，为了保证经济和社会的可持续发展，促进环境资源的合理配置，还需认真担当“生态政府”的角色。“发展主义政府”与“生态政府”两种角色应该而且可以统一，但在具体实践中要统一两种角色非常困难。中央政府通常选择在此时此地优先发展经济，而在彼时彼地则优先生态环境，这种策略对于推动生态文明建设的作用十分有限。

从政府职能的纵向分工看，在我国现行的行政体制下，政府生态文明建设的绩效在很大程度上取决于地方政府的执行绩效。由于地方官员任期有着严格的时间年限规定，而很多的生态问题不会在短时间内显现，更不可能在短期内得到治理。在生态文明建设过程中，地方政府官员以提高本地经济快速发展为目标，凭借对本区域范围内的资源环境享有的最高主权，按照本地区的需要干预自然资源流动、制造各种壁垒，并运用立法、行政等公权力，通过制定规范性的文件保护本区域，限制外地环保技术和产品的进入。并以执行法律为名，运用质检、行政审批等形式变相地阻止外地生态产业，甚至会不惜牺牲公共利益和生态利益以获取经济利益，从而直接导致资源耗竭，环境恶化的产生。生态问题后果显现的滞后性和复杂性，使得地方政府低估工程项目污染的严重性，高估生态开发活动的经济效应。因此，地方政府在生态治理的执行上会无视公众的生态权力与生态利益，在生态政策领域一直与中央政府进行博弈和周旋，在用活中央政策的名义下，根据本地区的利益理解中央政策，在人权和事权的划分上常常与上级政府讨价还价。并在执行中央政策时，尽可能地向本地区的利益倾斜，以地方主义和机会主义的态度，打政策的“擦边球”。虽然各职能部门名义上都是以全局的公共利益为重，但由于部门本位物质利益的存在，具体操作时往往利用其掌握的行政权力，使生态资源的配置向有利于自己利益的方向倾斜。权力垄断是部门利益获取的关键，有些主管部门利用手中生态文明建设的政策资源和立法资源，在制定有关政策和法规时，为部门争取审批权、检查权和处罚权。有些部门甚至自行出台相关法规条例，并以此为依据实施检查收费。政府部门权力的利益化不仅使得政府机构臃肿、部门之间相互推诿，行政活动不按照生态规律行政，也是生态文明建设阻力重重的重要原因。因此，政府官员“在政治身份方面虽然留意谋求公共福利，但他会同样谋求他自己以及他的家属和亲友的私人利益。在大多数情况下，当公私利益冲突的时候，他就会先顾个人的利益”(霍布斯，1986)。

将环境治理等生态文明指标纳入地方政府绩效考核体系在我国的一些省份(如浙江、内蒙古等)才开始试点，而且这些指标属于不具有约束力的“软指标”，对政府官员的政绩不能产生立竿见影的影响，政府官员为了取得更好的声誉、更多的收入、更广的职能和更大的权威等，没有足够的动力进行生态治理，也不会去特别关注生态的保护与治理。职位的有限性使地方政府的晋升锦标赛具有“零和博弈”的特征，获得提升势必会降低其他官员的晋升机会，因此，地方政府官员为了实现自身利益而不顾资源环境的公共利益，以牺牲生态文明指标来完成体现自身利益的指标，激烈的政治竞争就转化为不计经济成本与效益的恶性竞争，导致生态问题不能得到相应处理，生态环境不能得到有效的保护，生态文明建设不能得到顺利进行。因此，政府的生态职能与生态文明建设的要求之间还有很大的差距。

7.4 利益格局的优化：利益协调性

人类是生态系统的重要组成部分，生态资源环境是人类赖以生存和发展的物质基础。生态文明建设是一场全面性的深刻变革，会触动各个群体的既得利益，导致不同经济行为主体之间的利益冲突和对抗。因此，我们必须合理利用生态资源，使生态文明建设过程中的各种矛盾和冲突得到协调和化解，破解生态文明建设中的利益悖论，促进生态系统的良性循环。

7.4.1 经济利益与生态利益协同化

物质利益格局优化的过程，实际上就是解决利益主体和利益对象之间冲突的过程。马克思指出：“正如任何动物一样，他们首先要吃、喝等，也就是说，并不是‘处在’某一种关系中，而是积极的活动，通过活动来取得一定的外界物，从而满足自己的需要。”人类的生产消费活动实质上就是解决利益主体与利益对象之间矛盾与冲突的活动。因此，必须在生产和消费过程中做到“生态理性”，平衡利益对象的供需水平，处理好各个利益主体在生态资源和能源等利益对象使用过程中的利益矛盾，实现生态文明建设过程中各种利益关系的协调。生态理性作为对经济理性的扬弃，是种从生态学意义上选择行为的理性，以包括人、社会、环境在内的整个生态系统的整体利益为目的的活动。要求在经济利益与生态利益、政府官员自身利益与公共利益、当前利益与长远利益相冲突时，以生态系统的完整、稳定为尺度进行权衡。与经济理性相比，受生态理性支配的经济主体会以人与生态环境的和谐为根本目的，追求经济、社会和生态利益的统一，以实现全社会乃至全人类共同的利益。生态合理性的逻辑“要求以‘劳动、资本和自然资源消耗的最小化’来满足人们的物质需要”（陈振明，1997）。因此，生态文明建设能否顺利进行，关键在于在节约能源资源、保护生态环境的同时，经济结构的优化、经济发展质量的提高，经济效益、社会效益与生态效益的协同。必须将人类对自然的改造限制在生态环境承载力和人身心健康的范围内，将经济活动限制在“生态系统的承载力”范围内，使其具有“自然界的尺度”。积极地改善人与自然的关系，注重经济发展的持续性和协调性，在生产和消费活动中既要实现和维护个人经济利益，又要使自我的逐利行为不会危害生态环境，实现经济利益和社会生态利益的共赢。

首先，应发展生态生产。丰富、扩大并深化生产的内容、范围与层次，对生产方式“实现完全的变革”，综合利用能源与资源，减少浪费和损耗，将生态文明理念渗透到生产的所有环节中，从生产投入、生产过程到生产结果都必须符合生态标准，使生态文明建设利己利他的理念融入整个生产过程，在经济绩效增加的同时提高生态效益；对生产的原料及资源的利用要适度、合理，尽量利用可再生的、能够循环利用的资源，培育壮大节能环保的产业，形成资源节约、环境友好的生产方式，在降低企业经济成本的同时提供有益于生态环境的产品和服务；改变技术工具化的倾向，“对于任何新技术，我们都要更加认真地看一看它给大自然带来的潜在的副作用”（托夫勒，1985），改变科学技术征服自然的属性，以生态化为导向进行技术创新，开发并应用生态技术，形成生态化的产业体系，使生产活动具有净化环境和综合利用能源资源的新机制，在增加企业经济利润的前提下，使之成为有益于生态环境、实现人与自然和谐共处的助手。其次，应进行绿色消费。合理利用资源，保护生态环境，培育健康的消费方式，“靠消耗最小的力量”，合理地调节与自然之间的“物质变换”，实现个人利益与生态利益的统一；转变消费观念，由追求自身利益而不考虑生态的片面消费观转变为满足生活的同时，注重资源环境保护的消费观；以环保节能为消费选择的重要标准，选择有利于自身健康和生态环境保护的绿色产品，合理处理消费产生的垃圾，追求自然健康的消费。“当人们发现更多的并非必然是更好的……之时，他们也就逃脱了经济理性的禁锢……当人们认识到并不是所有的价值都可以量化的，认识到金钱并不能购买到一切东西，认识到不能用金钱购买到的东西恰恰正是最重要的东西，或者甚至可以说是最必不可少的东西之时”（高兹，1989），按照“生态理性”的原则，最终创建出“更少地生产，更好地生活”的存在方式与生活方式，改善生态保护和经济利益之间的紧张关系，把社会的全面进步和人的全面发展作为目标，从“人统治自然”过渡到“人与自然的协调发展”，达到“人的实现了的自然主义和自然界的实现了的人道主义”，实现经济利益与生态利益的共赢。

7.4.2　区域利益与公共利益兼容化

生态文明建设作为是一场深刻的革命，牵动我国改革发展的全局。因此，要保证生态文明建设卓有成效，必须发挥各级政府和管理部门的作用。我国长期以来以“人性善”为前提的政府激励机制，以一致性的社会公共利益抹杀了政府自身的利益，政府因自身利益无法得到满足而选择消极地代表社会公共利益，最终导致政府自身利益和社会公共利益双双受损。因此，必须加强政府宏观调控的能力，重新界定不同经济主体之间利益关系，作出各种制度安排，规范主体的利益行为，通过行政手段、经济手段和法律手段直接调整人与人、人与社会、人与自然之间的利益关系，约束各个经济主体获取物质利益的行为，防止并遏制为了自身的经济利益忽视甚至牺牲生态利益现象的发生，从而实现生态利益与其他利益的和谐共生。

首先，应明确行政目标，确立生态效益的价值取向。行政目标是政府官员行使行政权力期望达到的状态，是政府实施管理的内在驱动力，也是政府活动的出发点与归宿。从经济社会可持续发展的角度来看，生态利益与社会的整体利益和长期利益是相契合的，生态利益应当优先于经济利益。将生态管理作为主要职能，从生态系统各要素的整体性出发，协调生态管理部门和经济社会管理部门的关系，整合各级政府部门的职能，增强政府生态管理职能的能力。在注重治理生态环境问题的同时，还应加强对自然资源的保护。在生态文明建设中，在经济平稳发展的前提下，把保护生态资源、寻求人与自然的平衡和谐作为政府行政的根本目标，是政府实践生态文明的重要标志。行政目标的生态利益取向是推行生态文明的重要前提。其次，应完善政绩考核评价体系。凸显生态效益指标的地位和作用，将生态文明指标纳入政府官员政绩的考核内容，把扣除资源环境损耗之后的经济增长作为经济衡量的指标，并使之成为具有“一票否决”属性的“硬指标”，使政绩评估指标体系科学化，以科学的考评规范政府的行为，引导各级干部由主要关心 GDP 变为全面关注经济、资源、环境的协调发展；制定符合生态文明的政府政绩核算方法，将生态文明建设的目标与要求转化为能够考核的客观标准，以生态保护为政绩评判的关键准则，让为自身利益而不惜牺牲社会公共利益的行为无处遁形。再次，构建生态补偿机制。以防止生态破坏、增强生态系统的良性发展为目的，以对生态环境产生或者可能产生影响的经营、开发和利用者为对象，以生态的整治和恢复为内容，对为保护及恢复生态环境功能而付出代价和作出牺牲的经济活动主体进行经济补偿，对因开发利用能源资源和自然景观导致生态价值丧失的单行为主体收取经济补偿。对于具有潜在生态破坏性的经济活动，政府要对其可能造成的破坏及其恢复费用进行评估，并要求相关主体缴纳超过预算的费用作为保证金后，才能获得经营许可。当生态环境状况没有得到有效恢复时，扣留部分或全部保证金，用于补偿第三方对生态环境的恢复建设；由政府部门按照相关法规或标准向环境破坏者收取一定的费用、滞纳金或捐款等组成基金，用于补偿相关经济主体环境恢复的行为。研究自然生态、经济生态与社会生态安全的指标与预警机制，“设计出一个与装载线相类似的制度，用以确定重量即经济的绝对规模，使经济之船不在生物圈中沉没”，最终实现“人的权益”与“自然权益”共赢的局面。最后，加大社会监督力度，约束政府生态管理的行为。一方面，作为除行政、立法和司法之外的“第四种权力”的舆论媒体，必须发挥其应有的作用，不仅要大力宣传节约资源、保护环境的行政理念，还要对政府处理生态环境问题、应对生态危机的情况如实报道，尤其是对政府妨碍环境执法行为、管理资源环境过程中的不作为与行政不适当作为等予以曝光和披露。将政府管理生态资源环境的行为置于“阳光”之下，让其接受舆论媒体和社会大众的监督，促使政府真正做到生态行政。另一方面，公民作为政府生态行政的委托人，要防止代理人——政府给自己谋取私利的机会主义行为。公众要充分行使知情权、参与权与监督权，广泛参与政府的生态决策和生态管理的全过程，坚决抵制各种危害生态环境的决策和行为，对政府在生态管理活动中的腐败行为、地方保护行为和违法违规行为要勇于揭发、检举和控告。

7.4.3 当前利益与长远利益统一化

人类的发展呼唤生态向度的转向，只有生态观念真正深入人心，经济行为主体才能兼顾当前利益与长远利益，生态文明建设才能走出生态危机。恩格斯指出：“在社会历史领域内进行活动的，是具有意识的、经过思考或凭激情行动的、追求某种目的的人。”人们具有的意识会对获取利益的行为产生巨大的影响，而人们获取物质利益的行为能否限定在一定范围内，则直接决定着利益冲突出现的可能性及其激烈程度。因此，规范化、合理化的利益观念能够调整人们的动机、目的和行为，使人与自然、人与人、人与社会之间的利益关系处于和谐共生之中。这种力图通过直接规范和调控人的利益观念来调整人的利益观念、动机、目的、激情和行为，并进而实现各种利益和谐共生。

首先，应充分尊重后代人的权利与利益。虽然后代人的存在对于当代人来讲在遥远的未来，当代人无法确知后代人具体的需要与利益，也无法确定当前的生态环境问题会影响到未来的具体哪一代人，但是可以确定的是后代人与当代人一样需要生存所必需的自然资源、洁净的水和优良的生态环境，目前生态环境的破坏必然会危害到后代的生存，而且这一灾难性的后果一定会发生，即我们的后代处于危险之中。因此，当代人与后代人之间不是遥不可及的关系，当代人对后代人负有不可推卸的责任。当前利益与长远利益的统一能否实现的关键一点是，作为当代人的我们能否站在后代人的角度看待这个世界，能否认识到我们必须维护后代人的利益。当代人必须充分尊重后代人的利益，树立代际公平的代际责任意识，如此才能很好地保护后代人生存与发展的条件。其次，应强化生态利益观。“生态系统既是一个生物系统，也是一个人类处于其顶端的系统。”人与生态的关系就是人与自身生存环境的关系（罗尔斯顿，2000）。因此，在利益分化的时代进行生态文明建设就必须转变思想观念，变革思维方式，由单向功利型思维方式向人与自然、人与人双向互利型思维方式转变，走出人类中心的误区，将生态看作是“社会-经济-生态-自然”的系统，用整体的思维解释并评价生态，重新审视人在生态环境中的位置和作用，以科学的价值观为导向，树立人与自然长期和谐共处、当代人与后代人生态利益平等的绿色思维，并使之内化为基本的精神信念与行为态度；树立科学的利益观，意识到一切物质利益最终来源于自然，是在生态与社会系统中产生的，在实现当前利益的同时兼顾长远利益；强化生态危机意识，尤其是强化我国人口多、生态环境形势严峻的意识，认识到获取当前利益的过程同时也是创造长远利益的过程。最后，应加强生态利益均衡的道德教育。以普及生态文明建设为宣传的着力点，将生态伦理的教育渗透到企业、家庭和政府逐利行为的各个方面，以推动公众广泛参与为抓手，形成政府引导、社会参与的宣传新格局；建成统一当前利益与长远利益的宣传教育阵地，不断加强信息公布的广度与深度，使协调当期和长期生态利益的思想成为人们深层次的自觉意识，认识到追求生态系统的平衡和稳定是对自身利益的维护；突破宣传“瓶颈”，在全社会形成遵从生态平衡规律的社会氛围，使任何人在获取自身当前利益的同时能够意识到保证不削弱无限期地提供不下降的人均效用的能力，使自然资源和生态环境在现在与未来都能够支撑起生命的健康高效运行，实现人与自然之间的和谐、人与人之间的和谐、人与社会之间的和谐、人与自身关系的和谐，确保后代人的生态利益不因当代人的经济行为受到损害。

第 8 章　我国生态文明建设的主体行为博弈分析

8.1　主体行为博弈的表现：行为特征

在生态文明建设中，主体利益需求的差异决定了其行为选择的差异，主体在利益的驱动下，其行为选择的博弈过程及结果，决定生态文明建设的效果。

8.1.1　政府的行为特征

改革开放以来，尤其是 1994 年分税制改革之后，地方政府利益的独立性逐渐凸显，地方政府不再是对中央政府单纯的行政服从关系，地方政府在我国政府制度纵向结构体系中的作用和地位逐渐明显，尽管在生态文明建设过程中，政府始终是生态文明建设的服务者和监督者，但中央政府和地方政府的分权，突破了行政性分权，逐步深化到经济性分权，中央政府和地方政府的行为体现出新的时代特征。

1. 中央政府的行为特征

中央政府利益是整个社会公共利益最集中的代表，中央政府的行为目标是追求中央利益的最大化。随着市场化改革的深入，中央政府与地方政府分权，地方政府经济行为自主性增强，简政放权意味着中央政府的行为逐渐侧重于从全局上把握我国生态文明建设的进程，调控宏观经济的运行，监督企业、地方和家庭的生态行为，通过行政手段、经济手段和法律手段，奖惩企业的违规行为和地方政府的执行行为，引导家庭的生态消费行为。因为生态基础设施具有公共产品“效用的不可分割性”、“受益的非排他性”、“消费的非竞争性”的特征，这些特征使企业或其他理性个体不具备提供生态文明建设的“公共产品”的条件，中央政府在监督行为之外，通常也作为生态基础设施的提供者，有效克服地方政府的区域利益取向，在一个更广泛的范围提供生态基础设施，平衡全国范围内各区域的生态基础设施分布，提供生态文明建设的基础条件。因此，中央政府行为特征表现为监督协调企业、地方和家庭的生态行为和提供生态文明建设需要的生态基础设施等服务。

2. 地方政府的行为特征

地方政府接受中央政府的财政投入和监督，“简政放权”给地方政府带来了更大的自主性空间，地方政府的生态文明建设生产行为带有最大化地方利益和中央绩效考核监督约束这样的双重特征。地方政府在考虑引进经济发展的项目类型时，通常会选择使地方收益最大化的项目，而生态文明建设项目的引进，需要地方政府提供大量配套的生态基础设施，需要舍弃会带来高污染、高能耗，但是可能带来高收益的项目，地方利益最大化的行为特征，使地方利益、短期利益成为地方政府生产行为的动力。然而，地方政府的发展，不是无约束的，由于中央“放权”的推进，中央政府对地方政府行为的监督力度也在不断地深化。中央政府对地方政府的监督主要通过地方政府绩效考核的方式进行。中央政府绩效考核制度的不同，会影响地方政府对生态文明建设的偏好，良好的绩效考核制度将引导地方政府进行生态文明建设，引进生态项目，扩大生态基础设施的覆盖范围，发展生态农业、生态工业和生态旅游业，规范其地方利益最大化的行为动机，地方政府在经济发展过程中，将更多地考虑长期利益、集体利益最大化，而不合理的绩效考核制度则为地方政府“寻租”行为提供了动力，中央政府对地方政府生产行为的约束力减弱，行为特征的双重性不明显，生态文明建设的进程放缓。

不论中央政府还是地方政府，除对生态文明建设的直接监督之外，还可以通过制定相关的法律法规，对生态文明建设进行制度性约束，也可以通过经济补贴、政策支持、信息公开披露等方式，对生态文明建设进行非制度性约束。政府是生态文明建设的一个服务主体，提供生态公共服务是其职能，制定生态文明建设法律法规、提供信息服务是履行公众赋予其的职能。

8.1.2　企业的行为特征

企业是能够作出统一生产决策的单个经济单位，是社会经济的微观主体，而传统的微观经济学理论，把企业抽象成一个从投入到产出的追求利润最大化的“黑匣子”，企业存在的本质是将市场组织带来的交易费用内部化，从而减少生产成本，实现企业利润最大化的目标。生态文明建设过程中，企业生态行为仍会围绕着“企业利润最大化”的目标来进行。但企业除了是一个经济主体，也是利益相关方和社会大众的信托人，企业应该有更高的道德追求，履行道德义务，承担对利益相关者甚至整个社会整体利益的责任，发挥更加广泛的社会功能，企业社会责任观越来越受到社会的关注。

1. 企业行为的自利性

作为盈利性经济组织，实现利润最大化是一个企业竞争生存的基本规则；同时，企业作为我国生态文明建设的主体，又是发展生态文明建设的实践参与者。生态文明建设要求“经济社会可持续发展”，发展生态产业，实现“生态农业企业”“生态工业企业”“生态服务业企业”的转型。“生态农业企业”要求农业企业以集体农地长期发展为目标，发展对集体长期有利的农作物和耕作方式，放弃个人种植某种作物的选择自由，而个人自由选择农户的利润大于集体决策的利润，在无约束的条件下，企业不会主动选择转型为“生态农业企业”。“生态工业企业”要求工业企业建立符合生态文明建设的增长方式，将粗放型的发展转变为集约型的发展，进行可能获得长期收益的生态文明生产设备投入，杜绝“三废”排放，使用现阶段高成本的清洁新能源替代传统化石能源，从经济学“成本收益的分析”来看，成本是增加的，而且是短期大量增加的，收益是不确定的，而且可能的收益也出现在长期某个不确定的时间段，工业企业不会自发地转型为“生态工业企业”。服务业的企业数众多，生态环境为其提供公共资源及公共地，各个企业的过度发展难免会出现“公地悲剧”，但是在没有外在约束，不需要承担外部收益成本的条件下，服务业企业的自利性决定了其不会成为“公地的保卫者”这样一个公共角色，生态文明建设的“公地悲剧”会愈演愈烈。

2. 企业行为的利他性

企业是一组契约的连接点，这组契约包含企业与其他利益相关者，企业成为“所有利益相关者之间的一系列多变契约”（Freeman and Evan，1990），由于与企业订立契约的利益相关者都向企业提供了不同形式的资源，作为回报，利益相关者都希望自己的利益得到满足（Hill and Jones，1992）。企业的生产服务行为，应当遵循与利益相关者及消费者等主体的“契约”精神，契约各方的权益都应该被纳入企业经济决策的考虑范围内，为了保证契约的公平和公正，利益相关者要求企业不仅追求“利润最大化”目标，还应考虑所有利益相关者的利益要求，这就是企业的社会责任。“利润最大化”是企业自利性的行为要求，是企业追求经济利益的现实表现，在企业追求经济利益的同时，由于受到企业社会责任的约束，企业的生产服务逐渐表现出追求生态利益的特征。企业的社会责任观也被解释为“三重底线”模型（Elkington，1998），它认为成功运行的企业至少需要满足环境目标的生态环境保护底线要求、财务目标的盈利底线要求和社会目标的社会公正底线要求，生态环境保护作为企业运作的底线，是生态文明建设对企业行为要求的具体表述，企业的社会责任观约束企业的自利性行为，在追求自利性的同时，也追求社会生态利益，体现利他性的企业生态行为特征。

8.1.3　家庭的行为特征

家庭的行为一般是依据家庭的消费倾向来划分的。家庭是生态文明最广泛的参与主体，是一个行为不规则的行动主体。消费是家庭得以生存、延续和发展的途径，消费的过程，是人类使用和消耗劳动产品、排放废弃物的过程，这直接影响着生态环境。家庭的消费方式体现了家庭个体与生态环境的关系。家庭的生态消费行为是一种生态化的消费模式，要求家庭的消费建立在符合家庭物质生产与生态生产的发展水平上，在保护生态环境的前提下，寻求满足家庭多样化的消费需求。因此，家庭作为"经济人"和"生态人"，其生态消费行为主要有自利型和可持续型。家庭对于生态环境资源的消费，以自我多样化的需求为导向，用货币购买生态环境的服务功能，此时可能会对生态环境产生负面影响。但同时，在消费过程中，家庭的消费也具有可持续型的特征，可以选择"节约"、"无害"的消费方式，形成生态消费观念，循环利用生态自然资源，实现生态消费和生态文明建设协调发展。

随着社会经济的发展，家庭的消费倾向也受到自身生态意识水平的影响，对于一个家庭主体，家庭收入水平提高，收入效应大于"工作"对"闲暇"的替代效应，家庭在收入效应的刺激下，选择出国旅游、省际旅游、省内旅游等方式，走出城市，亲近大自然。人与自然的相处，带给自然生态环境的压力让很多家庭消费者都开始关注生态环境问题，有些个体已经开始认识到生态环境的破坏对自身健康和生活质量带来的影响，也开始积极主动地学习一些生态环境保护的知识，培养自身的生态意识。但是也有很多家庭个体，对生态环境和自身的关系认识不足，生态参与意识还停留在较低的层次。家庭生态意识行为具有"差异化"的特征，生态意识层次高，主动参与生态文明建设，而生态文明意识层次低，通常对生态文明建设缺乏参与的积极性。"差异化"的特征也影响着家庭的生态文明建设行为，由此对生态文明教育提出了新的要求。

8.2　主体行为博弈的过程：博弈模型

主体行为理论推演出了主体生态文明建设行为的特征，政府不同职能行为特征，企业不同生产目标行为特征，家庭不同消费倾向行为特征，这些都是主体行为博弈模型化的依据。在此基础上，构建主体生态文明建设行为的博弈模型，分析在我国生态文明建设的现实中，主体如何选择和改变其最优战略，以及为提升我国生态文明建设水平，主体行为策略应调整的方向。

一般来说，博弈模型的扩展式表述主体的博弈模型分析简化为一阶段的博弈，可以看作完全信息的静态博弈：每个参与人同时行动（虽然行动有先后，但没有人在自己行动之前观测到别人的行动），在每次行动的时候，参与人政府、企业、家庭都知道自己的行动空间（即自己的行为策略集），在行动结束后，"成本-收益法"给出了主体的支付函数。

在博弈理论的基础上，我国生态文明建设过程中，政府（中央政府、地方政府）、企业、家庭三个主体的博弈模型思路是：两个主体互动博弈，以及三个主体混合互动博弈，构建五个博弈模型，将现实的无限次博弈简化为有限次博弈，假设信息是完全的，博弈依循先行动和后行动的博弈次序，主体支付函数的设定采用“成本-收益法”，求解主体符合生态文明建设的行动最优概率水平，并分析影响主体行为的因素。由于在生态文明建设过程中主体行为特征的复杂性，简单的支付矩阵不足以表明主体行为战略的选择倾向，本部分采用博弈树来表示博弈过程。

博弈模型的求解思路：在两个参与人的博弈模型中，参与人在给定信息下，以某种概率分布随机地选择不同的行动，即称为混合战略博弈（张维迎，2009）。也就是说，在生态文明建设主体混合战略博弈中，不管参与人 i 选择何种策略，参与人 j 都以最优概率 P_j^* 选择其策略集内的某种策略；不管参与人 j 选择何种策略，参与人 i 都以最优概率 P_i^* 选择其策略集内的某种策略，那么，(P_i, P_j) 就是实现混合战略均衡时的主体行动选择的最优概率水平。那么，求解博弈模型，也就是求解在参与人 i 的行动概率 P_i 已知时，另一参与人 j 在不同行动下的期望收益达到相等的状态(即满足 $U_i = U'_i$)，此时，求解得出的概率水平 P_i^* 表达式即为参与人 i 行动的最优概率水平，同理可以求解出参与人 j 的最优概率水平 P_j^* 表达式，对表达式数理关系进行分析，进而分析影响主体战略行动的因素，针对主体行为的影响因素，制订出主体行为策略调整方案，提升我国生态文明建设水平。

8.2.1 政府与企业的博弈分析

参与人 1 政府 (G)，作为生态文明建设过程的服务者和修正者，是企业生产的政策导向和监督者，在与企业的利益关系中，将其行动策略分为“监督”、“不监督”。参与人 2 企业(C)，作为生产主体，在和政府的利益关系中，是自利性目标明确的社会主体，企业的策略选择为“违规”、“不违规”，指企业是否违反政府部门及社会有关生态文明建设的要求。其中，政府“监督”策略有“成功”、“不成功”之分，政府“不监督”策略在遇到企业“违规”时不是就此结束，而是有被举报和不被举报之分，举报会得到政府奖励，这也更加符合全社会生态文明意识不断增强的当今，群众和媒体举报对生态文建设贡献率不断加大的现实。

1. 构建政府和企业的博弈模型

构建博弈战略模型如下：在生态文明建设过程中，政府的正常收益为 π_1，企业的正常生产所得为 π_2，违规生产额外所得为 π'_2。企业因“违规”生产所要缴纳的罚金为 $\alpha\pi'_2$，罚金中被政府所占有的部分为 $\alpha\beta\pi'_2$，政府“监督”成本为 C_1，政府“不监督”时，企业违规行为被举报政府需要付出举报者奖励 R_1。此外，企业“违规”行为的概率为 P_1，政府“监督”行为的概率为 P_2，设政府“监督”且“成功”的概率为 P_{21}，政府“不监督”时企业“违规”且被举报的概率为 P_{22}，U 为收益函数。博弈支付矩阵见表 8-1。

表 8-1　政府企业博弈支付矩界阵

			企业	
			违规	不违规
政府	监督	成功	$\pi_1(q_1)-C_1+\alpha\beta\pi'_2$，$\pi_2+\pi'_2-\alpha\pi'_2$	$\pi_1(q_1)-C_1$，π_2
		不成功	$\pi_1(q_1)-C_1$，$\pi_2+\pi'_2$	
	不监督	举报	$\pi_1(q_2)+\alpha\beta\pi'_2-R_1$，$\pi_2+\pi'_2-\alpha\pi'_2$	$\pi_1(q_2)$，π_2
		不举报	$\pi_1(q_2)$，$\pi_2+\pi'_2$	

政府以 P_{21} 的概率“监督”成功，获得罚金；而政府“不监督”，获得举报收益的概率为 P_{22}， 上表的博弈支付可以整合如图 8-1 所示。

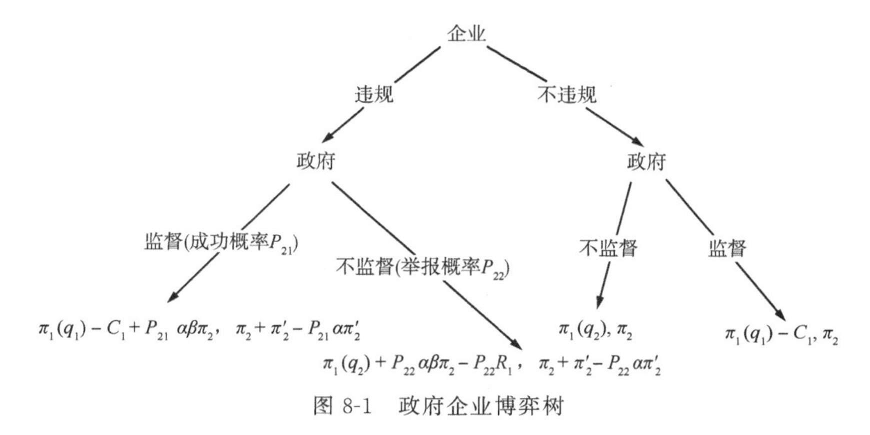

图 8-1　政府企业博弈树

2. 博弈的求解

依据图 8-2 博弈模型的支付，求参与人政府与企业不同策略选择下的收益函数：

(1) 假设企业“违规”概率 P_1 既定时，政府选择“监督”策略的收益为

$$U_G=P_1\cdot[\pi_1(q_1)-C_1+P_{21}\alpha\beta\pi'_2]+(1-P_1)\cdot[\pi_1(q_1)-C_1]$$

政府选择“不监督”策略的收益为

$$U'_G=P_1\cdot[\pi_1(q_2)+P_{22}\alpha\beta\pi'_2-P_{22}R_1]+(1-P_1)\cdot\pi_1(q_2)$$

不管政府采取“监督”或“不监督”的策略，企业都以 P_1 的概率选择“违规”策略，此时，就是企业决策的混合战略纳什均衡状态，概率 P_1 即企业选择“违规”战略的最优概率水平，即

$$U_G=U'_G$$

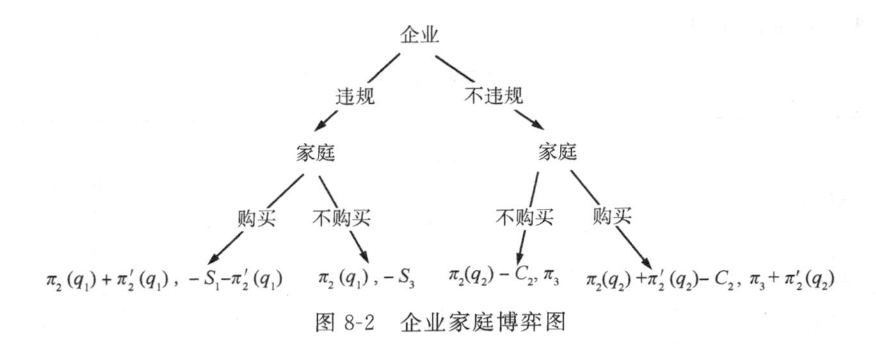

图 8-2　企业家庭博弈图

求解等式得

$$P_1^* = \frac{\pi_1(q_2)-\pi_1(q_1)+C_1}{(P_{21}-P_{22})\cdot\alpha\beta\pi_2'+P_{22}\cdot R_1}$$

当 $(P_{21}-P_{22})>0$ 时，企业选择违规的最优概率 P_1^* 与政府对企业的处罚比例 α 和 β、企业选择违规时的额外所得 π_2'、政府执行成功的概率 P_{21} 以及政府对举报者的奖 R_1 呈负相关，与政府"不执行"、企业"违规"且被举报的概率为 P_{22} 呈正相关。

当 $(P_{21}-P_{22})<0$ 时，企业选择违规的最优概率 P_1^* 与政府对企业的处罚比例 α 和 β、企业选择违规时的额外所得 π_2'、被举报的概率 P_{22} 呈正相关，与政府执行成功的概率 P_{21} 以及政府对举报者的奖励 R_1 呈负相关。

（2）在政府"监督"概率 P_2 既定时，企业选择"违规"策略的收益为

$$U_C = P_2\cdot[\pi_2+\pi_2'-P_{21}\alpha\pi_2']+(1-P_2)\cdot[\pi_2+\pi_2'-P_{22}\alpha\pi_2']$$

企业选择"不违规"策略的收益为

$$U_C' = P_2\pi_2+(1-P_2)\pi_2$$

所以企业选择"违规"与"不违规"策略无差异的情况下，即 $U_C=U_C'$，可得政府选择"监督"战略的最优概率水平为

$$P_2^* = \frac{1-\alpha P_{22}}{(P_{21}-P_{22})\alpha}$$

当 $(P_{21}-P_{22})>0$，政府"监督"的最优概率水平 P_2^* 与政府对企业的处罚比例 α、政府监督成功的概率 P_{21} 呈负相关，与被举报的概率 P_{22} 呈正相关。

当 $(P_{21}-P_{22})<0$，政府"监督"的最优概率水平 P_2^* 与政府对企业的处罚比例 α、政府监督成功的概率 P_{21} 呈正相关，与被举报的概率 P_{22} 呈反相关。

3. 模型小结

根据生态文明建设过程中政府与企业行为的博弈分析，可以得出如下结论：在处理政府与企业之间的生态文明建设利益关系时，要适时根据政府监督成功的

概率 P_{21} 与被举报的概率 P_{22} 之间的大小权衡，根据结果，选择合适的政府对企业的处罚比例、控制企业选择违规时的额外所得 π_2'，以及如何调整政府执行成功的概率 P_{21} 与被举报的概率 P_{22}，以向有利于生态文明建设的方向考虑，这里不仅仅要处理政府部门对企业的惩罚比例，还要结合日益发达的群众和媒体监督，考虑加大举报力度和举报奖励的手段。在新的社会背景下，丰富生态文明建设的监督手段。

8.2.2　企业和家庭的博弈

参与人1企业在生态文明建设过程中是生态文明产品的生产者，其在博弈中的战略集为{不违规，违规}，不违规是企业进行生态文明建设的行为战略，而违规则是企业损害生产文明建设的行为战略。参与人2家庭在生态文明建设过程中，是生态文明产品的消费者，其在博弈中的战略集为{不购买，购买}，不购买是家庭参与生态文明建设的行为战略，而购买“非生态产品”则是家庭损害生态文明建设进程的行为战略。

1. 构建企业和家庭的博弈模型

构建博弈的战略模型如下：假设模型有两个参与人，企业和家庭，双方都是行动规则的“理性经济人”，信息是完全的，参与人行动是可预测的。企业生产违规的“非生态产品 q_1”，生产不违规的“生态产品 q_2”，其正常生产行为可以获得的收益为 π_2，而由于家庭的购买行为，企业可以获得额外收益 $\pi'_2(q_1)$ 或 $\pi'_2(q_2)$，且企业生产“生态产品 q_2”由于技术等投入，必须付出生产成本 C_2。对于“生态产品 q_2”，家庭购买则获得 π_3 收益，而当家庭购买消费“非生态产品 q_1”，带来自身损失 S_1，不购买的家庭负担生态环境破坏外部成本 S_2，且 $S_1 > S_2$。{购买生态产品/不购买非生态产品}的家庭称为“理性家庭消费者”，理性家庭消费者为积极参加生态文明建设的家庭主体。企业{违规}行为的概率为 P_1，{不违规}行为的概率则为 $1-P_1$；家庭{购买}行为的概率为 P_3，家庭{不购买}的概率为 $1-P_3$。据此，企业与家庭博弈的支付矩阵见表8-2。

表8-2　企业家庭博弈支付矩阵

		企业	
		违规	不违规
家庭	购买	$\pi_2(q_1)+\pi'_2(q_1)$，$-S_1-\pi'_2(q_1)$	$\pi_2(q_2)+\pi'_2(q_2)-C_2$，$\pi_3-\pi'_2(q_2)$
	不购买	$\pi_2(q_1)$，$-S_2$	$\pi_2(q_2)-C_2$，π_3

2. 博弈模型的求解

依据图8-2博弈模型的支付，求参与人企业与家庭不同策略选择下的收益函数：

（1）设企业“违规”概率 P_1 既定时，家庭选择“购买”策略的收益为

$$U_F = P_1 \cdot [-S_1 - \pi'_2(q_1)] + (1-P_1) \cdot [\pi_3 - \pi'_2(q_2)]$$

家庭“不购买”行为的收益为

$$U'_F = P_1(-S_2) + (1-P_1)\pi_3$$

无论家庭“购买”或“不购买”，企业行为都存在最优的混合战略纳什均衡，即 $U_F = U'_F$ 时，解得混合战略纳什均衡得企业违规生产的概率 P_1 的最优概率水平为

$$P_1^* = \frac{[\pi_3 - \pi'_2(q_3)] - \pi_3}{[(\pi_3 - \pi'_2(q_2)) + (-S_2)] - [\pi_3 + (-S_1 - \pi'_2(q_1))]}$$

其中，对比支付函数图（图 8-2），企业违规生产最优概率水平 P_1^* 表达式的分子说明企业违规的概率与家庭购买与不购买生态产品的收益差呈正相关，收益差越大，说明家庭的生态意识越不足，家庭生态消费为社会生态文明建设的收益外溢不足，为社会带来的生态福利影响小，即社会生态文明建设水平不高，外部收益的扩大力弱，此时，没有良好的生态文明建设的社会环境，企业产生违规的风险概率相应会提高；而企业违规生产最优概率水平 P_1^* 表达式的分母说明，理性家庭消费者(具有购买生态产品，不购买非生态产品行为特征的家庭）的消费收益与非理性家庭消费者的收益之差与企业违规概率呈负相关，即理性家庭消费者的收益越大，由消费刺激企业生产行为，企业违规生产的概率反而越小，企业更倾向于迎合家庭消费者对于生态产品的需求，选择{不违规}的行为，积极进行生态文明建设。可见，企业违规生产概率 P_1^* 的最优概率水平受家庭消费者行为选择获得收益的大小来决定，消费倾向刺激企业的行为战略。

（2）设家庭“购买”行为的概率 P_3 已知的情况下，根据支付图，企业“违规”策略的收益为

$$U_C = P_3 \cdot [\pi_2(q_1) + \pi'_2(q_1)] + (1-P_3) \cdot \pi_2(q_1)$$

企业“不违规”策略的收益为

$$U'_C = P_3 \cdot [\pi_2(q_2) + \pi'_2(q_2) - C_2] + (1-P_3) \cdot [\pi_2(q_2) - C_2]$$

无论企业是否违规生产，家庭行为都存在最优的混合战略纳什均衡，即 $U_C = U'_C$时，解混合战略纳什均衡得家庭消费者购买行为的概率 P_3^* 的最优概率水平为

$$P_3^* = \frac{[\pi_2(q_2) - C_2] - \pi_2(q_1)}{\pi'_2(q_1) - \pi'_2(q_2)}$$

其中，对比支付函数图（图 8-2），家庭消费者购买行为最优概率水平 P_3^* 表达式说明家庭的购买行为受企业不同收益水平差异的影响；表达式的分子说明，企业不违规生产的收益与企业违规生产的收益的差额与家庭购买最优概率水平呈正相

关，即企业不违规生产收益变大，违规生产收益变小，形成的收益差额越大时，企业倾向于生产不违规的“生态产品 q_2”，此时家庭消费者购买产品 q_2 的行为的概率越大；表达式的分母说明，企业生产违规产品与生产非违规产品的额外收益的差额与家庭购买最优概率水平呈负相关，即违规产品的额外收益越大，非违规产品额外收益越小，形成的额外收益差越大时，企业倾向于违规生产“非生态产品 q_1”，此时家庭消费者购买产品 q_1 的概率变小。可见，家庭购买行为受企业生产生态产品和非生态产品获得收益差额和额外收益差额的影响，生产为消费行为提供约束。

3. 模型小结

根据生态文明建设过程中企业与家庭行为的博弈分析，可以得出如下结论：企业违规的最优概率水平 P_1^* 受家庭消费行为的刺激，家庭消费者生态意识越高，家庭消费者消费“生态产品 q_2”的倾向被显示偏好于消费“非生态产品 q_1”的倾向，则刺激企业进行生态文明建设，不违规，生产生态产品，推进生态文明建设的进程。而家庭购买的最优概率水平 P_3^* 受企业生产收益的约束，企业在收益差额驱动下生态产品的生产倾向刺激家庭购买生态产品，而企业违规生产非生态产品的生产倾向约束家庭的购买行为，家庭购买非生态产品的概率降低。企业的生产和家庭的消费，是生态文明建设的两股相互作用的力量，互相促进，循环推进生态文明建设的进程。

8.2.3　中央政府和地方政府的博弈

中央政府（GC）和地方政府（GL）是我国生态文明建设中重要的行为主体。参与人 1 中央政府既是立法主体，又是地方政府、企业、家庭的监督者，在生态文明建设过程中，采取{监督（成功，不成功），不监督}的策略集，而参与人 2 地方政府（包括地方环保部门）作为执法主体，在面临促进本地区经济发展职能的同时，还有按照中央政府要求进行相关生态文明建设的使命，地方政府是中央政府生态文明建设政策的执行者，由其与中央政府的纵向管理关系，地方政府作为理性的主体，会在{执行，不执行}中选择有利于自身利益最大化的战略。

1. 构建中央政府和地方政府的博弈模型

构建博弈的战略模型如下：假设 GC 表示中央政府，GL 表示地方政府，q_1 表示中央政府要求自身及地方政府应该执行的环保投入占财政支出比例，q_2 表示地方政府出于自身经济利益考虑等原因实际的环保投入占财政支出比例（易知 $q_1 > q_2$）。分别用 π_4、π_5 表示地方政府和中央政府正常情况下的收益，C_1 表示中央政府选择“监督”行为的成本，C_3 表示地方政府选择“执行”行为的成本，R_2 表示中央政府选择“监督”且地方政府选择“不执行”时，中央政府对地方政府的处罚。并且假设地方政府采取“执行”战略的概率为 P_4，中央政府采取“监督”战略的概率为 P_5，中央政府“监督”且“成功”的概率为 P_{51}。构建博弈双方的支付矩阵见表 8-3。

表 8-3　中央政府—地方政府博弈支付矩阵

		中央政府		
		监督		不监督
		成功	不成功	
地方政府	执行	$\pi_4(q_1)-C_3$，$\pi_5(q_1)-C_1$	$\pi_4(q_1)-C_3$，$\pi_5(q_1)-C_1$	$\pi_4(q_1)-C_3$，$\pi_5(q_1)$
	不执行	$\pi_4(q_2)-R_2$，$\pi_5(q_2)+R_2-C_1$	$\pi_4(q_2)$，$\pi_5(q_2)-C_1$	$\pi_4(q_2)$，$\pi_5(q_5)$

设中央政府“监督”且“成功”的概率为 P_{51}，则整理表 8-3 得博弈支付函数图（图 8-3）。

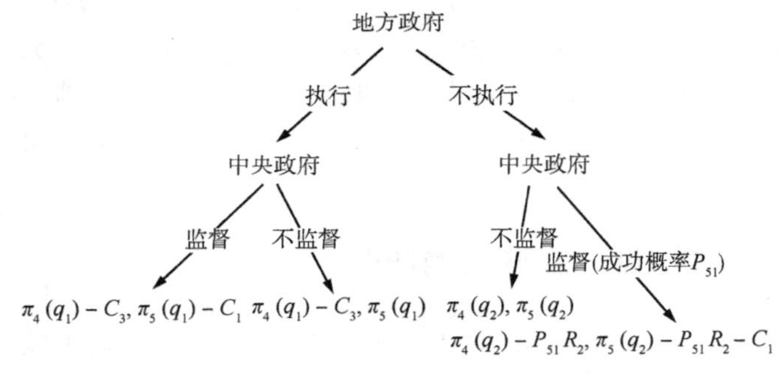

图 8-3　中央政府—地方政府博弈图

2. 博弈的求解

依据支付函数图（图 8-3），求参与人中央政府与地方政府不同战略选择下的收益函数。

(1) 设地方政府选择“执行”的概率为 P_4，中央政府选择“监督”的收益函数为

$$U_{GC}=P_4\cdot[\pi_5(q_1)-C_1]+(1-P_4)\cdot[\pi_5(q_2)+P_{51}R_2-C_1]$$

中央政府选择“不监督”的收益函数为

$$U'_{GC}=P_4\cdot\pi_5(q_1)+(1-P_4)\cdot\pi_5(q_2)$$

不管中央政府采取“监督”或“不监督”的战略，地方政府都以 P_4 的概率选择“执行”战略，此时，就是地方政府决策的混合战略纳什均衡状态，概率 P_4

即为地方政府“执行”战略的最优概率水平。解 $U_{GC}=U'_{GC}$ 得

$$P_4^*=\frac{P_{51}R_2-C_1}{\pi_5(q_1)-\pi_5(q_2)+P_{51}R_2}$$

P_4^* 为地方政府“执行”战略的最优概率水平：它与中央政府选择“监督”行为的成本 C_1 呈负相关，与中央政府监督成功的罚金 R_2 呈正相关。因此，为了提高地方政府选择“执行”行为的概率，要减少中央政府“监督”成本，加大对于地方政府“不执行”的处罚，提高中央政府“监督”且“成功”的监管水平。

(2) 设中央政府选择“监督”的概率为 P_5，且其监督成功的概率为 P_{51}，地方政府选择“执行”策略的收益函数 U_{GL} 为

$$U_{GL}=P_5\cdot[\pi_4(q_1)-C_3]+(1-P_5)\cdot[\pi_4(q_1)-C_3]$$

地方政府选择“不执行”策略的收益函数 U'_{GL} 为

$$U'_{GL}=P_5\cdot[\pi_4(q_2)-P_{51}R_2]+(1-P_5)\cdot\pi_4(q_2)$$

地方政府采取“执行”或“不执行”的策略，即 $U_{GL}=U'_{GL}$，解混合战略纳什均衡得中央政府“监督”战略的最优概率水平 P_5^* 为

$$P_5^*=\frac{\pi_4(q_2)-\pi_4(q_1)+C_3}{(1+P_{51})R_2}$$

P_5^* 为中央政府“监督”战略的最优概率水平：它与地方政府“执行”、“不执行”的所得差异呈正相关，当地方政府“不执行”所得更多，或者执行所得较少时，需要中央政府监督；与地方政府的“执行”成本呈正相关，若想减少中央政府“监督”的必要性，就要降低地方政府按照中央指示进行“执行”的成本。当中央政府“监督”且“成功”的概率越高、中央政府对地方政府“不执行”行为的处罚越高时，中央政府需要进行“监督”的概率越小。

3. 模型小结

根据生态文明建设过程中中央政府与地方政府行为的博弈分析，可以得出结论：中央政府的监督效率和处罚力度，约束着地方政府的行为，促使其执行生态文明建设的战略，而地方政府“不执行”获得的收益越大，越需要中央政府的监督，而地方政府若能从“执行”生态文明建设的战略中获得更大的收益，其执行行为具有良性循环的作用，配合中央的罚金等约束，生态文明建设的进程会在中央和地方的推动下稳步向前。

8.2.4　地方政府之间的博弈

地方政府是区域生态文明建设的方向性力量，生态资源的正外部共享性和生态问题的负外部共担性，外部效应的存在加剧了区域生态文明建设的矛盾。在我

国，按经济发展速度也可以分为东部经济区、中部发展区和西部脆弱区，经济发展的不同水平决定了地方政府利用生态资源的效率以及治理生态问题的能力，因此，博弈参与人分为经济发展水平相同的参与人地方政府 1a 和地方政府 1b，经济发展水平不同的参与人地方政府 2 和地方政府 3，地方政府参与人都有｛执行，不执行｝的策略集。

1. 构建地方政府之间的博弈模型

构建博弈的战略模型如下：以 σ 因子来加入地方政府间生态建设问题的外部性分析，其中 σ 指地方政府之间不进行生态文明建设合作时，不执行一方占执行一方所带来成果的比例($0<\sigma<1$)。经济水平相同的地方政府 1a 和地方政府 1b 进行生态文明建设的正常收益为 π_1；经济水平不同的地方政府 2 和地方政府 3 进行生态文明建设的正常收益为 π_2 和 π_3。经济水平相同的地方政府，“执行”成本为 C_1，不执行的成本为 C_1'，且 $C_1'<C_1$；经济水平不同时，地方政府 2 的合作“执行”成本为 C_2，不执行的成本为 C_2'，地方政府 3 的合作“执行”成本为 C_3，不执行的成本为 C_3'，其中，不执行的成本包括地方环境质量恶化、绿色 GDP 考核等生态指标不过关对政绩的影响等。中央政府对地方政府是否“执行”的奖惩系数为 λ，以奖惩程度来促进地方政府的执行力度。

（1）当经济发展水平相同时，采用 σ 因子，支付矩阵见表 8-4。

表 8-4　地方政府博弈支付矩阵

		地方政府 1b	
		执行	不执行
地方政府 1a	执行	π_1-C_1，π_1-C_2	$(1-\sigma)\pi_1-C_1$，$(1+\sigma)\pi_1-C_1'$
	不执行	$(1+\sigma)\pi_1-C_1'$，$(1-\sigma)\pi_1-C_1$	π_1-C_1，π_1-C_1

地方政府 1a 和地方政府 1b 具有相同的（执行，执行）、（不执行，不执行）所得，当一方执行、另一方不执行时，执行一方所得反而会少于不执行一方所得。由于 $0<\sigma<1$，$C_1'<C_1$，则上表支付矩阵的纳什均衡为（不执行，不执行），生态文明建设区域整体水平发展受限。

（2）经济发展水平不同的博弈模型。

经济发展水平不同的情况下，假设地方政府 2 强势于地方政府 3，该假设的具体意义在于地方政府 2 即使采取“不执行”也可以因外部性优势获得地方政府 3“执行”策略所带来的好处，即此时地方政府 2 的收益大于地方政府 3；而地方政府 2“执行”、地方政府 3“不执行”时，地方政府 3 并不能享用地方政府 2“执行”策略所带来的好处。依据此假设，博弈支付矩阵见表 8-5。

表 8-5　地方政府博弈支付矩阵

		地方政府 3	
		执行	不执行
地方政府 2	执行	$\pi_2+\sigma\pi_3-C_2$，$(1-\sigma)\pi_3-C_3$	π_2-C_2，π_3-C_3'
	不执行	$\pi_2+\sigma\pi_3-C_2'$，$(1-\sigma)\pi_3-C_3$	π_2-C_2'，π_3-C_3'

当经济发展水平不同时，在表 8-5 中，由于 $0<\sigma<1$，$C_2'<C_2$，$C_3'<C_3$，则地方政府 2 和 3 具有不同的（不执行，不执行）、（执行，执行）、（执行，不执行）、（不执行，执行）所得。当双方都不执行时，具有不同的执行所得，一般而言地方政府 2 的所得少于政府 3。当地方政府 2 执行、政府 3 不执行时，政府 3 不能享受政府 2 执行带来的好处却要为此负担不执行的成本，此时政府 2 的所得高于政府 3；当政府 2 不执行、政府 3 执行时，强势的地方政府 2 可以占有政府 3 执行带来的好处，同时由于地方政府 2 没有支付成本，这也会造成政府 3 执行的同时面临 $\sigma\pi_3$ 的损失，这造成比较而言政府 3 执行并没有给自身带来更多执行策略的好处。在二者都选择执行策略时，地方政府 2 可以享用政府 3 执行带来的好处，而地方政府 3 却不能享用 2 执行带来的好处。凡此种种分析都造成了博弈均衡的结果为（不执行，不执行），并不是我们所期待的合作均衡（执行，执行），区域整体生态文明建设水平会受阻。

2. 博弈的求解

在经济发展水平相同和经济发展水平不同的地方政府之间的博弈模型中，（不执行，不执行）的非合作均衡，限制了区域整体的生态文明建设水平，地方政府之间博弈的求解，就是寻找一个地方政府之间可以合作“执行”生态文明建设的途径，因此，我们引入一个外在力量——中央政府，为地方政府的博弈提供导向，影响其策略选择倾向。

中央政府作为地方政府的外在力量，通过引入对地方政府“执行”策略与否的奖惩系数 λ，促使地方政府合作博弈的形成。求解地方政府之间合作博弈的过程也分为经济发展水平相同和经济发展水平不同两种情况。

（1）经济发展水平相同的合作博弈解（表 8-6）。

表 8-6　地方政府博弈支付矩阵

		地方政府 lb	
		执行	不执行
地方政府 la	执行	$(1+\lambda)\pi_1-C_1$，$(1+\lambda)\pi_1-C_2$	$(1-\sigma+\lambda)\pi_1-C_1$，$(1+\sigma-\lambda)\pi_1-C_1'$
	不执行	$(1+\sigma-\lambda)\pi_1-C'_1$，$(1-\sigma+\lambda)\pi_1-C_1$	$(1-\lambda)\pi_1-C_1$，$(1-\lambda)\pi_1-C_1$

（2）经济发展水平不同的合作博弈解（表 8-7）。

表 8-7　地方政府博弈支付矩阵

		地方政府 3	
		执行	不执行
地方政府 2	执行	$(1+\lambda)\pi_2+\sigma\pi_3-C_2$，$(1-\sigma+\lambda)\pi_3-C_3$	$(1+\lambda)\pi_2-C_2$，$(1-\lambda)\pi_3-C'_3$
	不执行	$(1-\lambda)\pi_2+\sigma\pi_3-C'_2$，$(1-\sigma+\lambda)\pi_3-C_3$	$(1-\lambda)\pi_2-C'_2$，$(1-\lambda)\pi_3-C'_3$

求表 8-6 和表 8-7 合作博弈解，即求经济发展水平相同的地方政府 1a 和地方政府 1b 的合作博弈解为（执行，执行），经济发展水平不同的地方政府 2 和地方政府 3 的合作博弈解也为（执行，执行）时的条件。对比支付的大小，当奖惩系数λ足够大于δ时，满足地方政府“执行”的收益大于“不执行”的收益，此时，均衡结果就会是我们所期待的合作均衡（执行，执行）。

3. 模型小结

根据生态文明建设过程中地方政府之间的合作博弈分析，可以得出结论：要重视中央政府在地方政府间生态建设合作中的促进作用，这里也体现了当中央政府对地方执行策略、进行合作提供合适的奖励，对跨流域生态问题的解决和推进无疑会起到重要的作用。此外，在考虑到经济发展水平不同的地方政府时，也应针对经济水平不同设置有区别的惩罚程度，如对发展程度较高的地方政府采取较高的惩罚水平、对发展程度较低的地方政府设置较低的惩罚水平，以促成双方甚至多方的博弈分析结果朝我们期望的合作方向发展。

8.2.5　中央政府、地方政府、企业、家庭的多元博弈

政府、企业、家庭的两两互动博弈是三个主体博弈模型的基础，在三个主体的博弈中，往往可能出现两方“结盟”共同对付另一方的情况。由此，我国生态文明建设的多元博弈转化为双方博弈。

1. “结盟”目标确定

从理论上来讲，政府、企业、家庭任何两个主体都有“结盟”的可能性，但是，对于每一个主体来说，确定其“结盟”的目标主要有以下三个原则：

原则 1：利益存在一致性；

原则 2：“结盟”的交易成本尽可能低，收益尽可能高；

原则 3：自身偏好优先。

在我国，企业和家庭组织众多，较分散，政府主体则不同，政府内部利益具有一致性，政府更容易掌握“结盟”的主动权。根据自身利益目标的不同，政府

分为代表最广泛家庭共同利益和全局利益的中央政府和代表地方个别利益和区域利益的地方政府。通常，地方政府对中央政府负责，接受中央政府监督检查，因此，中央政府先动选择家庭“结盟”，地方政府又不站在中央政府一边，地方政府“结盟”企业，壮大地方政府博弈的力量，那么，在我国生态文明建设过程中，出现中央政府和家庭的“结盟”体，对抗地方政府和企业的“结盟”体，多元博弈转化为双方博弈，即集体利益与个人利益的博弈、整体利益和地方利益的博弈，长远利益和当前利益的博弈。

2. 构建“结盟体”的博弈模型

中央政府和家庭的“结盟体”，在其行为特征的支配下，追求集体利益、整体利益和长远利益，而地方政府和企业的“结盟体”，不同于前者，其更多的是追求个人利益、地方利益和当前利益。利益的不一致性，导致两个“结盟体”的委托代理关系更加复杂。委托人中央政府和家庭的“结盟体”，获得完全信息需要付出较大的成本，而信息的不对称性为代理人地方政府和企业的“结盟体”提供了逆向选择和道德风险的可能，不完全信息的动态博弈，表现为不合作的博弈。两个“结盟体”的不合作博弈转化为相对有序的合作博弈，这个过程需要相应的制度约束，要化解不合作的思想，就要通过制定生态文明政策，降低两个“结盟体”博弈过程的不确定性和交易成本，树立合作的“重复博弈”思维，走出“一次博弈”的陷阱。

博弈模型遵循这样的思路：生态文明建设是我国一项长期的事业，是一个“重复博弈”的过程，两个“结盟体”都要放弃“一次博弈”谋利的念头，决策时不仅考虑到本阶段的“成本-收益”状况，还应该将下一期可能的“成本-收益”纳入行为选择的考虑中。其中，收益的时间价值表明当期收益在长期可能存在增值的可能，而成本可能具有外扩效应（如中央政府之前出台的“环保区域限批行政惩罚政策”，一个企业的违规，可能对整个区域经济带来外部成本）。主体为了规避下一期可能的成本损失，获得下一期可能的收益，在当期，放弃彼此不合作的念头，放弃对抗的行为选择，而选择一个长期看来，能够达成合作博弈的行动战略，那么，两个“结盟体”的“合作重复博弈”将形成一股合力，实现生态文明建设集体利益与个人利益、整体利益与地方利益、长远利益和当前利益的有效融合，推动我国生态文明建设的进程。

8.3　主体生态文明建设行为的策略调整

生态文明建设过程中，政府、企业、家庭三个主体的博弈模型给出了主体最优生态文明行为的战略公式。我们通过改变战略公式中的因子，影响主体的行为决策，调整主体生态文明建设行为的策略，推进我国生态文明建设水平的路径包括以下四个方面。

8.3.1 教育多渠道化，提升生态文明意识

生态文明建设过程中，企业与家庭的博弈模型说明，家庭的生态意识越高，家庭消费“生态产品”的消费倾向就越大，消费刺激生产，企业主体也积极践行生态文明建设的要求。通过多渠道多元化的教育手段，可以实现家庭较高的生态意识对企业生产生态产品的正向激励作用，还可以提升政府、企业、家庭三个主体对生态文明的认识，提升主体参与生态文明建设的积极性，提升我国整体的生态文明建设水平。

8.3.2 发展生态产业，以生态收益激活主体生态文明建设倾向

生态文明建设过程中，中央政府与地方政府的博弈模型说明，地方政府能从“执行”生态文明建设的战略中获得的收益越大，地方政府进行生态文明建设的积极性就越高，生态产业是实现这一目标的有效路径。这是因为，生态文明建设的产业化遵循市场经济的方式，高效率的生态农业替代落后的传统农业，低污染低能耗高生产率的新型生态工业替代高污染高能耗低效率的工业产业，适应资源承载力、生态循环的生态服务业替代攫取资源、生态断层的传统服务业，加之污染治理技术、资源利用率技术、新能源技术的配套投入，技术的乘数作用，能刺激生态文明建设的效率，降低生态文明建设的成本，为企业生态产品投资和地方政府生态项目开发提供渠道，以生态收益改变主体的利益格局，激活主体的生态行为，从生态文明建设中获益，这是主体进行生态文明建设的持久动力。

8.3.3 建立区域协调的地方政府生态绩效考核机制

生态文明建设中，中央政府和地方政府的博弈模型认为，中央政府对地方政府的监督，主要通过地方政府的政绩考核机制进行。而单一 GDP 的经济考核机制，忽略了生态要素，为地方以生态为代价发展经济提供了“证据支撑”，而生态绩效考核机制的制定，将生态要素纳入地方发展评价中，更科学地实现生态文明建设和经济建设的和谐发展。地方政府之间的博弈模型也论证了经济发展水平相同和经济发展水平不同的地方政府之间，存在外部效应，那么，在地方政府生态绩效考核机制的具体设定方法上，就需要考虑经济发展水平相同和经济发展水平不同的地方政府的差异，制定差异化的奖惩措施，有利于实现区域协调的生态文明建设。

8.3.4　开拓政府监督、媒体监督、群众监督等多元化监督渠道

政府、企业、家庭三个主体的两两互动博弈和混合互动博弈模型充分说明了政府是市场的补充力量，政府的监督，是企业和家庭行为的约束力，政府的监督，尤其是成功有效的监督，增加了企业和家庭破坏生态文明建设的成本，将改变主体的行为策略。配合广泛的媒体监督和群众举报监督等多元化的监督渠道，可以引导鼓励主体行为策略向有利于生态文明建设的方向调整，加速我国生态文明建设的进程。

第 9 章　我国生态文明建设的制度分析

9.1　我国生态文明建设的制度变迁

我国生态文明建设的制度变迁历史可以追溯到 1953 年重工业优先发展战略时期，随后经历了现代化发展战略时期、可持续发展战略时期到 2007 年以来的生态文明建设战略时期。本章制度分析部分将从正式制度层面、非正式制度层面、实施机制层面三个角度来梳理我国生态文明制度的变迁，总结我国生态文明建设制度的历史经验，为我国进行生态文明建设制度设计提供理论依据。

9.1.1　萌芽阶段（1953～1978 年）：重工业优先发展战略时期

本阶段由于我国采取的是计划经济体制，生态环境保护措施仍具有明显的行政命令的特征，但也初步显现出用法律规则约束污染行为的手段。

1. 正式制度层面

1972 年之前，我国并未制定和实施系统的环境保护政策，只是在一些相关法规中提出了一些环境保护的职责和内容。1973 年以来，政府开始出台了一些具有显著法律特征的文本。1973 年由国务院颁发的《关于保护和改善环境的若干规定》标志着“三同时”制度成为中国环境管理制度。1976 年《关于加强环境保护工作的报告》中重申了这一制度，并进一步明确了不执行“三同时”制度的项目不准建设、不准投产。1978 年 2 月，第五届全国人民代表大会第一次会议通过的《中华人民共和国宪法》规定，“国家保护环境和自然资源，防止污染和其他公害”。这是新中国历史上第一次在宪法中对环境保护做出明确规定，这为日后环境保护真正走向法制轨道奠定了宪法基础。同时运用经济规则来约束污染行为也初露头角。1978 年 12 月 31 日，中共中央批转了国务院环境保护领导小组的《环境保护工作汇报要点》，提出：“必须把控制污染源的工作作为环境管理的重要内容，向排污单位实行排放污染物的收费制度，由环境保护部门会同有关部门制定具体收费办法。”通过以上分析可知此阶段环境保护主要依赖于政治规则，忽视了经济和法律规则的重要性。

2. 非正式制度层面

此阶段的一些重要环保文献中不乏“发动群众，组织社会主义大协作，开展综合利用”、“打一场综合利用工业废渣的人民战争”、“开展消烟除尘的群众运动”等用语。这表明公众的参与是环境保护的重要手段，但这时的公众参与是在重工业发展战略背景下，在政府的号召下从工业延伸到环保领域的一种思维和行为习惯，并没有独立于政治范畴独立存在，公众也没有真正意识到环境保护与其自身的切身利益，政府也并没有把公众参与纳入政策范畴。

3. 实施机制层面

尽管政府把环境保护纳入经济发展的计划中，但并未真正付诸实践。重工业优先发展战略背景下，政府首先考虑的是发展经济，提高工业化程度和经济地位，走的是“先污染、后治理”的道路。当时整个国家的收入水平较低，在满足不了居民生活需求的条件下，政府很难对环境保护给予足够的重视，心有余而力不足，明显的表现是政府对环境保护的投入资金严重不足。据不完全统计，1973～1981 年国家财政安排污染治理资金 5.04 亿元，虽对一些重点污染源进行了治理，取得了一定成绩，但同环保投资需求相差甚远。截至 20 世纪 70 年代末，工业污水处理率尚不足 10%；大部分工厂没有采取消烟除尘措施，大量烟尘和有害气体直接排入大气。该时期大中型项目“三同时”执行率很低，1976 年仅为 18%，1977～1979 年均徘徊在 40%左右。

整体上看，此阶段正式制度在借鉴国外经验的基础上形成了初步的体系，非正式制度具有明显的时代特征，而实施机制受政府目标和利益取向的影响实施力度很低。同时此阶段正式制度优先发展，非正式制度和实施机制落后，且彼此存在不协调等问题，大多由政府实施的计划经济体制和粗放式经济增长方式造成。

9.1.2　起步阶段（1979～1991 年）：现代化发展战略时期

本阶段的生态环境保护相对上一阶段来说得到了更多重视，地位得到很大的提高。1983 年年底召开的第二次全国环境保护会议明确指出，环境保护是中国现代化建设中的一项战略性任务，是一项基本国策。

1. 正式制度层面

1979 年颁布的《中华人民共和国环境保护法（试行）》规定“超过国家规定的标准排放污染物，要按照排放污染物的数量和浓度，根据规定收取排污费”。排污收费制度是“谁污染谁治理”原则的集中体现。1981 年 5 月颁布的《基本建设项目环境保护管理办法》把“三同时”制度具体化，并纳入基本建设程序。1983 年召开的第二次全国环境保护工作会议，正式把环境保护确定为我国的一项基本国策，制定了“经济建设、城乡建设和环境建设要同步规划、同步实施、同步发展，做到经济效益、社会效益、环境效益相统一”的指导方针，明确了

“预防为主、防治结合”，“谁污染、谁治理”和“强化环境管理”的环境保护三大政策。1989年召开的第三次全国环境保护工作会议，集中出台了五项环境管理制度即环境保护目标责任制、城市环境综合整治定量考核、排污许可证制度、污染物集中控制、限期治理。这五项制度被称为新五项环境管理制度，体现了环境保护工作的重点由治理转向管理，以管促治、强化环境管理的思想。本阶段重要的变化是把环境保护真正纳入了法制轨道。1989年12月26日，《中华人民共和国环境保护法》颁布施行，对1979年颁布的试行环保法作了重大修改，表明中国环境保护法律手段得到了进一步完善。1990年《国务院关于进一步加强环境保护工作的决定》中再次强调：“保护和改善生产环境与生态环境、防治污染和其他公害，是我国的一项基本国策”。这就确立了环境保护在经济和社会发展中的重要地位，保护环境成为国家发展政策的重要组成部分。

2. 非正式制度层面

上一阶段环境保护主要依靠政治性较强的群众运动手段，而此阶段这个手段退出。改革开放初期，人们的环境保护意识淡薄，在经济起飞的过程中，人们普遍重视经济发展，轻视环境保护，只考虑生产，不考虑对环境的污染和破坏，过度开发和盲目发展造成环境破坏和环境污染的事例屡见不鲜。随着我国环境保护事业的发展，环境宣传教育作为环境保护工作的一个重要组成部分在本阶段快速发展。20世纪70年代，中国翻译和编写了一批环境保护科普读物，广泛介绍环保知识，起到了很好的启蒙作用。80年代以来，政府开展了“世界环境日”“植树节”“爱鸟周”等活动，全国各地都组织大规模的宣传活动。这些宣传活动使公众逐渐对生态环境保护有更深的了解，且有利于环保意识的提高，但此阶段仍没有把公众参与纳入法律范畴。

3. 实施机制层面

本阶段政府的实施绩效较上一阶段显著提高，表现为加大环保投资力度和提升法律的威慑力。环保投资从1981年的25亿元，增长到1991年的160亿元，增长了5倍多。与此同时，环保投资在GDP中的比重也从0.51%增加到0.74%，其中，1987年一度达到0.77%。1979年以后，由于环保法律的颁布实施，以及《建设项目环境保护管理办法》和《建设项目环境保护设计规定》的相继出台，大中型建设项目“三同时”的执行率由1979年的44%提高到1989年的99%。与此同时，也应看到政府对生态环境保护政策的实施绩效仍需提高。一方面，环境保护投资额占GDP的比例与同期发达工业化国家相比仍然偏低，且国家环境投资效益不高。据全国工业废水处理设施运行情况调查显示，在所调查的22个省（市）的5556套废水处理设施中，因报废、闲置、停运等原因而完全没有运行的设施占 32%，运行设施的总有效投资率只有 44.9%（张坤民，1992）。另一方面，政府的现代化战略缺乏有关环境目标和要求，重治理而轻预防。

总之，本阶段正式制度的调整借鉴了发达国家的经验，实施了市场经济体制的改革，开始注重市场的力量。这些改变前期主要依赖政治规则的手段，考虑经济规则和法律规则在环保中的应用，如排污收费制度就是典型的经济手段。非正式制度的变迁在本阶段中有体现但不明显，这说明在环境保护中非正式制度的转变仍需较长时间，重要的是要提高公众的环保意识。由于此阶段市场经济体制仍不完善，政府仍把经济建设放在首位，“政绩”考核中缺少环保指标，普遍出现地方官员追逐地方经济增长而以牺牲环境为代价，产生政府“软政权”现象。在现代化战略和不完善市场经济体制下，环保部门缺乏足够的强制性执法实力，造成环保实施绩效较低，影响环保效果。

9.1.3　发展阶段（1992～2006 年）：可持续发展战略时期

1992 年在巴西里约热内卢召开的联合国环境与发展大会通过了《里约热内卢宣言》和《21 世纪议程》两个纲领性文件，使走可持续发展之路，实现人与自然和谐发展成为全世界的共识和人类的共同使命，并由理论转向实践。进入 20 世纪 90 年代，我国也深刻认识到可持续发展的重要性。2003 年 10 月，党的十六届三中全会通过《中共中央关于完善社会主义市场经济体制若干问题的决定》，首次提出了科学发展观的思想，即按照“统筹城乡发展、统筹区域发展、统筹经济社会发展、统筹人与自然和谐发展、统筹国内发展和对外开放的要求”，“坚持以人为本，树立全面、协调、可持续的发展观，促进经济社会和人的全面发展”。为落实科学发展观，国家颁布了一系列的法律法规，包括环境保护法、自然资源法、环境保护行政法规、环境保护部门规章和规范性文件、地方性环境法规和地方政府规章等。

1. 正式制度层面

本阶段为推行和完善环保经济手段作出了制度设计的较大改进：开展大气排污交易政策试点工作；从 1993 年开始在全国 21 个省（自治区、直辖市）继续建立环保投资公司试点；开展招标试点，将竞争机制引入环境影响评价市场；全面推行排污许可证制度；开征二氧化硫排污费；提高排污收费标准；推行环境标志制度、取消企业升级考核评比制度、政府采用运动方式推行行政命令性环境保护手段对污染企业进行关停等。同时本阶段国家环保局对建设项目的环境影响评价制度进行了一些改革。1994 年 3 月，政府发布了《中国 21 世纪议程——中国 21 世纪人口、环境与发展白皮书》，从人口、环境与发展的具体国情出发，确立了中国 21 世纪可持续发展的总体战略框架和各个领域的主要目标及行动方案。

1996年3月，第八届全国人民代表大会第四次会议审议通过《中华人民共和国国民经济和社会发展“九五”计划和2010年远景目标纲要》，明确把转变经济增长方式、实施可持续发展作为现代化建设的一项重要战略，此外，政府制定了有利于环保的价格税收政策，严格执行耕地占用税政策，陆续提高煤炭、原油、天然气等矿产品的资源税税额标准，进一步保护矿产资源，促进资源的合理开发利用。2004年，我国已出台《环境保护法》等6部环境保护法律和《森林法》等12部资源管理法律。此外，我国还加入或签署了18项环境与资源保护的国际公约，国务院发布了《自然保护区条例》、《退耕还林（草）条例》等28部环境与资源保护的行政法规、近百部环境保护行政规章，国家环境保护部制定了近400项环境标准，各省（自治区、直辖市）颁布了900多项地方性环境法规（张坤民和何雪炀，2005）。2006年3月，《中华人民共和国国民经济和社会发展第十一个五年规划纲要》把发展循环经济进行了专门规划，同时还制定了行业循环经济支撑技术支持计划和中长期循环经济规划等，这标志着发展循环经济已成为我国国家发展战略的重要内容。

2. 非正式制度层面

本阶段政府努力创造条件，鼓励公众参与环境保护工作。环境影响评价法对公众参与作出制度性规定，要求对于可能造成不良影响的规划或建设项目，应通过举行论证会、听证会或采取其他形式，征求有关单位、专家和公众对环境影响评价报告书的意见。2006年2月，国家环保部门颁布了《环境影响评价公众参与暂行办法》，详细规定了公众参与环境影响评价的范围、程序、组织形式等内容。为加强环保宣传教育，国家制定《全国环境宣传教育行动纲要（1996～2010年）》和《2001～2005年全国环境宣传教育工作纲要》。2001年开始实施的第四个五年普法规划，把环境保护法律法规的宣传教育作为全民法制宣传教育的重要内容，并把环境保护法律法规纳入年度法制教育计划。在一年一度的“6·5”世界环境日开展全国性环境宣传教育活动。截至2005年年底，全国有4个直辖市、312个地级市、374个县级市、677个县开通了环保举报投诉热线电话，覆盖了全国69.4%的县级以上行政区。

3. 实施机制层面

本阶段政府对生态环境保护的执行率不断提高，且环保投入在GDP中的比例不断上升。1999年首次突破1%，2000～2006年均在1%以上。环保投入占GDP的比例基本达到一些发达国家20世纪70年代的水平。全国环境影响报告制度执行率从1992年的61%提高到2005年的97%。以工业“三废”治理率为例，本阶段县及县以上工业废水处理率逐年增长，到1999年已经达到91.1%；

1999 年，燃烧过程中消烟除尘率和生产工艺过程废气净化率分别提高到 90.4% 和 82.6%；固体废弃物综合利用率也从 1992 年的 41.29% 提高到 2006 年的 60.2%。

总之，本阶段正式制度中政治手段、经济手段和法律手段不断完善，也逐渐相互协调。非正式制度也在逐渐调整以配合正式制度，政府的实施机制也在不断加强，这些都为后期生态文明建设的提出奠定了基础。但是，从政府实施机制中也看到了在生态环境保护实施中仍存在环保投入水平较低、环保手段滞后于市场经济体制改革的要求、最有效的手段还是行政管制手段、经济手段仍未充分发挥作用、政府的职能仍没实现转变、寻租行为依然存在、环保部分缺少强制性权利等问题。这些都体现正式和非正式制度所存在的一些问题导致实施力度没有充分发挥效力，需要不断进行改善。

9.1.4　逐渐成熟阶段（2007 年至今）：生态文明建设战略时期

2007 年，中国共产党第十七次全国代表大会把“生态文明”作为全面建设小康社会的新目标，要求“建设生态文明，基本形成节约能源资源和保护生态环境的产业结构、增长方式、消费方式”。“生态文明”首次被写入党的报告，说明中国共产党对保护环境的理解提升到了前所未有的高度，标志着中国特色社会主义生态文明建设正式拉开了序幕。

1. 正式制度层面

本阶段政府对生态文明建设中的制度保障给予了极大重视。十七大报告后环境保护部联合有关部门，力争在 4 年内初步形成我国的环境经济政策体系，把从主要用行政办法保护环境转变为综合运用法律、经济、技术和必要的行政办法解决环境问题。其中，经济手段至关重要。2008 年 8 月 29 日，全国人民代表大会通过了《中华人民共和国循环经济促进法》，并于 2009 年 1 月 1 日起开始实施，在国家法律层面为循环经济发展提供制度保障。随后政府在十八大和十八届三中全会报告中也提出目前核心就是改变现有的“唯 GDP 至上”的经济社会发展评价体系，要把资源消耗、环境损害、生态效益纳入评价体系，把单纯的强制性环境约束指标转变为有效衡量生态文明发展的考核标准，从根本上优化 GDP 为核心的评价体系。在生态文明评价体系的基础上，政府提出进一步建立完善的生态文明制度，要“深化资源性产品价格和税费改革，建立反映市场供求和资源稀缺程度、体现生态价值和代际补偿的资源有偿使用制度和生态补偿制度”，还进一步指出要“积极开展节能、碳排放权、排污权、水权交易试点”。随着我国社会主义市场经济的发展，以发展环境税、排放权交易为代表的环境经济手段，逐渐实现以最低成本解决生态环境问题。截至目前，我国已经制定了 9 部环境保护法律、15部自然资源法律，制定颁布了环境保护行政法规50余项，部门规章和规范性文件近200件，军队环保法规和规章10余项，国家环境标准800多项，批准和签署多边国际环境条约51项，各地方人大和政府制定的地方性环境法规和地方政府规章共1600余项。

2. 非正式制度层面

本阶段政府积极开展全国环境警示教育活动，树立全民环境忧患意识，对提高全社会的环境意识起到了很大的推动作用。举办环保宣传周活动，开展创建绿色学校和绿色社区、环保知识下乡等活动，把环保宣传工作逐步深入到了基层。组织许多有影响的专题新闻报道，进一步加大了环境信息公开的力度。通过新闻发布会等多种方式，及时向社会通报环保工作的情况、动向。通过信息公开，增大政府管理透明度，公开接受社会监督，鼓励公众参与。中华环保世纪行抓住群众关心的问题，对破坏环境的行为大胆曝光，促进了一些环境问题的解决。此外，加强对循环经济、生态省建设、环保模范城市、环境优美乡镇等环保工作新举措的宣传报道，在全国产生了一定的影响。环境保护部2006年发布了《环境影响评价公众参与暂行办法》，这是我国第一部推进公众参与环境保护的部门规章。2007年国家印发了《节能减排全民行动实施方案》，动员全社会积极参与节能减排和应对气候变化工作，形成以政府为主导、企业为主体、全社会共同推进的节能减排工作格局。

3. 实施机制层面

在生态文明建设方针下，政府对生态环境保护的执行率在本阶段有了很大的提高。环境污染治理投入占GDP比例稳步提高，2005～2010年我国环境污染治理投资总额从2388亿元增长到6654.2亿元，年均复合增长率达到22.75%。2012年，全国化学需氧量、二氧化硫、氨氮、氮氧化物排放总量分别比上年减少3.05%、4.52%、2.62%、2.77%。全国治理历史遗留铬渣230万吨，是前6年年均处置量的3倍，堆存长达数十年甚至半个世纪的670万吨铬渣基本处置完毕；继续深入开展环境保护专项行动，全国共出动执法人员255余万人（次），检查企业100余万家（次），查处环境违法问题8779件，挂牌督办环境违法案件1770件；对生产、已停产或停产整顿的铅蓄电池企业加大监管力度；完成环境安全百日大检查，检查企业4.3万家，发现重大环境安全隐患2296个，整改2245个，挂牌督办企业105家。推进重点湖泊污染防治工作，太湖等流域水质得到初步改善；安排25亿元专项资金对生态良好湖泊进行保护。从上面的一系列数据中可以看出，本阶段政府对生态文明建设日益重视加大执行力度，但是仍存在一些问题。环保投入额虽日益增加，但按照国际经验，在经济高速增长时期，我国只有不断加大环保投入，使环保产业达到 GDP 的 3.0%，才能有效地控制污染，使环境保护与经济发展相适应，因此当前我国环保投入仍不足。本阶段环保执行力度受政府寻租行为和政治利益影响仍存在执行力度不足，执法不严问题。

本阶段政府更加从制度层面关注和保障生态文明建设，因此也更多地从制度层面上进行完善和改革，在完善正式制度层面的同时，加大重视非正式制度的变革，确保政策实施的力度。

通过以上分析可知，我国生态文明建设中制度变迁是一个以强制性制度变迁为主的过程，以政府为主导强制执行政府命令和法律引入来实现生态环保建设。强制性制度变迁方式可以减少生态文明建设中交易费用、公共产品的搭便车等问题，提高环保型公共产品的供给有效性，但从上面分析也可知，这种制度变迁方式会导致生态文明建设中出现政府的有限理性、意识形态刚性、官僚政治集团利益冲突等问题，这些问题将导致相关政策的实施力度减弱和“软政权”现象出现。下节将通过对我国生态文明建设中存在的制度缺陷分析，指出保障生态文明建设需要在制度上作出哪些改进。

9.2　我国生态文明建设中的制度缺陷

9.2.1　生态产权的市场制度建设不健全

我国生态产权市场的典型特点：政府较多采用行政性管制手段、庇古税和科斯定理对生态市场进行强化规制；政府通过国有企业较多参与生产和提供生态领域的产品。行政管制表现在把生态环境产权的所有权界定为由政府主导的公共产权形式，市场管制主要利用科斯的产权理论界定产权，像排污收费制度、许可证制度等属于市场管制手段。虽然市场经济体制在我国不断完善，但是目前生态产权市场的运行仍以政府管制为主要形式，至今仍未走出公共所有、政府管制的模式，未真正重视产权市场对生态文明建设的作用。因而政府管制的公共产权形式、经营权的公共垄断及公共控制，使我国生态产权制度效率低下。下面将从产权界定、交易权的角度分析当前我国生态产权的市场制度建设不健全问题。

1. 产权界定

科斯认为，只有清晰界定了私人产权，市场才有效率，从而论证了产权制度的重要性。根据我国宪法和法律规定，除土地以外，大部分自然资源归国家所有；农村集体对土地等部分资源拥有所有权，矿藏、水流等自然资源不能成为集体所有；宅基地和承包地上的树木是个人所有。依据法律规定，我国自然资源被清晰明确界定出所有权，但自然资源的产权运行中产生了一系列问题。这些问题产生的原因在于强制性的公共产权，没有合理安排所有权、使用权和经营权。我国生态资源的所有权界定主要是公共产权形式，即全体人民所有，全体人民都应同等地享受资源带来的收益，产生了“公有公用”的逻辑。按照这种逻辑进行实践，即使政府加进了资源税的征收，仍会导致生态资源的过度使用和开发。同时，在公共产权形式下，生态资源一般都是由我国资源型国有企业经营，国有企业经营往往是排他性政府垄断经济，容易产生资源配置和利用效率低下。其实像那些正负外部性很大、紧缺和对一国经济有重要影响及具有自然垄断特征的资源可以以公共产权的形式安排其所有权，防止外部效应和私人垄断现象。而具有明显的排他性和竞争性的资源可以以私人产权形式安排其所有权，这样可以发挥市场机制作用，增加市场的竞争力。但目前我国使用权和经营权的公有化导致产权界定安排失效，没有起到合理配置和使用资源的作用。

2. 交易权安排和产权交易制度的缺失

交易权是指生态产权拥有者交易产权的权利安排，产权界定后就要对交易权利进行分配。我国目前只有土地和矿产资源规定了有条件的交易权，其他资源的交易权仍然没有交易权制度安排，并且土地和矿产资源交易权也只是政府行政安排的另一种方式，不存在没有真正意义上的交易产权。在公权形式下，我国当前交易权的安排存在不公平的矛盾：为了经济发展无偿或者低价提供给企业生态开发利用权，给予企业使用权但不允许牟利，这就会使企业在使用生态产权时没有经济利益上的激励和约束，从而使企业浪费使用生态产权。产权通过交易双方的交易实现增值功能，产权交易构成了市场的基础，所以在我国这种交易权的缺失相当于否定市场机制。我国否定交易所有权的主要理由是“公有”—“公用”—“公营”的传统政治经济学逻辑。否定交易权相当于否定发挥市场机制应有的作用，这就会导致公权代替私权，产生“公地悲剧”和机会主义带来的效率损失(吴志军，2001)。交易权的缺失会导致生态产权交易制度安排的需求动力削弱，在我国只有在林木承包、土地等交易权中存在范围较小和不够完善的制度安排。虽然我国目前市场制度不断完善和改革，但整体仍是政府主导的市场经济体制，这就会导致市场交易具有投机性，并以政府为绝对的垄断者促发市场的机会主义和寻租行为。在这种市场环境下，产权所有者需花费较大的成本去维护已有的产权，就会抑制对具有较高交易成本和不确定性的生态产权交易市场及制度安排的兴趣和进入需求。对具有公共产品特征的生态产品，政府控制市场安排，很难有机会去实践和规范生态市场交易制度，将导致生态产权市场运行的效率低下现象。

9.2.2　政府的生态责任运行机制不完善

政府的生态责任，是指在生态文明时代，在责任政府的现代化背景中，政府对保持良好的生态环境应承担的责任，即政府应该对生态环境的开发和利用进行规范和约束，承担生态文明制度供给责任及运用多种手段治理生态的职能和责任。当生态环境资源市场失灵时，政府应通过经济政策来弥补从而实现生态资源的最优配置，完成政府的生态责任。但是政府干预生态环境资源市场时往往不能制定出有效抑制环境污染、有效配置生态环境资源的生态政策，出现政府生态责任的缺失问题。政府生态责任的缺失原因可以归结为以下几点。

1. 生态意识缺失

政府生态责任的执行依靠政府官员，政府官员本身的生态文明观念对生态文明建设非常重要。改革开放以来，随着我国经济建设的发展，人们的思想观念也随之变化，工业文明时代陈旧的发展观导致以 GDP 的极速增长为首要目标。官员的基本思路是重经济，轻生态。姜春云认为："思想是行动的先导，尽管我国的生态文明建设有了可喜的进步，但是还有相当多的人（包括某些领导干部和公职人员）的思想观念仍然停留在传统工业文明时代。"（姜春云，2008）当生态环境出现问题时，政府部门之间相互推脱，缺乏责任意识和约束机制。正是官员责任意识、风险意识、民本意识的缺失制约着政府在经济建设和环境保护方面的作为，这对生态责任机制的构建起着消极作用。

2. 考核标准不完善

我国是政府主导型经济，以经济建设为中心作为指导思想，地方官员的政绩考核与升迁机制仍是主要看以 GDP 为代表的经济指标。GDP 是单纯的经济增长观念，它只反映出国民经济收入总量，不统计环境污染，不统计生态破坏，不统计国民生活的净福利，不反映经济增长的可持续性。相反，环境越是污染，资源消耗越快，GDP 增长就越迅速——生态环境破坏成了 GDP 增长的一个重要因素。傅治平指出，"污染引发的疾病增加了人们医疗方面的开支，污染引起的腐蚀加快，治理污染又要花费大量的资金等，这些都累计在 GDP 之内，促进了 GDP 的增长。"（傅治平，2007）经济增长型政府把政府的工作放在以经济建设为总体的路子上来，正因为这样，经济增长就成为各级政府政绩的资本，成为各级政府的利益之源。在各级政府官员顶礼膜拜和狂热追求 GDP 的背景下，一大批能拉动 GDP 增长的高耗能、高污染产业纷纷上马。正是在这些产业的"激情燃烧"下，我们烧掉了资源，留下了污染。在 GDP 绩效引导下，政府对一些污染性企业给予保护，使生态环境保护相关政策的执行力度大大降低。

3. 约束机制缺乏

首先，我国目前没有完善的宪法和法律规范来约束政府的责任以及追究机制，政府生态责任缺少刚性约束。其次，我国行政监督主体缺乏独立性，不能完全发挥自主监督作用，这样就不能有效约束政府在生态环境保护中出现的“寻租”行为。最后，在提倡“德治”的今天，我国政府官员的行政伦理水平还普遍不高，自我控制机制还不完善，行政道德立法还没有完全实现。这些都与我国提倡的“以德治国”理论不相符，与当前经济发展水平不协调，从道德上无法约束政府官员的行为。

9.2.3 现行的生态文明法律制度与生态文明建设要求存在不匹配

1973年以来我国生态文明法律制度建设取得了较大进步，陆续颁布了相关的法律规范，但整体来说生态文明建设所需的生态法律体系发展水平较低，很大程度上受限于当前的法律制度，且现行的生态环境与资源立法不能完全适应生态文明建设的要求。我国生态文明的制度构建存在立法体系不健全、司法裁判和法律执行力度不够、缺乏强制手段等不足。

1. 立法体系不健全

首先，从内容上来讲，虽然现行《环境保护法》在立法体例上包括污染防治与自然资源保护两大内容，但由于种种原因，这部由国家环保机构负责起草修订的环保基本法却基本上是一部污染防治法，并没有规定生态资源的合理利用、保护以及生态安全维护的基本原则、基本制度和监督管理机制，因此无法适应生态资源综合性、整体性保护的要求（胡伟和程亚萍，2007）。其次，土壤污染、化学品管理、生物安全、遗传资源保护、核安全、公民的环境权利、生态补偿制度、环境公益诉讼制度、环境污染赔偿纠纷律师风险代理制度、环境污染赔偿纠纷律师庭外调解制度等方面缺乏相关法律法规，这容易导致我国生态环境面临巨大的风险。现有法律制度，其法律规范协调性和操作性亦不强，表现在地方性法规、行政规章与国家法律不配套；环境行政主管部门自由裁量权显得过大；部分法律制定得过于原则性，可操作性不强等。最后，我国最近颁布的很多生态方面的法律法规，如《可再生能源法》《清洁生产促进法》《循环经济促进法》等，各自偏重于生态文明当中的一部分，但其衔接性和协调性明显不够，使整个生态环境与资源法律毫无体系而言。

2. 司法裁判和法律执行力度不够，缺乏强制手段

首先，我国的司法制度没有完全符合生态发展的需要。对当事人适格的衡量标准，我国采用的是传统的、直接利害关系原则，不支持公益诉讼，社会公众不得对与自己无关的利益主张权利，只有自己的合法权益受到违法侵害，才具备起诉的资格（齐树洁和郑贤宇，2009）。其次，我国环境执法存在执行主体混乱、执法力度不够和执法手段单一的缺点。环境执法主体混乱是由我国行政管理体制和法律规定不足共同造成的。受我国环境管理体制制约，现行环境职能部门有很多，每个职能部门都是独立的执法主体，而对于每个部门的具体职责和权限，以及部门之间配合的具体方式，现行法律并没有作出明确的规定。此外，现行法律并未赋予执行机关足够的执法权力，将强制执行权转移到了法院，执法机关需要经过申请才能够行使。最后，我国行政处罚法规定的处罚力度较弱。以污染损害赔偿来说，现行的环境法律、法规基本上只规定了污染者赔偿直接经济损失的责任。这造成法院在对很多污染侵权案件进行判决时，没有规定污染者赔付生态恢复的费用，而污染对生态的影响是长期而巨大的。例如，污染造成水库或河道死鱼，最终赔付的仅是死鱼的损失部分，却没有计算清理河道恢复其生态直至能养鱼以及污染物清除的部分。应该让污染者承担全部的环境破坏责任，包括赔偿损失、治理和清除污染、恢复生态的责任。

9.2.4　缺乏完善的公众参与生态环境保护制度

1962 年卡尔逊出版的《寂静的春天》成为公众参与环境保护的思想开端。世界经济合作与发展组织规制政策处主管尼克·马拉舍夫认为：“参与是利益团体主动参与制定规制目标、规制政策、规制措施或法规文本草拟的程序。公众参与通常意味着促进法规实施，加强对法律的遵守、认同和政治支持。在法规制定、执行和实施的过程中，政府在某些情形中会让利益相关方充当某些角色，希望借此提高他们对法规的‘所有权’意识或对规制的责任感。”（吴浩，2008）公众参与在生态文明建设中的作用越来越大，是生态文明建设的非正式制度保障。与发达国家的公众相比，我国公众的生态意识较为淡薄（杨东平，2008）。在我国许多地方经常会看到乱扔垃圾和随地大小便等现象，在农村冬天烧秸秆、传统烧煤的取暖方式对环境也产生负作用。“2007 中国公众环保民生指数”主要包括 3 项内容，即环保意识、环保行为和环保满意度。调查显示，公众的环保意识总体得分为 42.1 分，环保行为得分为 36.6 分，环保满意度得分为 44.7 分。这表明公众的环保意识总体水平较低，环保参与度还不高，环保满意度令人担忧。生态意识淡薄导致我国公众参与生态环保活动程度较低，属于政府倡导下的配合性参与。我国公众突出环保行为是以节水、节电的方式参与，生态环境一旦影响到自身生活时，公众往往以群体对抗形式求解决，而公众主动学习环保知识和参加公益环保活动等较高层次的环保活动比例较低。从根本上来说，公众参与生态环保活动较低在于我国缺乏完善的公众参与环境保护制度，具体表现在以下几个方面。

1. 公众参与的法律体系不健全，且缺乏可操作性

虽然新的《环境影响评价法》第五条规定国家鼓励有关单位、专家和公众以适当的方式参与环境影响评价。但这只是国家鼓励公众参与的原则性条款，缺乏具体条文的支撑，给人造成纯粹“宣言式规定”的理解。而且《环境影响评价法》没有规定涉及公众参与权利受到侵害如何救济，规划部门或建设单位如不考虑公众意见应当承担何种法律责任等条款，这些使公众参与环境影响评价制度没有司法救济制度作保障。我国现行的公众参与环境影响评价制度不具备可诉性。我国《水污染防治法》第十三条规定：“环境影响报告中，应当有该建设项目的所在地单位和居民的意见。”但并没有规定相应的群众参与途径、程序，没有明确公众的权利义务，使公众无法参与。整体看，我国现行关于公众参与的法律法规只是一些原则性的规定，仅从形式上满足公众参与的需求，过于抽象缺乏可操作性，没有对公众参与的规定和实施程序具体化。对于公民的环境权、知情权和监督权等权利的规定在立法中没有明确化，公众在生态环境活动中的地位未确定。

2. 公众参与形式单一、缺乏鼓励公众全过程参与的激励性规定

生态环境保护的公众参与需要有良好的条件，而这些条件并非环境立法本身能够解决的，但我国整个法律制度中关于公众参与的规定都十分缺乏，公众参与民主决策、参与国家管理的机制尚未建立，公民及社会团体在法律上的地位不明确，甚至没有法律地位，更没有积极鼓励公众广泛参与的激励机制，使得环境保护的公众参与困难重重。另外，我国公众参与大多是环境污染与破坏发生后的参与，即末端参与。公众参与不能体现在全过程中，这与实现环境法所要求的公众参与相差甚远。

3. 对公众的监督、检举和控告，缺少强制性的回应规定

在我国以经济增长为目标的背景下，政府对经济发展与经济利益的关注远远超过了对环境利益的关注。针对公众检举和控告一些生态环境污染事件，政府在考虑当地绩效的前提下对污染事件执法不严、不闻不问的现象时有发生。更重要的是，当环境执法稽查制度执行不力时，缺乏对违反环境保护法律法规行为的行政处分和纪律处分的机制，公众、媒体等社会监督渠道不畅通。由于政府在生态环境保护中执法力度不够或者没有强制性的回应，公众对威胁自己的生态环境问题只能通过群体游行对抗的方式解决。据 1995～2006 年我国环境纠纷状况的不完全统计显示，1995 年群众来信总数是 58 678 封，到了 2006 年，群众的来信总

数已经达到了 616 122 封，11 年间，环境信访的数量增长了 10 倍之多。信访问题如果得不到合理的解决，可能转化为群体性事件。例如，2000～2004 年广东共发生群体性事件 16 523 起，其中因信访问题得不到妥善解决而诱发的群体性事件有 10 285 起，占 62.2%。这些数据充分表明，目前我国已经进入了环境群体性事件的多发期，更需要政府对公众的检举和控告作出回应，提高执法力度和效率。

9.3　我国生态文明建设的制度设计

9.3.1　完善和创新生态文明建设的正式制度安排

从正式制度安排看，不仅需要政府采取相应政治手段的支持与驱动，更重要的是需要加快经济手段和法律手段的创新和建设，即更为注重发挥市场经济机制的力量，为生态文明建设提供有效的正式制度基础。

1. 建立完善的生态环境产权制度

科斯定理、庇古税、凯恩斯的有效需求理论较多运用在我国生态产权市场制度的建立中，但由于目前我国“公权”和“私权”界定不清，市场经济体制发展不完善导致产权界定、产权交易权安排和产权交易制度上存在缺陷。因此建立完善的生态环境产权制度，就要从产权界定、产权交易权安排和产权交易制度三个方面进行改善，对水流、森林、山岭、草原、荒地、滩涂等自然生态空间进行统一确权登记，形成归属清晰、权责明确、监管有效的自然资源资产产权制度。

（1）生态环境公共产权规制模式要市场化。我国目前的生态产权市场是以公共产权形式为主，通过生态产权所有权代理市场化和生态资源的使用权市场化来实现公共产权的市场化模式，从而减少政府失灵。生态产权所有权代理市场化就是要求在中央政府、中央政府各部门、地方政府再到具体的生态资源代理人之间的代理关系中引入生态产权代理者的竞争机制，同时强化对生态代理者的规制，建立生态代理租金消散机制和优化规制手段等。引入自然资源产权代理者竞争机制的基本做法是把生态环境保护纳入各级政府政绩考核的指标体系，并把传统的 GDP 核算转化成绿色 GDP 核算以量化评估各个代理人的生态环境保护绩效（史尚宽，2000）。

（2）在现有生态所有权安排下，实现生态使用权和经营权分离和市场化。要实现生态使用权和经营权分离和市场化，关键在于国家出台自然资源相关法律规定经营权和交易权的合法性，同时要明确使用权和经营权各自的权能，引入民营企业、外资企业等非国有企业参与生态产权的经营和竞争，使国有企业从部分生态资源的经营领域退出，形成多元化的生态资源经营制度。

（3）将部分生态环境资源的所有权私有化，形成公私产权接轨的完善的生态产权混合市场。首先，对那些产权较容易界定、政府管理成本较大的资源和一般情况下资源所有权的行使不会侵害社会公共利益的资源，在私人产权所取得收益往往大于国家或者集体产权时，适当引入个人所有制。其次，建立可“回收”的排污权所有权制度。在排污权所有权的安排上，必须同时考虑环境容量的大小和环境净化能力，建立可“回收”的环境纳污资源所有权制度，即直接或间接获得的排污权可归自己“所有”，以激励厂商努力减少排污，把排污控制在环境容量和环境净化能力的安全临界点之内。总的来说要形成完善的生态产权混合市场，还需要从政府规制、企业制度改革、市场交易制度完善以及市场制度的两大支撑——法律制度建设和生态伦理建设上全面进行制度建设。

2. 建立健全生态补偿制度

生态产权制度确定清晰后，还应建立完善的生态补偿制度。吕忠梅在《超越与保守——可持续发展视野下的环境法创新》一书中将生态补偿分为广义和狭义两种：“生态补偿从狭义的角度理解就是指对由人类的社会经济活动给生态系统和自然资源造成的破坏及对环境造成的污染的补偿、恢复、综合治理等一系列活动的总称。广义的生态补偿则还应包括对环境保护丧失发展机会的区域内居民进行的资金、技术、实物上的补偿和政策上的优惠，以及为增进环境保护意识，提高环境保护水平而进行的科研、教育费用的支出。”（吕忠梅，2003）生态补偿实质上体现了对生态环境使用中出现的外部成本和收益进行的补偿。庇古税和科斯的产权理论是我国现实中解决外部性问题进行生态补偿的理论依据，要求我国建立完善的生态产权市场和生态税收体系。发达国家建立了专门针对环境污染征收的环境保护税和对一般税种进行调节来保护环境的一套完整的生态税收体系。我国应借鉴发达国家的税收管理经验，建立生态税收体系。首先，对我国当前税收体系中涉及生态环境和资源保护的税收如消费税、资源税、关税、所得税等税收制度进一步完善；其次，逐步扩大排污收费的范围，提高排污收费标准，将排污收费预算纳入政府财政管理体制，进而完善排污收费制度。除了建立完善的生态税收体系外，还应完善政府对生态进行补偿的财政支付制度。要求政府在生态补偿财政支出上，不仅重视东部地区和大城市区域的生态补偿，而且要加大对中西部地区和农村等一些生态脆弱区域的财政支持力度，同时也要加强不同地区政府对生态补偿的支持和合作。

3. 加强政府的生态责任

首先，改进政府的绩效考核制度。黄爱宝教授认为，“各级政府必须对本辖区内生态环境质量负有责任，并主要落实在社会发展规划、政府综合决策和目标责任制定之中”。党的十八大报告和十八届三中全会都提出调整政府绩效考评标准，官员考核体系的改革将引导政府行为的转变，地方考核将不再简单地以GDP增速作为考核依据，而是把新型农业、民生工程、社会进步、生态效益等指标加入考核体系并增大权重，建立体现资源和生态保护的完善绩效评价体系，并探索编制自然资源资产负债表，对政府官员实行自然资源资产离任审计。其次，调整与生态保护相关的行政部门。由几大部门集中掌管生态保护的职权，明确各部门的职权和相互配合范围，防止出现部门之间的越权行为，做到权责分明，提高行政管理效率。最后，强化政府生态责任的监督机制。蔡守秋教授在《论政府环境责任的缺陷与健全》一文中认为，“在我国环境法制建设中产生政府环境责任问题的原因虽然包括政府环境责任法律制定和法律实施等方面，但比较而言，有关政府环境责任法律本身存在的缺陷或问题是最重要、最根本的原因。”（蔡守秋，2008）因此，健全监督政府生态责任实施的法律体系是减少生态文明建设中出现政府失灵问题的重要措施。以法律规定为标准和以事实为依据，对政府执行生态责任情况进行检查考评，要对由于行政不作为造成生态责任缺失的地方政府追究失职责任，并建立生态环境损害责任终身追究制。

4. 完善法律保障体系

健全符合生态文明建设的法律体系是生态文明建设的有力保障，是约束政府、企业、公众行为的强制性的生态文明标准。首先，生态文明建设强调的是可持续经济发展模式，这就要求进一步完善节约资源和保护生态环境的政策和法律体系，加快形成可持续发展的法律体制建设。其次，逐步建立由政府调控、市场引导、公众参与的法律制度框架，把法律手段与经济手段、政治手段、群众手段结合起来。最后，建立科学、有效的执法机制。在生态文明建设中要坚持依法行政，规范执法行为，严格执行生态环境保护相关法律，严厉打击破坏资源和环境保护的违法行为。

9.3.2　加强生态文明建设的非正式制度安排

诺斯提出：“离开了非正式制度，即使将成功的西方市场经济制度的正式政治经济规则搬到第三世界和东欧，也不再是取得良好的经济实绩的充分条件”。因此，生态文明建设除了正式制度的建立和完善外，还应该强化非正式制度安排，通过非正式制度安排来引导生态文明建设中经济主体的行为。生态文明建设中非正式制度安排的重点在于引导社会中经济主体的生态理性认识，把生态理性与经济理性相兼容，尤其要完善公众参与制度层面。

1. 加强政府、企业的生态责任意识

首先，提高政府官员的生态责任意识，树立生态文明的理念和责任。要加强对政府官员的生态文化教育，提高他们在工作中的生态意识和生态价值取向。其次，提高企业的生态环境责任意识（李鸣，2007）。一方面，政府职能部门的监管对推进企业履行生态环境责任、培养企业的生态环境责任意识有重要作用。政府部门应通过制定政策，对企业环境信息的披露进行明确规定，鼓励甚至强制要求企业发布环境信息报告。另一方面，通过媒体曝光企业环境污染信息，对企业不当环境行为进行监督，且通过发布企业生态环境责任的榜单排名，评选出“减碳先锋”、“中国最佳低碳企业”等，对企业履行环境责任予以支持和鼓励。此外，社会公众的问责施压也是促进企业提高环境责任意识的有效途径。作为企业本身来说，要加强风险防范意识，尤其是企业管理者应认识到环境责任的履行不仅有利于社会，也有利于企业的可持续经营，从而提高企业管理者自身和员工的生态环境保护责任意识。

2. 完善公众参与制度

塞缪尔·亨廷顿指出：“在任何政治体制中，政策过程中的公民参与都是一个基本的事实”。公众参与体现了公民的政治权利。我国学者王锡锌认为，公众参与制度来源于民主理论，“因为在最朴素的意义上，民主总是与公民参与相关联的。古希腊的城邦民主，主要是公民对公共生活直接参与式的管理”（王锡锌，2007）。生态文明建设必须依靠公众的积极参与和合作，因为公众是生态环境问题的制造者、生态环境污染的受害者和生态环境污染的治理者，且公众参与意识和行为的提高对生态文明建设中正式制度的创新起着关键作用。因此，完善公众参与制度为我国生态文明建设提供了非正式制度保障。

（1）在法律上明确公民环境权。1972 年斯德哥尔摩的《人类环境宣言》指出：“人类有权在一种能够过尊严和福利生活的环境中享有自由平等和充足的生活条件，并且负有保护和改善当代和未来世世代代环境的责任。”《中华人民共和国环境保护法》第六条规定：“一切单位和个人都有保护环境的义务，并有权对污染和破坏环境的单位和个人进行检举和控告。”虽然我国法律中涉及环境权的一些内容，但过于原则化没有实践意义，且法律上没有明确规定公民的环境权。保障公众参与环境保护的权利必须通过法律和法规确定公民享有环境权，在此基础上将公民环境权细化到环境状况知情权、环境事务参与权和环境侵害救助权等具体权利上，从而作为实现公众参与环境保护的有效途径。

（2）通过环境教育和媒体宣传来提高公众参与意识和改变公众的消费观。通过环境教育增强公众对经济、政治、文化建设与生态建设相互依赖的认识，给予

公众保护和改善环境所需要的知识、价值观、态度、决心和技能，在个人、团体和整个社会中创造出新的有利于环境的行为规范。依靠大众传媒向公众传递环境信息，通过环境污染危害、生态环境破坏、气候变化、环境与人的关系等形式多样的主题以及环境新闻事件等报道形式，让公众了解环境保护的重要性、紧迫性，提高公众的环境保护意识，动员公众参与。同时，通过环境教育和媒体宣传“绿色消费”和“生态消费”观念，改变公众的传统消费模式，进而减少过去生产方式所带来的环境问题。

（3）完善环境信息公开制度和公众意见的反馈制度。完善环境信息公开制度和公众意见的反馈制度意味着形成健全的知情、监督和表达、诉讼机制，让公众享有环境知情权、监督权、批评权和救济权。首先，政府通过报纸、电视、广播、网络以及新闻发布会等形式公开环境信息，让公众及时了解并作出判断。其次，以听证会的形式听取公众对环境污染和保护的意见，同时设立举报电话和信箱、网站、信访接待等形式来及时反馈公众投诉意见。最后，明确公众对环境的监督权利和义务，使公众有权对政府和企业的危害环境行为提出质询、异议以及检举；对造成环境问题的当事人，公众有权提起诉讼，要求当事人停止侵害行为并对受害人给予补偿，情节严重的对当事人通过法律程序进行制裁，充分保证公众的环境救济权和诉讼权。

9.3.3　加强生态文明建设的制度实施机制

政策能够顺利执行的基本前提在于正式制度和非正式制度是完善的，除此之外，实施机制本身也非常重要。我国环境问题一直得不到有效解决的最主要原因在于政府环境保护政策的执行力度较低。要提高生态文明制度实施的有效性，就需要完善实施机制。

（1）减少中央政府与地方政府之间、政府与企业之间的利益冲突，降低政策执行阻力。中央政府与地方政府之间以及政府和企业之间关于生态保护政策执行的博弈结果往往使执行力度被大大削弱，造成这种结果的原因就在于中央政府与地方政府之间、政府和企业之间存在利益分歧。因此协调好中央政府与地方政府、政府与企业之间的利益冲突是强化生态政策执行力度的保障。一方面，要把中央与地方政府各自的权利和义务以立法形式明确化，界定彼此的职权范围、职权划分的手段以及中央对地方政府的监督程度和手段等；另一方面，除了上文提到的改变政府的绩效评价体系和加强政府自身生态责任意识和行为建设的同时，通过体制改革使地方政府的利益诉求能够有效地反映到中央政府，扩大中央政府和地方政府的利益共同点，提高地方政府执行政策的预期收益进而减少彼此之间利益矛盾。

（2）减少政府与企业之间的利益冲突需要政府和企业在市场机制的作用下建立起合作关系。企业不仅是一个追求利润最大化的经济实体，也追求企业品牌价值、社会形象等的最大化。在生态文明建设的背景下，企业如果不重视环境政策的执行，会承受更大的惩罚成本，同时企业的产品也很难获得消费者的信赖以及进入国际市场。在金融市场化的条件下，银行或保险公司也乐意向具有环境认证标志的企业安排优惠利率贷款或费率较低的保险业务，从而降低企业融资成本。但实际上企业之所以没有很好地执行环境政策在于没有认清这一现实，因此就需要政府加大对企业环境责任承担的宣传力度，变逃避执行为主动执行，使企业与政府在环境政策执行上形成合作伙伴关系。

(3) 我国环境政策导向应当由当前以约束性措施为主转变为激励约束相融的政策体系。对于执行环境政策效果较好的企业，政府可以从税收减免、环境补贴、投资优惠、信贷等政策方面加以鼓励，并通过广泛宣传提高企业知名度，使企业执行环境政策能够产生正的外部性，进而鼓励企业主动执行环境政策。同时针对当前守法成本高、违法成本低的不合理现象，应当进行政策创新，借助经济杠杆促进企业的环境整治，如明确生态环境资源的资产属性，实行生态环境资源的有偿使用，按照适度高于环境治理成本的原则，提高排污收费征收标准；完善排污权（指标）的有偿转让机制，综合运用信贷、价格等经济手段，促进环境治理成本内在化，真正体现“污染者付费”的治理原则（胡熠，2008）。

9.3.4　营造推进生态文明制度建设的制度环境

诺斯认为：制度环境是一系列用来建立生产、交换与分配基础的基本政治、社会和法律基础规则。制度环境条件的好坏影响着生态文明建设制度实施的最终效果。营造良好的制度环境就应该创造良好的国际、政治、社会和法律环境。

1. 营造良好的国际环境

全球生态环境问题与国际政治、经济、文化、国家主权等非环境领域因素的关系日益紧密，世界各国的竞争已经从传统的经济、技术、军事等领域延伸到环境领域。因此，加强生态文明建设是我国把握国际竞争主动权的战略选择。一方面，建设生态文明、建设美丽中国，是我国缓解国际环境压力、更好地参与国际竞争的有效途径。另一方面，建设生态文明有助于我国在国际竞争中争取更大的利益，把握竞争主动权。当今世界，以绿色经济、低碳技术为代表的新一轮产业和科技变革方兴未艾，绿色、循环、低碳发展正成为新的趋向。生态文明建设有利于我国在国际环境与发展领域展示负责任大国形象，提升国际话语权，在国际竞争中争取更大的利益，把握竞争的主动权。

2. 营造良好的政治环境

党的十七大报告指出，必须把建设资源节约型、环境友好型社会放在工业化、现代化发展战略的突出位置。党的十八大报告和十八届三中全会的报告中更是把生态文明建设放在突出重要的位置，形成了经济建设、政治建设、文化建设、社会建设和生态文明建设五位一体的中国特色社会主义事业的总体布局，特别提出要从制度上加强和保障生态文明建设，把生态文明建设上升到基本国策。政府对生态文明建设的重要性和急迫性的认识越来越深刻，这些都为生态文明建设营造了良好的政治环境。

3. 营造良好的社会环境

环保意识的萌生，是一个重要的社会问题，环保问题已引起现代人普遍的重视。近年来我国公众对环保问题开始关注，出现了民众抗议一些环境污染行业进驻当地以及对雾霾等环境问题的讨论，这说明我国公众开始有相关的环保意识。面对环境被破坏的局面越来越严峻的现状，面对侵害着我们生命健康的环境污染，民众已意识到，破坏环境就等于埋葬人类自己，我们每一个人都有责任向侵害我们健康的环境污染宣战，都应该萌生出强烈的环保意识。但是我国公众的环保知识相对于发达国家的民众仍处于较低层次，环境道德意识较弱，参与环保活动的总体水平较低，且我国民众在环保意识上呈现出比较强的政府依赖心理，缺乏对政府环保的有效监督。同时政府和媒体对环保意识的宣传力度不够，没有形成完善的民间环保组织体系，环保部门的环保工作效率低下等原因造成了我国当前社会环境并不乐观。因此要营造良好的社会环境，政府要通过宣传和教育来引导企业和公众增强环境保护意识和责任、选择有利于节约资源和保护环境的生产和消费模式，为生态文明建设奠定良好的社会环境。

4. 营造良好的法律环境

当前，我国环境保护方面的立法框架已基本建立起来，环境保护法以及关于大气污染、水污染防治、森林草原、土壤、动植物资源、山脉草原、海洋保护等的相关法律制度已基本具备。党的十八大报告提出把生态目标纳入到法律体系中，并提请审议修改野生动物保护法，制定土壤污染防治法、核安全法和深海海底区域资源勘探开发法四个立法规划。同时我国参加了关于环境保护的国际条约和国际公约，尤其在控制全球气候变暖方面，中国致力于推动公约和议定书的实施，认真履行相关义务。但整体来看，我国关于生态文明建设的相关法律规范还不健全，公民的“环境权”在立法中并未提到，存在环境权利缺乏制度保障、执法主体混乱、执法不严等问题，所以应健全生态法律制度以保证生态文明建设的规范有效实施，营造良好的法律环境。

第 10 章　我国生态文明建设的激励机制

10.1　我国生态文明建设激励机制设计的特殊性

目前我国生态文明建设虽然取得了一定成效，但是由于生态资源是一种特殊的公共物品，生态文明建设过程中的外部性和信息不对称等问题突出，造成目前生态文明建设过程中信息成本过高，各方主体参与生态文明建设积极性不高的现象。生态文明建设的激励机制设计应该从生态资源公共物品特殊属性出发，解决目前我国生态文明建设中信息成本过高，各方主体参与度不高等激励不相容现状。

10.1.1　激励机制设计的外部性问题

在 1980 年出版的《经济学原理》中马歇尔将“外部经济”的概念引入经济学分析中，从理论上分析外部性概念渊源及其所造成的低效率的原因，在理论上抽象概括了经济规模扩大的原因；庇古（1920 年）在《福利经济学》中引入社会净边际产品和私人净边际产品的分析框架，“外部性”这一经济学概念得到丰富。庇古指出，存在正负两种外部性，当“社会边际净生产”与“私人边际净生产”相等时，资源实现最优配置，“看不见的手”作用呈现，即为“正的外部性”；但当两者不相等或前者小于后者时，即为“负的外部性”（庇古，2006）。西方经济学家率先将外部性与生态环境问题联系起来，奈特（1924 年）、埃利斯（Ellis，1943 年）和费尔纳（Fellner，1943 年）将外部性问题与污染问题联系起来；科斯（Coase）在其《社会成本问题》中沿着奈特等人的分析思路，从“交易成本”的角度将“外部性”与“产权”概念统一在一个分析框架中，不断丰富“外部性”的概念。至此，外部性的理论逐渐完善，在生态环境问题方面具有较强的解释能力。外部性问题概括来讲，是指由于主体间的相互依赖，某一存在主体的行为对其他活动主体所带来的正的（有益的）或负的（有害的）两方面影响。

目前，我国生态文明建设中激励机制设计所面临的困难之一就是外部性问题，外部性问题的产生首先要从生态资源本身所具有的性质分析。生态资源的自身性质主要包括两个方面。一是生态资源的公共物品属性。生态资源的使用具有非竞争性或非排他性，如我们日常所使用的生活用水，在其使用量未超过临界值时，就属于具有排他性但竞争性较弱的准公共物品；人体所需呼吸的空气、公共森林和草地等都属于排他性较弱而竞争性较强的公共物品。二是生态资源的溢出效应。相邻地区的生态环境质量息息相关、相互依存，这是因为一个地区生态资源的不当消耗所引起的生态环境问题可能会波及相邻地区的生态环境。例如，某一地区的环境污染物可能会溢出到周围地区，造成相邻地区的环境污染，所以该地区的生态环境质量在一定程度上受相邻地区环境质量的影响。生态资源的公共产品属性以及溢出效应决定了生态文明建设中外部性的存在。对生态文明建设中的外部性我们将从生态资源使用的负外部性和生态文明建设中生态产品产生的正外部性两方面进行分析，阐明由于外部性的存在，生态文明建设过程中各参与主体基于自身利益考虑参与生态文明建设的积极性不高，现有的制度安排下生态文明建设的社会目标难以和各利益主体自身利益实现高度的激励相容。

1. 生态资源使用的负外部性和低效率

企业和家庭在生产和生活过程中对生态资源的使用会产生负外部性。与生态资源使用相关的负外部性，是指由于企业和民众在生产生活过程中对生态资源加以利用，所导致的对整个生态环境产生的不利影响，对人们所拥有的共同生态权益的损害。生态资源使用的非排他性，指某一主体对一种生态资源的利用并不妨碍其他主体对该资源的利用，因而对增加的另一个主体提供这种资源的边际社会成本基本为零。在使用生态资源过程中所产生的负外部性大致可分为以下几种。

（1）生态资源使用中利益主体间的负外部性。生态资源的使用所产生的最明显的外部性就表现在各个利益主体之间，生态资源的稀缺性，即特定区域、特定时期的生态资源是有限的，导致某一利益主体在这一时期实施了对生态资源的使用权利后会削弱其他利益主体对生态资源的使用权利，这样会导致生态资源难以实现利益主体间的最优配置，影响生态资源的使用效率，导致各利益主体对资源使用权占有，而忽视资源使用过程中的资源节约，产生了对其他利益主体使用生态资源的负外部性。

（2）生态资源使用中代际的负外部性。生态资源使用所产生的外部性从横向上看体现在不同利益主体之间的负外部性，造成针对资源使用权所引起的利益主体间的矛盾；而从纵向上体现在代际的矛盾。有时，人们为了获得他们所需要的资源，其所采取的手段，对未来而言，所破坏的远比所得到的要多得多（庇古，2006）。从可持续性角度出发，当代人对生态资源的过度使用和破坏严重损害了后代人所享有的生态资源福利。生态资源使用的代际负外部性多体现在对不可再生资源的开发利用上，各利益主体着眼于当前利益考虑，会在一定程度上对生态资源过度利用，引起生态资源利用的代际矛盾，难以实现生态文明建设的目标。

（3）生态资源使用产生的生态环境负外部性。企业和家庭出于自身利益考虑，在生产生活过程中的浪费和破坏资源行为，导致一些地区的生态环境遭到破坏，如土地荒漠化、水资源短缺、海水倒灌、大气污染等。企业在进行生产活动过程中，由于追求利润最大化的目标，往往过于注重其生产活动产生的经济效益而忽略生产中造成的环境污染，企业的生产活动对整个生态环境造成了负的外部性，而企业从现有利益出发并没有环境保护的积极性。

以污水排放为例，生态资源使用的负外部性可用图 10-1 表示。

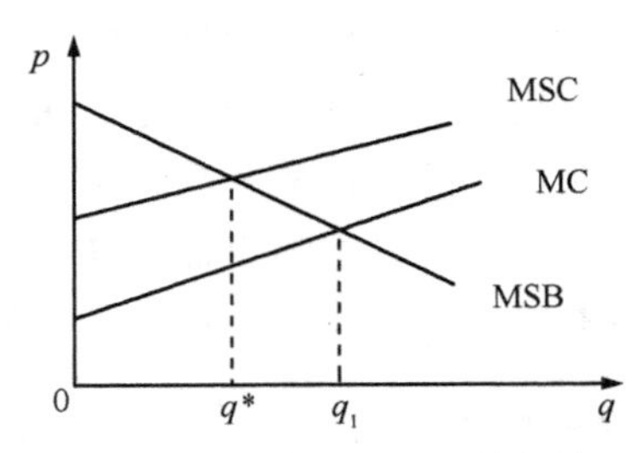

图 10-1 污水排放的负外部性

从单个厂商来看，其社会边际成本（MSC）等于内部成本（MC）加上厂商生产所造成的外部成本，因此若其不承担污水排放的社会成本时，最优产出水平是边际收益（价格曲线）与内部成本的交点，即产量 q_1。对于整个社会而言，最优的产出水平是边际收益与社会边际成本的交点，即产量 q^*。因此，对于整个社会，该厂商的产出水平过高，造成了严重的水污染。从经济效率角度考虑，生产的帕累托最优状态应该是产量由 q_1 下降到 q^*，所以单个厂商生产活动对整个环境造成的负外部性效应导致了生产的低效率。从整个行业来看，也会得到相同的结论。

我国生态文明建设的主要部分水、森林、草原、荒漠等自然资源的公共物品属性决定了它们在被使用时都具有上述外部性，资源的开发造成生态环境破坏，形成外部成本。构建生态文明建设激励框架的目的就是消除负外部性的影响，使得各利益主体都相互制约、相互协调，以达到生态文明和经济发展以及人民生活水平提高的目标。

2. 生态文明建设的正外部性效应和低效率

生态资源的公共物品属性决定了生态资源的效用不可分性，生态文明建设成果由全社会共享。例如，对大气污染的治理结果是全社会共享洁净空气，而这一过程中由于我国的排污管理条例还不成熟完善，所以企业和家庭所付出的成本小于他们从洁净大气中得到的收益，生态文明建设产生了正的外部性。由于我国目前生态文明建设机制的不健全，生态文明建设中大部分成本由中央政府和地方政府共同负担，利益由整个社会共享，生态文明建设的效率势必大大降低，生态文明建设的结果也不能体现公平性。

以种植树木为例，生态文明建设的正外部性可由图 10-2 说明。

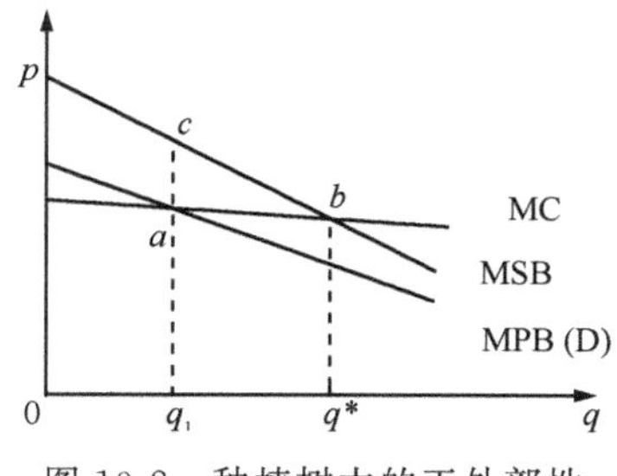

图 10-2　种植树木的正外部性

假定某居民种植树木为取得将来收益的边际成本（MC）不变，种植的树木给整个社会带来的外部收益为 MEB（MEB>0），社会的边际收益（MSB）等于该居民边际私人收益（MPB）加上外部收益（MEB），MC 和 MPB 相交于 a 点，和 MSB 相交于 b 点。从该居民自身来看，其自身最优的种植量为边际收益与边际私人收益的交点，即 q_1。从整个社会来看，最优的种植量应为边际成本与社会边际收益的交点，即 q^*。因此，对整个社会而言，该居民的种植量不足，没有达到整个社会的最优。如果种植量提高到 q^*，整个社会剩余的净增量将等于面积 abc，可以看出由于正外部性的存在，居民种植树木造成了整个社会的低效率。并且在种植量提升到 q^* 时，居民增加的种植量并没有得到相应的收益，导致居民对植树造林活动积极性不高。

所以，对诸如工业污染治理的生态文明建设产生的正外部性虽然惠及整个社会，但也因为企业和民众在生态文明建设中的边际成本小于收益，容易产生“搭便车”行为，从而造成整个社会缺乏生态文明建设的积极性。

10.1.2　我国生态文明建设中的信息不对称

当事人之间的目标不一致和信息的分散化成为导致激励问题的两个基本因素（拉丰和马赫蒂摩，2002）。生态文明建设中的信息不对称是指，在生态文明建设活动过程中，各利益主体对有关生态文明建设信息的了解是有差异的。不对称信息通常分为：当参与一方行动或信息对另外一方而言是不可观察或难以观察的就会出现道德风险，而当参与方无法确定另一参与方的行为选择时就会出现逆向选择。就生态文明建设来说道德风险和逆向选择的解决方案都属于激励问题。

各利益主体间的信息不对称导致生态文明建设的激励度不高，掌握信息比较充分的一方，往往处于比较有利的地位，而信息贫乏的一方，则处于比较不利的地位。生态文明建设中的信息不对称分为：生态文明建设中政府主体之间信息不对称，生态文明建设过程中政府与企业之间信息不对称，生态文明建设中家庭与企业之间的信息不对称三种类型。

1. 我国生态文明建设中政府主体之间信息不对称

生态文明建设中政府主体之间信息不对称主要是指，中央政府和地方政府之间在生态文明建设过程中的信息不对称。在生态文明建设中，地方政府扮演着双重代理角色：一方面，它是地方企业、公众的利益代表，追求本地区的利益最大化；另一方面，它又代理中央政府，遵循中央政府对生态文明建设活动的安排，落实中央政策。这样地方政府的目标和中央政府的目标大体上一致但又有差异，经常会出现信息不足与扭曲，造成中央政府的决策失误。这种信息不对称问题的存在使得地方政府在政策执行过程中出现不顾中央政府总体布局的短视行为，地方政府的自利行为与中央政府的政策方针难以得到有效的协调。

从生态文明建设目前成效来看，地方政府对生态文明建设的重视程度不够，以短期、局部利益为重，对全面建设生态文明造成阻力。地方政府大多将工作重心放在地方经济发展，追求地方财政收入最大化上，对生态资源和环境保护投入力度不大；目前行政体制中对领导干部的考核标准仍以地方经济增长为主要标准，不正确的政绩观导致下级政府对上级政府报喜不报忧，对区域内排污企业的监管不严，区域生态环境恶化，中央政府的生态文明建设政策并没有得到地方政府在辖区的良好贯彻和执行。所以在中央政府和地方政府之间设计激励相容的契约来引导和约束地方政府行为对于生态文明建设非常必要。

2. 我国生态文明建设中政府与企业之间信息不对称

作为企业在以下两个方面比政府更具有信息优势：一是企业的成本需求，形成逆向选择的条件；二是降低成本的努力水平，又容易形成隐藏行动即道德风险的问题，主要是指企业内部生产的需求、成本以及技术等条件，企业作为内部人比作为外部人的政府有获得信息的优势。而“隐藏行动”出现的原因主要是企业降低成本的努力水平政府难以观测，除了企业自己知道以外，政府部门是不清楚这一努力水平的。由此一来，企业常常会利用自己的信息优势逃避监督或者对抗处罚，以实现自身利益最大化，导致政策设计和执行的参与者（政府和企业）无法达到帕累托有效率，现有的政策机制对参与主体的行为缺乏有效的激励。

而作为生态文明建设主体的政府部门来说，一种信息不对称是，在生态文明建设过程中由于要产生相应的管理成本，其成本的高低直接决定了生态文明建设工作的难度，高昂的监管成本也会抑制生态文明建设效率的提高。政府得到的监管信息和实际信息之间的偏差也有可能导致决策的失误。另一种信息不对称是，政府根据企业的实际生产行为所作出的决策通常比私人决策慢得多。这样，由于信息的不及时、不对称所导致的政策实施的时滞也是影响生态文明建设进程的一个因素。因此，如何设计有效机制激励各参与者真实地反映自身偏好，缓解或者最大限度消除政府部门与企业之间存在的信息不对称就成为提高生态文明建设效率的关键。

3. 我国生态文明建设中家庭与企业之间的信息不对称

生态文明建设在我国践行的时间不长，相关的政策规定及宣传都处在起步阶段，公众对此知之甚少，导致普遍存在“吉登斯悖论”现象，即人们已经认识到了生态文明建设的重要性，但是真正投身到生态文明建设中的实际行动却很少。作为生态文明建设基础力量的公众由于生态知识的缺乏容易作出逆向选择；缺乏相关的宣传教育，生态文明意识薄弱；缺乏建设生态文明的技术指导，有效的参与途径不足。

对于生态保护知识的缺乏导致公众在生态保护行动的选择上表现出盲目性，缺乏有效的指导往往会导致负面效果。与传统产品相比，绿色产品采用了有利于生态保护或对生态环境危害程度较低的生产工艺或者技术，其价格往往高于传统产品，而由于市场上充斥着各种价格较低的“虚假”绿色产品，人们对于相关知识的匮乏，导致“虚假”的绿色产品销量大增，而真正的绿色产品只能另谋出路。消费者与生产者之间的信息不对称，使消费者出现逆向选择，消费者没有动力去选择环保绿色的产品，同时企业也没有动力进行技术升级和采用绿色的生产方式。企业和家庭在生态文明建设中存在信息不对称所导致的生态文明建设受阻，原因在于激励机制不健全，激励相容的激励机制通过对企业和家庭两个参与主体传递正确的信息激励和强制约束并监督执行，激发主体参与生态文明建设的积极性，同时又促进生产和生活方式转变。

10.1.3　我国生态文明建设激励机制激励不相容问题

从生态文明建设的外部性和信息不对称两方面进行理论分析，生态资源消费的负外部性和生态文明产品生产的正外部性加大了信息成本，消费的负外部性使得经济单位不仅要传递禀赋、效用和生产技术等最基本的信息，其产生外部成本的度量、责任的落实等相关信息也需要传递。生产的正外部性产生“搭便车”行为，人们隐瞒真实偏好及外部收益严重阻碍了信息的传递效率，社会运行的信息成本巨大。

生态文明建设的激励机制设计要考虑两个问题：一是设计的机制是否能减少传递的信息，降低信息成本，提高信息效率；二是在此机制下人们是否有较高的积极性去落实机制或是在人们追求自身利益最大化的过程中能否实现设计者的目标。所以，目前我国生态文明建设中存在两方面挑战：一是生态文明建设中信息成本过高；二是生态文明建设中现有政策难以调动整个社会的参与积极性。

生态文明建设中信息成本过高与我国的分权式改革存在着密切的关系，分权型财政体制实施的理论基础之一是地方政府相比中央政府更能准确获悉辖区内居民对公共物品的偏好，从而能够提供更加适合辖区内部偏好的公共产品。但是奥茨和波特尼（2003）指出，信息的产生和扩散会影响环境质量提供的政府主体。由于外部性和信息不对称等因素导致生态环境属于较特殊的一种公共物品，生态环境信息的收集和整合需要一定的规模效应，生态信息自身又具有扩散效应，所以生态环境信息的收集以及发布通常由中央政府进行，地方政府从中央政府获取相关生态信息以及技术进行生态文明建设活动。同时，生态环境属于一种特殊的公共物品，一项经济活动对生态环境所产生的破坏并不是在一开始就暴露出来，从外部性理论的分析中可以看到生态资源的消耗以及污染破坏的危害可能会影响下一代人的生活，所以需要在经济活动开始之前进行环境影响评估。但是，由于中国财政分权而在地方政府之间产生的“块状竞争”和政治集权产生的“条状竞争”相结合，使地方政府现任官员面临放松环境监管的激励以吸引企业投资，而不承担生态环境污染破坏的后果，导致辖区生态环境恶化。所以，在我国目前的生态文明建设活动中，辖区内生态环境信息的收集以及生态环境保护技术的获得需求都需要较高的信息成本，在地区进行经济建设的同时考虑生态环境状况同样需要付出一定的信息成本。企业的逐利性要求企业以最小的成本实现最大的利益，企业并没有实施环境影响评估的积极性和配合性，而地方政府官员的政绩考核体系并未将生态环境质量有效地纳入其中，对于辖区内部的生态环境质量改善，地方政府并不会有过高投入。所以在我国生态文明建设激励机制设计中信息成本过高是需要解决的一个比较重要的问题。

生态文明建设的现有政策难以调动整个社会的参与积极性。从生态文明建设中外部性的分析可以看出：生态破坏具有很强的负外部性，社会所承担的成本远远大于生产者所承担的成本，由于生态文明建设中的信息成本过高，生产者往往仅受自身约束，为了追求自身利益，生产者的环境破坏污染量终将超过生态系统的耐受值；同时，生态文明建设又有很强的正外部性，生态环境保护者获得的利益小于整个社会的收益，仅受自身利益激励的保护者难以有足够的动力去提供社会所需要的生态环境保护。整个社会生态文明建设的参与程度不高，使生态问题更加严重，给我国生态文明建设带来不容忽视的影响。我国目前的生态文明建设激励政策以“生态补偿”为主，主要是为了解决生态文明建设中的正外部性问题，即建立在不同主体或区域之间对于“A 建设，B 收益”的一种“他补偿”机制。生态文明建设的补偿机制对于我国的生态环境改善起到了一定的作用，但是仍然存在一定的局限性。首先表现为时序的滞后性，生态补偿机制是一种“先破坏，后补偿”的机制，是一种消极被动的应对反应型措施，这样会使生态环境遭到不可逆的破坏和损害；其次生态补偿具有表层性，这种输血式的经济补偿实质上并未有效地修复被损害的区域生态经济；最后，补偿效果具有短期效应，生态补偿的边际效益递减从而有可能产生“补偿性贫困”等副作用。如何将生态激励机制从“造血”式补偿式激励转变为“生血”式内部自我激励模式，从而调动全社会的生态建设积极性是激励机制设计的又一挑战。生态文明建设激励机制设计要在完善科学合理的补偿机制的同时，在生态建设主体之间产生一种“自我激励”模式。这种自我激励是相对主动的前导机制，可以促使生态经济活动的成本-效益呈正相关，进一步优化资源配置。

10.2　我国生态文明建设的激励机制现状分析——以退耕还林工程为例

10.2.1　我国生态文明建设的主要实践活动

我国政府从 20 世纪 90 年代开始，在森林、草地和湿地保护恢复方面启动了多项生态保护与建设工程，并设计实施一系列政策保护森林、草地和湿地等生态环境资源。1999 年 1 月，国务院讨论通过《全国生态环境建设规划》，从我国生态环境保护和建设的实际出发，对全国陆地生态环境建设的一些重要方面进行规划，主要包括天然林等自然资源保护、植树种草、水土保持、防治荒漠化、草原建设、生态农业等。此后，我国在可持续发展理论的指导下相继开展多种大型生态保护与建设工程，主要有森林保护、草地保护以及湿地恢复与保护三方面（图 10-3）。在森林保护方面主要有退耕还林工程、“三北”防护林体系工程、沿海防护林体系工程、珠江流域防护林工程、三江源保护工程、速生林建设工程；湿地保护方面主要有湿地保护工程、退田还湖工程、湿地保护与恢复示范工程；草地保护方面有退牧还草工程。

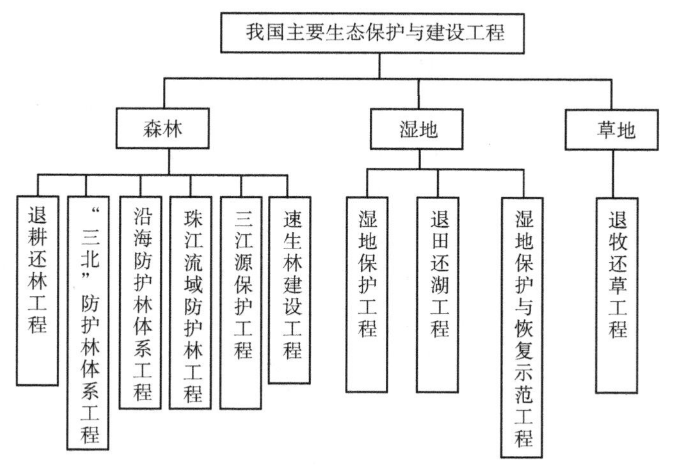

图 10-3　我国主要生态保护建设工程

在图 10-3 所示我国生态文明建设过程中，始于 1999 年的退耕还林工程中央规划投入工程资金 4311.4 亿元，是迄今为止我国政策性最强、投资量最大、涉及面最广、群众参与程度最高的一项生态建设工程，也是世界生态环境建设的重要组成部分，在我国生态文明建设实践中具有代表性。

10.2.2 退耕还林工程的激励机制分析

1999 年，在四川、陕西、甘肃地区进行了退耕还林试点工作，我国退耕还林的序幕由此揭开；2000 年年初，国务院有关部门下发《关于开展 2000 年长江上游、黄河上中游地区退耕还林（草）试点工作的通知》，启动了退耕还林试点工作。2002 年 12 月 14 日，国务院颁布《退耕还林条例》，标志着退耕还林工程建设步入法制化轨道。2011 年，国家将“巩固和扩大退耕还林还草成果”纳入国民经济和社会发展“十二五”规划，要求在重点生态脆弱区和重要生态区位继续实施退耕还林还草，重点治理 25 度以上坡耕地。2012 年，《中共中央国务院关于加快推进农业科技创新持续增强农产品供给保障能力的若干意见》进一步要求：“巩固退耕还林成果，在江河源头、湖库周围等国家重点生态功能区适当扩大退耕还林规模”。在国家优惠政策的吸引下，该项目极大地调动了当地农民退耕的积极性，工程进展顺利。但是，有研究表明目前我国退耕还林这一生态保护政策仍存在一定的问题。

万海远等（2013）利用 2009 年退耕还林调查数据，通过分位回归方法对不同收入水平农户参与退耕还林的决策差异性进行研究，结果表明，农户受教育程度、家庭规模、土地质量都会影响到农户参与退耕还林的积极性。为了保持退耕还林政策对农户的可持续吸引，激发农户参与积极性，政府退耕还林政策应该提高瞄准度，针对不同层次农户制定相应的政策；刘东生等（2011）根据中国十年退耕还林实践经验，指出由于退耕农户的私人利益和退耕还林的社会目标之间存在激励不相容，在政策放松的情况下，退耕还林生态建设目标只实现了次优，如更好地将农户利益和国家生态利益相结合，退耕还林的可持续性将得到增强。吴伟光等（2008）使用浙江省林农调查面板数据，通过分析表明政策激励作用对于经济发达地区的农户并不显著，在该地区农户参与退耕还林的积极性不高；Wunder（2007）从具有不同特征的农户参与退耕还林政策的积极性分析，认为从微观层面研究政策措施对于退耕户和非退耕户的激励程度非常必要；易福金（2006）使用 2003 年在陕西、甘肃和四川三省退耕还林工程实施调查数据和 2005 年跟踪调查数据，将数据分析结果与早期研究结果对比分析，认为工程的实施有一定改善，但是对于调整就业结构、农业生产方式和农户收入方面没有显著激励效果；王小龙（2004）在委托-代理框架下研究退耕还林工程实施过程中所面临的一系列激励不相容问题，指出由于私人利益和政府利益存在偏差，退耕还林工程并不能保证充分体现社会生态建设目标，当市场冲击使私人偏好发生变化时，退耕还林政策有可能会失去其激励相容性。

整体上看，对我国退耕还林政策实施效果的研究大多集中在政策有效性评价和政策可持续性预测的定性分析上。下面我们从工程实施的信息成本和对参与农户及工程实施地政府的激励程度方面评价工程实施效果。

1. 退耕还林工程实施的信息成本过高

为了调动广大农民退耕还林的积极性，中央政府制定了一系列补偿政策和优惠政策，包括向退耕户提供粮食补贴和现金补贴，在粮食补贴上长江流域每亩地每年补助原粮 300 斤，黄河流域每亩地每年补助原粮 200 斤；在补贴年限内，现金补贴标准按每亩退耕地每年补助 20 元安排。通过对农户参与退耕活动的成本收益比较，发现对于大多农户来说，参与退耕的地块的机会成本要低于国家的补贴标准。根据有关学者的计算，美国的保护地工程补贴水平为每公顷 116 美元，而我国在黄河流域和长江流域的补贴水平是其 2.5 倍和 3.6 倍（徐晋涛等，2004）。

从形式上看，我国退耕还林工程的补贴标准表现为水平高和形式单一。一方面，这与该工程实施前的社会背景相关。20 世纪 90 年代我国出现了严重的粮食过剩，国有粮食企业库存猛增，一些企业出现亏损，而相关的体制改革政策并不能实现目标。在此背景下，退耕还林工程的粮食补贴刚好解了燃眉之急，从整体上扭转了全国粮食供应相对过剩的局面。另一方面，中央政府对退耕农户的补贴标准不能交给地方政府制定，这是因为地方政府有动力利用与中央政府不对称的信息高估退耕地的机会成本而索要超额的补贴，即地方政府出现道德风险。即便不存在道德风险，要根据不同地区、不同地块的具体情况制定不同的补贴标准也需要很多信息，其成本是巨大的。这种根据具体的社会背景同时由于不对称信息存在制定的补贴标准耗费了巨额的财政支出，造成整个退耕还林工程效率低下。

人的有限理性也可以理解成是一种信息不对称，人往往能拥有更多过去的和现在的信息，而对于未来的信息却知之甚少。正是由于这种时间上的信息不对称，政府在作出高额的粮食补贴标准时并不能预见未来粮食价格的大幅上升，在粮食价格上涨的情况下，若国家继续原来的补贴标准，将会面临日益严重的财政压力。而若政府此时改变补贴模式，农户会理解为政府先背信弃义，当现金补贴不足时，农户就很难尊重合同，有可能出现土地的复垦。出于此因素的考虑，政府会面临越来越大的财政压力。

中央政府对退耕还林的补贴实行报账制，即农户按规定数量和进度进行退耕还林，由林业部门对退耕还林的进度、质量及管护情况组织检查验收，农户凭发放的退耕任务卡和验收证明，按报账制方法领取粮食和现金补助（国家林业局等，2000）。当农户参与退耕还林的规模迅速扩张时，这种报账制导致出现无法及时检查和验收、需要传递的信息量更大的问题，造成了信息成本增加和信息效率的低下，严重影响了政策实施的效率。由于农户缺乏相关的技术指导，如何通过种植生态林或是经济林来增加收入也会最终影响着补贴政策的实施效果。

2. 退耕还林政策对地方政府激励不足

从理论角度讲，退耕还林政策的实施属于中央政府的职责范围，在进行地方退耕还林工作的实施过程中，中央政府需要为工程的开展提供最基本的资金保障，对参与工程建设的主体提供政策和技术上的支持以激发其积极性，但由于退耕还林工程涉及地区面积广泛且地区比较分散，中央政府管理能力有限，所以需要委托地方政府进行退耕还林工程建设，因此中央政府和地方政府建立起“责任共担，利益共享”的合作机制。地方政府的主要责任是提供所管辖地区工程实施的财政支持和所需的一些公共物品。在中央政府-地方政府的委托代理关系中，工程实施的成果并没有相应地在短期内为地方政府带来行政上或者经济上的效益，且生态效益的外溢性非常显著，所以从根本上说地方政府缺乏参与退耕还林的积极性。

退耕还林过程中，中央政府对地方政府在经济上的激励不足。地方政府作为相对独立的利益主体，符合理性人假设，从理论上说地方政府在退耕还林政策执行过程中以追求自身利益最大化为目标。在退耕还林政策的具体执行过程中，中央政府对退耕还林的经济补助只有在工程启动前期给予，而退耕还林地区在检查验收、粮食调运、兑付等过程中所需的费用均由地方政府承担。地方政府需要负担其管辖范围内退耕还林地区的政策宣传、规划设计、种苗培育和组织、技术指导、检查验收、防虫治病、水保设施、工程管理、档案管理等实施工作量大且费用高的具体环节所需的资金和技术等公共物品供给。大量的财政补贴使地方政府的财政负担加重，从而导致财政支出的其他方面不足，影响当地经济发展和社会建设；退耕过程中地方势必面临农用耕地面积减少，当地粮食产量受影响，地方政府在农业可用资源减少的情况下，还要解决农牧业发展和农民生活水平提高的问题，由此引发农村发展和农民生存的新问题。退耕还林过程中，中央和地方财政在承担补贴费用方面大约按 8∶2 的比例负担，中央政府投入的资金不足以补偿地方政府为执行这项政策所付出的成本，最终有可能导致地方政府财政压力过大，地方收支不平衡，严重影响了地方政府参与退耕还林工程的积极性。

从地方政府重要的财政收入看，在退耕还林过程中，中央政府规定对于参与退耕的农户地方政府应该减免其农业税和农业特产税，但是在大多数退耕地区，农业收入是当地地方政府重要的财政收入来源。《退耕还林条例》中规定，中央政府只对退耕还林县（市）的农业税收因灾减收部分，在其上级政府转移支付确有困难的前提下，经国务院批准后，才以财政转移支付的方式给予适当补助。退耕还林在使地方政府财政支出增加的同时，收入减少，而中央政府财政转移支付不仅数量少而且不确定性强，所以地方政府财政压力加剧。

退耕还林过程中，中央政府对地方政府的行政激励不足。在中央政府对地方政府的政绩考察标准中，单纯依靠地方 GDP 的现象并没有得到有效改观，地方政府在基于政绩利益权衡的基础上并没有实施退耕还林工程的行政激励。由于上下级政府间信息传递链条过长，地方政府有足够的能力控制“私人信息”和辖区“自然状态”信息。中央政府在政策制定和实施上的激励约束不足，这种存在于中央与地方政府之间的信息不对称，造成了地方政府在执行退耕还林政策时的机会主义，导致寻租行为和短期行为等的发生。

所以无论是从经济利益角度还是从行政利益角度来看，退耕还林的现有政策并未有效激励地方政府积极主动参与工程建设，退耕还林工程的政策设计存在激励不足现象，不能很好地调动地方政府积极性，势必导致工程进展缓慢。

3. 退耕还林政策对参与农户激励不足

如图 10-4 所示，退耕农户在林地和耕地之间的个人偏好与整个社会偏好不一致。在需要退耕还林地区，退耕农户对耕地的偏好远大于整个社会在这一地区对耕地的偏好，而在对林地的偏好方面农户的偏好则要小于社会偏好。所以退耕还林工程面临的最主要问题是，农户要“票子”和政府要“被子”之间的利益冲突（刘东生等，2011）。

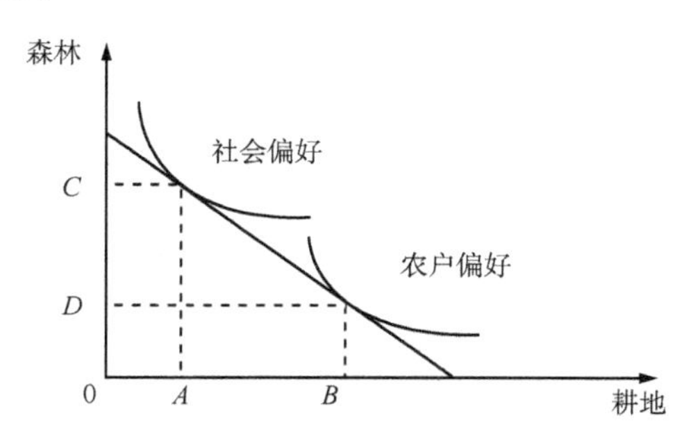

图 10-4　退耕还林工程中与农户的激励不相容

退耕还林的工程设计不仅在于用林草来保护生态、减少水土流失，更在于通过改变当地传统的农业生产模式和土地利用方式，使农户从不利于生态保护的种植业转向有利于生态保护的林业及其他非农产业，最终实现保护生态环境和增加农民收入的双重目标。因此，短期来看，政府的补贴力度要大于退耕的机会成本，适当减少农户对耕地的偏好，农户才会有积极性参与到工程中；从长期来看，在短期依靠财政补贴改变农户短期偏好后，政策实施应保证政府在取消补贴后，农民已从原有的生产模式中成功转化成能提供稳定收益的林业及其他非农产业，这样才不至于出现土地的复垦。

退耕还林工程最重要的参与主体是农户，所以要实现政策有效，必须带动农户的积极性。然而现实却表现出退耕还林补贴政策并没有起到预期的效果，这与中央政府高额的补贴标准不符。

首先，政府不能保证承诺的补贴及时、足额地向农户支付。地方政府作为中介机构，对农民的补贴进行克扣的现象普遍存在，而且形式多种多样。因工程规模迅速扩张导致无法及时检查和验收也加剧了补贴不能及时、足额地向农户支付。根据国家的补助标准，贵州省为每年每亩 150 千克的标准。实行粮补改钱补以后，补贴标准不变，即每亩补助现金 261 元，加上管理维护费用 20 元，每亩总共补贴 281 元。从现行的补偿标准来看，存在农户成本与收益的严重背离，影响退耕还林的可持续发展。随着粮食价格的上涨，农民种粮的收益不断提高，而退耕补助不变，农户的机会成本增大；同时，退耕还林后的经济林和生态林目前还不能直接产生经济效益，这就会影响退耕还林农户的积极性。

其次，有实证研究表明，农民的收入并没有因为参与退耕还林而显著提高。徐晋涛等（2004）通过对 1999 年和 2002 年退耕农户和非退耕农户的调查数据对退耕还林项目的效应进行评估，结果显示，经过三年的试点后，农业结构调整并没有增加退耕农户的非种植业收入。非农就业机会的创造和工程参与农民收入的多元化才是确保退耕还林具有可持续性的关键所在，而不是退耕还林本身。东梅等（2005）根据调查资料的数据，比较了 1999 年和 2003 年退耕户和非退耕户的收入组成，认为退耕的土地对家庭经营收入的贡献率并不大。一旦政府终止了补贴，农民退耕还林的积极性会严重受挫，退耕还林工程呈现出不可持续性。

最后，根据徐晋涛（2004）的调研，退耕还林过程中存在非自愿的现象。退耕还林工程更多表现出自上而下、强制性的特点，农户在退耕还林上没有更多的自主选择权，而主要看其土地是否被纳入地方政府规划的退耕还林地块。这些方面都表现出政府对农户的经济激励不足。

退耕还林工程政策还表现出对农户的产权激励不足。农民退耕还林的积极性既来自于近期国家的钱粮补贴和林产品收益，也源于未来营林的直接经济收益。涵养水土的生态林在一定时期内没有收益，农民缺乏退耕还林的动力。退耕还林地的承包经营权可依法转让，但人们希望拥有产权的实质是为了获取产权带来的直接经济收益，以生态林为主的退耕还林地不仅经济效益低、外部性强，而且其使用权还受到国家诸多政策法规限制，市场交易很难实现。国家亦没有制定出有关生态林收购的政策和措施，这必然会提高经营生态林的机会成本和投资风险，从而进一步削弱产权对农民退耕还生态林的激励功能。

退耕还林工程政策的实施还表现出对农户退耕还林的激励缺乏持续性。国家对农民退耕还生态林的补贴时间过短，对农民退耕还林的激励缺乏持续性。根据国家相关规定，退耕还生态林的比例以县为单位不得低于 80%，国家对生态林予以 8 年补助。然而，在长江上游地区营造桦绞、杉木等生态林，成林间伐的时间一般为 15～20 年，即使种植较速生的杨树也要 10 年以上，高寒地区树木生长缓慢、干旱地区自然条件差，生态林成林需要的时间更长。一般而言，林业用地的土地生产率小于耕地的土地生产率。在其他条件不变的情况下，国家钱粮补贴到期停止后，即使农民能够通过林业经营获得收益，也将承担土地退耕用于林业经营所造成的净收益损失。实际上，由于退耕以还生态林为主，生态林没有直接的经济收益，农民将长期失去这部分的土地收益，他们因此而遭受的经济净收益损失将扩大。倘若国家对农民退耕还生态林所承担的这一机会成本不予补偿，一旦国家工作重心转移，基层地方政府监督弱化，对于经济贫困地区的退耕农户而言，在难以通过增加其他生产资料来增产、增收的情况下，必然复耕。

现有退耕还林政策实施对地方政府和参与农户的有效激励不足，更难以实现通过退耕农户自利性经营活动来达到保护生态的政策目标。退耕还林工程实施现状在一定程度上代表了我国大部分生态文明建设工程中存在的具有代表性的问题——激励不足，单纯地依靠权威和法律并不能从根本上提高各个参与主体的积极性，所以从现实角度出发需要构建生态文明建设的激励机制。

10.3　我国经济发展中生态文明建设激励机制设计

制度与机制两者既有联系，又有区别。“制度是人们社会关系和社会行为的规范体系”（刘李胜，1993），机制则是保障制度基本功能实现的工作系统。机制本身也是一种制度，是制度的一部分，但它们又有区别：机制只是制度的工作系统或保障系统，制度是机制所依存的宏观基础，机制是制度的微观构成。一个制度如果不能激发各个利益主体的积极性，各主体的创造力被压抑，这一制度也必将不可能长期存在下去，激励相容的激励机制能够将各利益主体的自利同互利行为有机结合，为制度的运行提供良好的环境。生态文明建设激励机制设计的前提是要明确激励机制的主体以及所要达到的社会目标，从而以激励相容为原则设计生态文明建设的激励机制。

10.3.1　我国生态文明建设激励机制设计目标

生态文明建设既涉及人与自然的关系，又涉及人与人之间的关系，还涉及社会生产和生活各方面的制度、体制问题。在人与自然的关系中，占主导地位的是人，人的行为决定着人与自然的关系是否和谐，人的行为又受到人与人之间关系的支配。生态文明建设中人与自然的关系能否处理好，关键在于人的行为，在于人与人之间的关系能否协调好。生态文明建设过程中人与人的关系可以概括为几个利益主体：中央政府、地方政府、企业和家庭之间的关系。在生态文明建设中，中央政府负责制定相关的建设战略和政策，对建设生态文明从整体上进行宏观把握。中央政府是生态文明建设的组织者和领导者，中央政府负责将中央政府、地方政府和企业、家庭的利益妥善地结合，在建设生态文明中起至关重要的作用。地方政府代表中央政府对所在地区的企业和民众的行为进行规范，同时又要代表所在区域企业和家庭的利益。企业是产品的生产和供应者，在对社会财富积累作贡献的同时，也是生态资源的主要消耗主体，所以企业在建设生态文明进程中的行为是否规范合理，对生态文明建设有重大影响。家庭是生态文明建设的直接受益者，同时也是生态文明建设行为的基层实践者，家庭作用的发挥是生态文明建设进程中对政府、企业进行有效监督和推动的关键。设计激励机制所要达到的目标就是这几个利益主体之间的均衡。在生态文明建设的激励结构中，中央政府作为主体制定一系列政策来激励地方政府、企业和民众各主体兼顾个体目标和社会目标，达到生态可持续发展和经济发展双赢。

生态文明建设激励机制所要达到的社会目标从成本方面考虑可以概括为兼顾效率和公平。在资源稀缺的条件下，进行生态文明建设的资源就不能再用于实现其他目标。在生态文明建设过程中每一参与主体都需要付出成本，所以在生态文明建设目标的制定过程中，应考虑成本问题以达到提高效率的目的。生态文明建设各参与主体在生态文明建设过程中，付出成本最根本是为了达到其个体目标，在此基础上提高其效率可以激发参与的积极性；但是生态文明建设成果的溢出效应又会引出公平问题，成本由某一主体承担而效益由全社会共享，这必然又会引发新的问题进而阻碍生态文明的建设，所以将效率和公平兼顾是我国生态文明建设的社会目标。在机制设计的基础理论中激励机制所要达到的目标是各主体之间激励相容，同时激励机制执行过程中也需要减少信息成本，提高信息效率。在生态文明建设进程中，激励机制设计应以减少信息成本为出发点，在机制设计中考虑信息成本问题，从而达到各参与主体激励相容的落脚点。

10.3.2　基于激励相容的生态文明建设激励机制设计

党的十八大报告指出把生态文明建设放在突出地位，是破解我国经济社会发展面临资源环境瓶颈制约的必然选择。面对资源约束趋紧、环境污染严重、生态系统退化的严峻形势，十八大报告明确提出推进生态文明建设，要坚持节约优先、保护优先自然恢复为主的方针。党的十八届三中全会在十八大的基础上，对生态文明建设赋予了更加丰富的内涵。基于生态文明建设的主要方针，生态文明建设的激励机制设计将社会目标锁定在节约资源、保护环境和自然恢复生态三方面。

机制设计涉及信息效率和激励相容两方面问题，所以在机制设计过程中主要考虑如何减少信息成本和激励各方利益主体积极参与两个问题。

1. 生态文明建设中提高信息效率的机制设计

从机制设计理论出发，信息效率是机制设计中首要考虑的问题，经济机制需要传递的信息越少，获取这些信息花费的成本就越小，该机制就是有效率的。从前两部分的分析中可以看到，我国生态文明建设中生态工程实施的信息成本过高，信息传递机制不完善。所以在生态文明激励机制设计中首先要考虑的是消除工程建设中的信息不对称和不完全，尽可能减少信息成本，保证机制运转的信息高效率。

（1）完善生态文明建设中政府信息传导机制。目前我国的生态文明建设表现为政府主导型生态文明建设，以委托代理制为其基本实现形式，依据行政层级形成委托代理链条。但是，基于前两部分的分析可以看到，由于层层委托代理机制导致政府委托代理链条过长，由此诱发链条内自上而下的生态建设资金被剥蚀，同时生态建设信息的上传下达链条过长可能导致信息滞后或者扭曲，严重影响生态文明建设工程的实施效果。为了减少生态文明建设中的信息成本，从政府角度可以完善如下几个机制。

建立健全政府环境信息披露机制。政府环境信息披露机制作为国际上新一代环境问题治理手段之一被提出。环境信息公开，又称环境信息披露，是指将与环境保护有关的各种显性和隐性的信息加以收集整理，并在一定范围内以适当形式公开，用以提供各种刺激与激励机制，从而改善环境质量（王华等，2002）。政府环境信息披露机制的完善可以改善政府、企业和家庭三方利益主体之间的信息不完全和信息不对称问题，从而减少我国生态文明建设进程中的效率损失和信息成本。完善的政府信息披露机制可以为政府生态文明建设政策的制定提供有用的参考信息，对污染事件和污染企业的信息公布有助于形成公众对企业和政府生态文明建设的监督机制。目前，我国政府环境信息公开总体状况已经有了较大的进步，但是还存在地区不平衡、缺乏强制力、信息公开法规相应条款模糊、程序和责任不明确等问题（贺桂珍等，2011）。所以建立健全政府环境信息披露机制是生态文明建设进程中减少信息成本、提高效率的一项重要措施。

建立健全生态工程建设分权机制。基于之前的分析，生态工程的建设信息成本过高原因之一是：中央政府和地方政府主体的委托代理机制导致政府政策的上传下达信息机制过长，容易造成信息的流失和扭曲，导致生态文明建设决策失误。基于这一原因，实施生态工程建设的分权机制可以有效缩短生态文明建设信息链，减少生态文明建设中有效信息的流失与扭曲，保证政府决策因地因时制宜。生态工程建设分权基于财政分权基础之上实施，在中央与地方财政分权的基础上，将生态文明建设工程的具体决策权以及工程收益权适当下放到地方政府，给地方政府更多的自主权以及相应的经济利益激励，以促进地方生态文明建设的顺利实施。中央政府在生态工程建设权力下放的机制设计中应该考虑引入合适的评价机制，评价机制是规范检验地方政府自主进行生态文明建设的重要环节。评价机制具体应考虑到测评技术、测评指标等问题，科学的考核标准引入分权机制内部将提高工程建设效率同时保证评价的公平性。

（2）完善生态文明建设中企业环境信息披露机制。污染的实质是对资源的浪费，体现在企业财务信息中则表现为成本增加和效率低下，所以从企业自身角度来说，完善企业披露机制有助于企业将环境信息转变为财务信息，从而有利于企业改进资源利用效率，节约企业生产成本；从国家政策层面看，企业环境信息披露机制逐渐从企业自愿性行为转变为政府强制性规定行为，我国环境保护部、国资委和上海证券交易所都对企业环境信息披露有相关规定，要求推进上市公司环境信息披露机制，建立重点行业上市公司环境报告与发布制度，强制性要求企业公开环境信息；从公众层面看，信息工具的普遍使用加快了信息传播速度，同时公众对企业信息的公开透明度要求更高。公众对企业的生产过程和产品对生态环境的影响程度以及何种影响等信息要求公开，所以企业为了迎合大众需求，就必须以负责任的态度公开其环境信息。所以说，环境信息披露是一个工具，借此工具，人们可以理解经济与环境之间的关系（Gilbert 和陈丽仙，2011），从而对企业的行为结合其生态环境影响作出正确的判断和监督。

我国的企业环境信息披露机制大致经历了四个阶段：2000 年之前，企业环境保护法规较少涉及企业环境信息披露；2001～2005 年，有关企业环境信息披露的相关制度规范被环境监管部门提出；2006～2007 年，从环保部门的相关制度方面鼓励企业实行自愿公布环境信息；2008 年以后，环保部门、国资委和证券交易所对企业环境信息披露采用自愿与强制相结合的方式。企业环境信息披露机制建立最根本目的是消除企业与政府和公众在生态环境方面的信息不对称问题，但是在我国企业环境信息披露机制不断建立完善的过程中，仍然存在以下问题：大部分重污染上市公司的环境信息披露质量不高（唐建等，2012）；绝大多数重污染上市公司不披露负面环境信息；制度监管乏力和企业环境绩效的社会评价不高。针对目前企业环境信息披露效率不高等问题，应联合政府、企业以及公众多方利益主体合力完善企业信息披露机制，同时加强政府监管和舆论监督，以达到弱化生态文明建设中信息不对称问题的目前。

（3）完善生态文明建设中家庭生态信息宣传机制。家庭是生态文明建设的广泛基础，生态文明建设渗透到日常生活中就是要调动广大民众积极投身到生态建设中。公众对生态文明建设认识的不对称导致作为生态文明建设基础力量的公众由于生态知识的缺乏容易作出逆向选择。由于缺乏相关的宣传教育，公众的生态文明意识薄弱；缺乏建设生态文明的技术指导，在建设生态文明进程中，公众缺乏有效的参与途径。基于这些问题，生态文明建设应首先丰富公众的生态知识，从信息宣传上引起公众对生态文明建设的重视，同时提供相关的生态保护信息以规范公众的生态保护行为。设计针对家庭参与生态文明建设的生态信息宣传机制，主要是通过社区等社会组织普及公众的环境保护意识；通过宣传各种认证和能效标志引导家庭的生活消费；加深人们对于环境污染对健康威胁的认识，提倡营造健康生活的环境。对家庭行为的宣传引导着眼于信息不对称的问题，激励家庭在日常生活中自主进行环境保护。

2. 生态文明建设中激励相容的机制设计

生态文明建设中有信息效率的机制设计在一定程度上可以减轻生态文明建设中的信息不完全以及信息不对称造成的生态文明建设效率低下的问题，但是所有的规则或者制度的制定者对于每一利益主体的偏好以及信息不可能完全掌握，也就是说在生态文明建设中信息不对称和信息不完全的问题并不能只靠提高信息效率的机制完全消除，所以在信息效率的机制设计基础上需要一种激励相容的激励机制设计，从而可以给每个参与者一种激励，使每一利益主体在追求其个体利益的同时也达到生态文明建设这一目标。

（1）完善生态文明建设中对地方政府的激励机制。地方政府的激励机制设计中首先要引入公平的竞争机制，竞争机制要求地方政府在生态文明建设中按照制度要求保证公共服务的质量，引入竞争机制的目的就是要让公众用脚投票，通过允许资金、技术、人才资源在各地区之间的自由流动构建地区间在公共服务和建设上的创新竞争，为当地地方政府实现生态文明建设提供外部刺激的新动力，提高生态文明建设效率。

同时，针对地方政府的设计激励机制应考虑引入责任机制，生态文明建设效率低下的重要原因之一是地方政府在具体制度执行时责、权、利三者分离。对于地方政府执政能力的提高首先应该引入责任机制，明确地方政府的责任。根据党的十八届三中全会精神，为促进生态文明建设各地应根据不同区域主体功能定位，实行差别化考核，推动建立领导干部任期生态文明建设责任制、问责制和终身追究制。明确地方政府的责任意识，对于官员考核可用“环境积分卡”，将在很大程度上激励地方政府官员参与环境保护的热忱；地方官员追究终身问责制可以有效解决环境问题的滞后性和政府官员为了追求政绩工程而引进不符合当地生态环境的产业和企业，这将在很大程度上激励地方政府对区域产业进行优化布局，合理调整涉重金属产业的布局，严格落实卫生防护距离，在人口聚居区和饮水、食品安全保障区禁止新上项目。提高地区产业准入门槛，督促企业深度治理，确保稳定达标排放。责任机制的引入自动激励地方政府进行环境保护工作，从地区总体布局上遏制环境污染和破坏的发生。

（2）完善生态文明建设中对企业的激励机制。生态文明建设中对企业的激励机制设计目标是，约束企业活动对生态的破坏行为和刺激诱发企业自主进行生态文明建设。企业在其生产活动过程中对生态环境造成了严重的污染和破坏，同时企业在生态环境保护中发挥着主力军的作用，在企业生态保护激励机制中应首先引入市场机制。市场机制和竞争机制是如影随形的，市场竞争机制自身就带有激励功能，任何一个生产者只要进入市场机制体系中，他的每一个行为都将受到市场机制体系自动而综合的制约，在国家宏观调控下市场机制可以使资源得到最优配置。引入市场机制的实质就是产生一个新的市场，使企业作为经济主体自主选择自己的行为，以实现自身利益最大化的经济刺激。

对于企业来说，引入市场机制进行生态环境保护最主要的手段是排污权有偿使用和允许交易，排污权的有偿使用可以从企业生产成本方面对企业的生产行为进行约束，同时允许交易排污权从经济利益方面激励企业减少排污量以获得经济效益。排污权交易是指在满足环境要求的前提下，建立合法的污染物排放权利的交易，以此达到污染物排放的控制目标。政府在对污染排放进行总量限定的情况下，允许污染排放量大的企业向污染排放量小的企业购买排放指标，这样生产工艺更环保的企业就可以在市场上获得更多收益。排污权的卖方要按期提供富余指标，就必须注意保证其自身环保设备的质量，排污权的买方为了削减生产成本必须设法减少排放量和进行生产创新、技术水平升级。市场机制的引入不仅对污染物排放量大的企业起到激励创新和技术升级的作用，同样对污染物排放量小的企业进行经济激励，实现了用最少的代价减少最多污染物。在对企业实施经济激励的基础上应建立相应的激励约束机制，排污费征收的实质是企业对排污权的有偿使用，对于直接向环境排放污染物的排污者，应当依照规定缴纳排污费。排污费的征收在一定程度上加大了企业的生产成本，企业出于生产成本的考虑会购买先进的环保设备和采用环保工艺进行生产，排污费用的征收可以实现对企业减少排污的激励约束。

同时，建立生态技术创新的生态专利保护机制，从法律法规层面保护企业进行生态技术创新。生态专利保护机制属于产权激励的一种，所谓最好的制度是“创新最大化的制度设计”，在资源既定前提下，解决资源稀缺唯有鼓励发明、激励创新。在资源效用的发挥上，要不断通过保护产权来鼓励发明和激励创造，实现资源效用的最大化（徐瑄，2008）。对企业在生产技术创新层面有利于生态保护和改善的技术专利应进行保护，这种保护机制通过肯定企业的创新价值，向全社会发出鼓励和提倡生态建设的信号，也进一步激发企业生态技术创新的积极性，从机制设计层面促进生态文明建设的科学化、技术化。

（3）完善对生态文明建设中家庭的激励机制。引入科学合理的资源定价机制，激励家庭培养日常生活中的资源节约意识。考虑到生态资源的稀缺性，对水、天然气等居民家庭日常生活中使用的生态资源实施定价机制，通过价格机制的合理导向作用，培养家庭在日常生活中资源节约和形成良好的生活习惯以及纠正大多数家庭的“生态资源是无偿使用”的错误观念。生态资源合理定价机制从一定程度上抑制了资源浪费，有利于减少资源使用的代际不公，为资源的后续利用提供可能。

在生态工程实施地区，不仅要完善生态补偿机制，更应注重后续生态产业培育，促进工程实施地经济发展，进一步激励当地家庭参与到生态文明建设进程中。近 10 年以来，我国政府先后启动了几项具有一定生态补偿性质的重大生态建设工程，总投资达 7000 多亿元，但是目前我国生态恢复工程中所运用的生态补偿机制需要在产权、补偿标准和补偿模式三方面进一步完善。例如，在退耕还林还草工程中的退耕地区的土地所有权制度并不归退耕参与家庭所有，这在一定程度打击了参与的积极性和工程实施的有效性，导致参与家庭不能从长远利益出发而注重眼前利益，不利于政策的可持续执行；在生态补偿标准的设定方面应该根据各实施地区的具体情况进行设定，对于补偿标准和补偿模式进行多样化的设计，因地制宜地设计生态补偿机制，以此对参与生态恢复工程的家庭进行最大的激励，保证工程建设主体的积极性。生态恢复工程的实施主要是当地后续生态产业的培育。生态工程建设当地家庭是工程的基本参与单位，调动当地家庭参与工程建设的积极性是工程实施成功的根本保证。在生态恢复工程开展地区，工程的实施必然涉及当地的经济转型和产业结构转变。生态恢复工程建设过程中，实施当地培育接续产业保证当地经济持续发展也属于生态恢复工程的一部分，当地产业结构转变和接续产业的培育将生态恢复与地区经济发展相结合，刺激当地产业结构优化，在进行经济发展的同时兼顾生态恢复，有效减少了生态恢复工程建设的阻力。

在生态文明建设中可以对家庭实施精神激励，转变家庭消费观念。所谓精神激励，指政府在进行资源节约建设的过程中为充分调动整个社会的积极性，促进资源节约技术的推广和使用，在以家庭为单位的社区中加强舆论宣传，提高公众资源危机意识，同时开展评比生态型社区和家庭等活动，从精神激励方面调动家庭参与生态文明建设的积极性。

第 11 章　我国生态文明建设的政策支持体系

11.1　我国生态文明建设政策的实施效果分析

自 20 世纪 80 年代以来，我国逐渐形成了比较成熟的生态环境政策体系，这一方面为各领域的生态环境工作提供政策依据，大大地推动了生态环境治理的进程；另一方面，由于生态环境政策制定的进程较快，一些具体的环境政策与经济社会发展中的现实问题存在冲突，导致环境政策不能达到应有的效果。因此，有必要从两个方面来对我国生态文明建设政策的实施效果进行分析。

11.1.1　生态环境建设政策实践的积极效果

1. 生态环境进一步改善

改革开放以来，我国先后实施了“三北”防护林、天然林保护、退耕还林和京津风沙源治理等重点生态工程。“三北”防护林工程造林 2400 多万公顷，工程区森林覆盖率提高了 1 倍。天然林保护工程有效保护天然林 9500 多万公顷，减少森林资源消耗 4.26 亿立方米。退耕还林工程造林 2600 多万公顷，其中退耕地造林 900 多万公顷。全国沙化面积由 20 世纪末的年均扩展约 3436 平方公里变为目前的年均缩减约 1283 平方公里，总体上实现了从“沙逼人退”向“人逼沙退”的历史性转变。森林资源持续增长。国家林业局统计资料显示，我国森林覆盖率已从新中国成立初期的 8.6％提高到 2012 年的 20.36％。森林面积达到 19 545 万公顷，比改革开放初期增长 61％；森林蓄积量达到 137 亿立方米，比改革开放初期增长 34％。近 20 年来，我国森林面积和蓄积量实现了持续增长，人工林面积达 6169 万公顷，居世界第一位，占全球人工林面积的 38％。近年来，我国的环境污染和生态破坏趋势基本得到控制，突出的环境污染问题基本得到解决。城市环境质量、农村环境质量以及重点流域、局部地区生态环境得到明显改善。

2. 生态经济发展初具规模

生态文明主张以循环生产模式替代线性增长模式，根据资源输入减量化、延长产品和服务使用寿命、废弃物再生资源化等原则，把经济活动组织成一个“资源—产品—再生资源—再生产品”的循环流动过程，以最小的资源和环境成本，取得最大的经济社会效益。尤其是党的十七大以来，在科学发展观的指导下，生态经济初具规模，具体表现在以下几个方面。首先，我国建立了科学合理的能源资源利用体系，大大提高了能源资源利用率。这些年，作为发展中国家，我们坚定不移地推进节能减排，在新能源发展方面我们已经步入世界前列，实现了水电装机、太阳能热水器的利用规模、核电在建规模、风电装机的增速四个全球第一。其次，树立了科学的社会发展观，把循环经济作为新型工业化道路的主导模式。我国循环经济发展已取得积极进展，重点行业单位产值能耗物耗逐步降低，资源循环利用水平和“三废”综合利用率有较大提高，污染物排放得到一定程度的控制，涌现出一批循环经济典型企业、示范园区，循环经济从理念变为行动，在全国范围内得到迅速发展。再次，生态农业发展取得了可喜成就。经过 10 多年的发展，我国已有不同类型、不同规模的生态农业试点 2000 多个，各地开展生态农业建设后粮食总产量增幅 15%以上，人均粮食占有量增长 21.4%，农业总产值年均增长 7.9%，农民纯收入年均增长 18.4%。最后，生态环境状况也明显改善，水土流失比 1990 年减少 49%，土壤沙化面积减少 21%，森林覆盖率增加 3.7%。国际组织对我国生态农业建设的创新给予高度评价，认为我国已走在世界可持续农业发展的前列。我国生态农业建设的蓬勃发展所显示的无限生命力，证明它已逐步走向成熟，必将促进我国农业和农村经济的可持续发展。

3. 公众环保意识不断提高

随着经济发展水平不断提高，人们的环保意识也不断提高，初步树立了资源节约型消费观，绿色生产和消费方式也越来越受到认可。具体表现在三个方面：一是在全社会基本树立和形成了尊重自然、善待生命、节约资源的道德风尚；二是生态文化的内涵不断扩展，生态文化、生态理念融入地方的文化节日和传统节日，生态文化节日得到大力发展；三是全社会深入开展绿色系列创建活动，营造环境友好型文化氛围，节约消费、绿色消费、文明消费的观念逐渐深入人心。

11.1.2　生态文明建设政策存在的问题

1. 政策决策层面

我国的生态环境政策决策体系从宏观上可以分为两个领域：一是中央国家机关及与生态环境保护有关的部门［包括环境保护部、卫生计生委、国家经贸委、国土资源部、海洋局、水利部、林业局、气象局、（住房和城乡）建设部、农业部、交通运输部、科技部、外交部］；二是各级地方政府及其所对应的职能部门。众所周知，我国生态环境保护管理机构的特点就是“分级、分部门”“自上而下”，缺乏与之相对应的协调部门。这就造成在工作量繁杂的各部门之间，制定某一生态环境政策时，不能跨部门、跨级别地沟通和询问。同时，相对于法律、法规、规章的制定，政策的出台又有较为宽松的生态环境，因此，决策体系的割裂导致实践中生态环境政策之间存在的割裂和冲突现象十分严重。

这里所谓的“割裂”是指有些生态环境政策应该具有关联性，却由于人为因素被分割开来。生态环境问题具有共通性，一个生态环境问题的产生往往是由多个原因造成的，因此不应该由单一的一个部门进行立法决策，而应该由多个部门协调解决，但是我国目前的生态环境管理体制特点却加剧了这一状况。这种部门和部门之间的割裂造成的后果轻者表现为生态环境政策内容的重叠，重者表现为政策内容的冲突。当发生类似问题时，解决的办法往往是交由共同上一级行政机关进行裁决，但是此时生态环境问题已发生了一段时间，错过了最佳治理整顿的时机。“冲突”是指有些生态文明政策在内容上具有目标的不一致性，有的即使表述上并无矛盾，但其产生的后果在客观上具有冲突性。

同时，地方生态环境政策在制定过程中也存在问题。首先，生态环境政策的制定主体、制定权限不明确。由于自然资源被分割管理，资源利用率低效。对自然资源实行统一管理与分部管理相结合的管理模式，由于部门利益和地方利益所致，资源政策的制定和执行均受到影响。例如，土地资源管理由国土资源部负责，同时与农业、测绘、城建、环保、林业、海洋、地质矿产等部门有关；水资源管理由水利部负责，涉及地质矿产、气象、环保、土地、林业、建设、交通等部门。由于资源的整体性特点、客体的界定不清、主管部门权限不清等原因，有利可图时互相争管，无利可图时互相推诿，无人管理，从而造成资源低效利用、浪费和破坏，并造成生态环境污染。同时，不同于生态环境法律、法规、规章的制定，生态环境政策制定主体的范围是非常模糊的，究竟哪些部门有权力制定生态环境政策，何种情况下制定何种性质的生态环境政策，这些在我国并没有明确的规定，实际操作中只要与生态环境问题有关就可以制定某项生态环境政策。

其次，生态环境政策的立项和起草缺乏充分的调研和科学论证。政策不同于法律的显著特点就是相对法律，政策的出台具有较大的灵活性，不像法律的制定、修改和废止都必须经由国家立法机关或其他享有立法权的国家机关在其法定的权限范围内依照法定的程序进行。因此政策往往能在短时间内应对突发性的问题，如“非典”时期财政部、国家税务总局对直接受“非典”疫情影响的餐饮、旅店、娱乐、民航、旅游、客运、出租汽车等行业实行税收优惠政策，从某种程度上对于恢复生产、稳定社会都起了积极作用。但是，在生态环境领域如果某一项生态环境政策没有经过充分的调研和科学论证，要么不符合客观规律，要么背离普通群众的生活习惯，那么在实际中不仅会浪费大量的物力财力，还会引发群众的不满等一系列社会冲突。

最后，生态环境政策的制定过程不公开透明，公众参与度不够。我国传统生态环境政策的制定，都是在生态环境政策系统内部孤立、封闭地进行，缺乏高效的公众参与机制和渠道。公众对与切身利益相关的生态文明政策享有知情权、参与权和监督权，却没有得到充分的保障。虽然近两年有的地方在生态环境政策起草过程中举办过听证会，但是多数流于形式，没有发挥实质作用。

2. 政策执行层面

中国很多地区环境问题日益严重，说明环境政策的努力缺乏有效性和效率，这在很大程度上是实施的问题，即在政策执行过程中因某些消极因素的影响出现了不顺畅乃至停滞不前，进而导致政策目标不能圆满实现甚至完全落空。环境政策效率的流失提醒我们在政策执行过程中存在着诸多问题。原国家环境保护总局局长曲格平将其症结概括为发展战略不健全、发展方式陈旧落后、管理落后。他认为，我国环境问题很大一部分原因可以归结为“有法不依，执法不严”。

首先，环境政策执行中存在政府失灵。政府应该承担起环境保护的责任，在环境政策执行中发挥主导作用，最大限度保证环境政策的顺利执行，然而事实并非如此。在现实中，由于各种原因，政府在环境政策执行中不仅没能有效地发挥作用，有时候还成了政策执行的阻碍。行政行为通过政府体制实施，使我国环境政策具有很浓的政府行为色彩，而且在政府实施的过程中，多以行政手段为主，采取的是一种命令型的手段。对于其他手段的运用缺少灵活性，影响了环境政策执行的有效性。

随着市场经济的发展和全球化进程的加速，市场的作用越来越得到重视，而环境经济政策是运用经济手段给予经济主体一定的激励与约束，使其可以从保护环境、减少污染的行为中获利，从而引导其从自身利益出发选择对环境有利的行为。应该说，经济手段作为诱导性的手段，对企业来说更加易于接受和操作，具有较大的优越性，然而在我国环境政策执行中，即使是经济手段，也是政府直接操作的管理方式，必须由政府投入相当的力量才能运行，经济手段实际上成为行政手段的一部分，是一种用收费、罚款来调控的行政管理手段。企业成为环保政策的被动接受者，消极应对，经济激励不足。例如，我国在环境污染治理方面至今没有开设独立的税种，只是采取减免税的方法鼓励企业治理污染，力度不够，调节范围过窄，难以约束企业的外部不经济行为。另外，我国的排污企业，尽管必须向环境保护管理部门交纳排污费，但据有关部门测算，收取排污费的标准仅为污染治理设施运行成本的 50％左右，某些项目的排污费甚至不及污染治理设施运行成本的 10％。在市场经济条件下，这种“超标排污费低于治理费”的环境经济政策必然鼓励企业选择“超标排污，交纳超标排污费”，而不积极治理污染。

我国政府对环境政策的执行上，习惯性地依赖行政手段，其他的手段不能得到合理应用，这使得我国环境政策执行方式僵化和低效，并且与企业、与公众的关系不能很好地协调利用，制约了政策执行效果。究其原因，主要是因为政府畸形的发展观和政绩观。环境保护是我国的基本国策，但是地方政府由于存在畸形的发展观和政绩观，重经济轻环境、重当下轻长远、重政绩轻发展，因而放松了对企业履行环保责任的规制。党的十六大以来，我国把落实科学发展观作为一项重要的历史课题，要求各级政府树立并落实科学发展观。政府应该在促进企业履行环境保护责任方面发挥积极的作用，但由于地方政府缺乏科学发展的观念，认为经济增长等同于发展，因此片面追求经济增长的高速度、把经济增长置于社会进步、资源保护和环境改善之上，在制定和执行政策的时候优先考虑经济目标，并由此在规制企业履行环保责任问题上放松对企业的规制，甚至包庇纵容违法排污企业。由于一些不履行环保责任的企业对推动当地经济和GDP增长有着较大作用，环保部门在与污染企业博弈中遭遇掣肘。此外，在我国目前的税收分配体制下，地方政府的财政收入在很大程度上来源于当地企业的纳税额，而企业纳税额直接与企业的生产经营状况挂钩。污染企业很多是当地纳税大户，为了获取更多纳税额，地方政府可能为推动企业生产增长提供便利，甚至对企业的排污行为“睁一只眼闭一只眼”，对企业违法行为默许甚至纵容，致使企业愈发肆无忌惮，最终导致了污染事故的发生，经济发展受到影响，群众利益遭到侵害。

其次，被规制企业的逆反心理和消极执行。人类所面临的大多数环境污染都是经济活动的结果，企业作为资源和能源消耗量最大的社会经济组织，又是污染物排放量最大的社会经济组织，必须承担起应有的保护环境的社会责任，积极主动地执行国家的环境政策。但是企业都是以利润为目标的，多数经营者认为国家的环境政策所规定的节能减排、生产绿色产品、减少污染物的排放等是对企业生产的规制，是成本的增加和利润的减少，是对自己经济利益的损害。因此，基于这种想法，很多企业在面对环境政策时消极执行，积极躲避，甚至采用投机取巧的办法与某些政府官员共谋寻租。这种逆反心理存在于很多企业中。

最后，公众参与力量不足。公众是环境污染和破坏的直接受害者，他们对环境保护最有发言权，应该是环境保护的主体力量。近年，随着我国环境问题的日益突出，公众环境意识的提高，以及政府对环境保护工作的高度重视，公众参与环保的热情越来越高，然而对于我国这样一个人口众多的国家而言，公众参与的力量仍然不足。第一，公众参与环保的领域比较局限。目前的公众参与还主要限于少数人大代表、政协委员以及环保专家的提案、建议和人民群众的来信上访，而这种提案、建议和上访大多集中在对已发生的污染问题的反映上，是一种消极被动的参与。而在法律、法规及政策出台以及规划制定和项目建设之前公众的参与作用基本没有发挥出来。第二，我国环保社团目前的发展和作用与我国环境保护的要求还有很大差距。非政府环境保护组织的数量、规模、资金、影响仍然非常有限，环保社团数量少、规模小、组织和管理不够成熟、活动没有经常化、影响力小。

3. 政策实施监督层面

我国环境政策的事后监督机制不完善。以“非法批地”为例，由于审批权掌握在少数政府官员的手里，近些年被“双规”的政府官员中因非法批地而落网的不占少数。国家也逐步认识到了环境保护工作中监督作用的重要性，监察部出台的《关于 2007 年执法监察和效能监察工作的安排意见》第二点：“加强对环境保护法律法规和政策规定贯彻落实情况的监督检查”及第四点“加强对行政权力运行重要环节的监督检查”，都是从环境政策监督的角度进行的规定。该意见在督促地方政府和有关部门严格贯彻执行环保法律法规和政策规定、加强环境监管方面发挥了一定的作用，但是目前仍存在环境政策的地方监督、单位监督体制不健全等问题。按照《环境保护法》、《国务院关于落实科学发展观加强环境保护的决定》[国发（2005）39 号] 要求：“督促地方政府和有关部门严格贯彻执行环保法律法规和政策规定，加强环境监管”中用的是“督促”一词，也就是“频繁地告诉”，没有强制性含义，或者说只要履行了告之义务即可，至于“地方政府和有关部门”听不听、做不做则不包括在内。监督的目的是为了更好地实行，如果没有与之对应的法律责任作为保障，监督或督促本身也只能流于形式。

综上所述，我国生态环境政策在实施中产生了积极的效果，但也存在不少问题，要实现十八大要求的“经济、社会、政治、文化、生态”五位一体，必须紧抓生态环境建设，这就要求我们及早实现生态环境政策的转型。

11.2　完善我国生态文明建设政策体系的内容

生态文明建设政策要根植于经济发展本身，在发展经济过程中促使经济主体主动参与生态环境建设。本节将从技术政策、金融政策、产业政策和财政政策四大方面提出我国经济发展过程中生态文明建设政策体系完善的方向和内容。

11.2.1　以技术创新为核心的技术政策

生态文明建设是推动经济发展和生态环境协调的重大创新和战略调整，在经济发展中依靠科学技术创新，依靠科技成果向现实生产力的转化，才能兼顾经济发展与生态环境。生态文明建设要求建立有效的技术政策体系。

1. 生态文明背景下技术创新的内涵

首先，技术创新必须引入人本思想。人类社会是由人、政治、经济、文化、生态环境、自然资源等多种要素组成的复杂巨系统。在这个巨系统中，人不仅是社会发展的主体，也是社会发展的核心，更重要的还是社会发展的终极目的，社会发展内在地包含了人的发展。在技术创新过程中引入人本思想，实际上就是为人的发展提供更加优良的外部环境和条件，归根结底是从人的全面发展需要出发，为人的可持续发展考虑的。所以，人不仅是技术创新的实现者，也是技术创新的出发点，还是技术创新的最终目标。但是以往的技术创新在利益的驱动和竞争的压迫下忽略了发展的核心部分——对人自身发展的关注，而技术创新要实现其最终目标还必须在技术创新的过程中注入人文关怀，在技术创新的过程中充分体现“以人为本”。强调技术创新要“以人为本”内在地反映出科技与人文是统一的，二者绝非厚此薄彼，而是相互渗透、相互促进的。强调要以人为本不但不反对发展科学技术，相反还在科学技术的发展中融入了人文精神，使科学技术的发展更有目标、更有意义。

在技术创新过程中的强调“以人为本”并不是指狭义的以“人类为中心”或“人本主义”，而是强调人在技术创新中的主体作用和地位，注重对人的发展赖以进行的社会条件的创造，实现自然生态平衡协调、社会生态和谐有序，进而实现社会的可持续发展。因此在技术创新中强调以人为本的原则，不仅要通过建立健康文明、合理有序的生产方式，实现人与自然深层次的和谐统一，为人的发展提供良好的自然生态环境；而且在人与社会的关系上要认识到人的发展不是少数人或少数国家中的一部分人的发展，而是指所有国家的人民都应得到公平的发展；同时，人的发展也不仅是指当代人的发展，也包括后代人的发展。

其次，技术创新必须引入生态化思想。技术创新的生态化是20世纪60年代以来，人们逐渐认识到技术创新的单向性经济追求使人与自然的矛盾日趋尖锐，导致经济发展因失去健全的生态基础而难以为继的前提下，逐步形成和发展起来的。要求技术创新活动要从自然和社会的统一出发，改变长期以来人们所坚持的“增长优先”的发展观，这种观点把发展简单地理解为经济增长，把经济增长又片面地归结为物质财富的增长过程。在技术创新过程中全面引入生态思想，既要考虑其经济价值又要考虑其生态价值，实现经济效益、生态效益和社会效益的有机统一，使人类发展和自然环境相协调，最终实现人类的可持续发展。技术创新的生态化在理念上认同并支持可持续发展观，这不仅是技术创新自身发展的必然要求，更是社会可持续发展的需要。可持续发展模式把社会发展理解为人的生活质量与自然环境、人文环境的全面优化，要求将人对自然的利用和改造限制在自然生态能够容纳的范围内，以不威胁生态系统的自我调节和复制能力为限度，体现生态持续性；要求经济增长体现公平与效率的统一，力求以最小的环境代价换取最大的经济效益，体现经济持续性；要求当代人的发展以不损害子孙后代人的发展并为发展提供可能和机会为前提，体现社会持续性。由此，也可以看出可持续发展强调的是人、自然与社会的立体多维发展模式。所以我们必须调整技术创新的观念，使之真正符合社会发展的目标，改变原来单向度的技术创新观念使其成为一个多维的过程，技术创新的生态化目标所追求的不应当只是经济利益，而是生态、社会与人的协调发展，使技术创新生态化既体现人与自然和谐的环境生态，也体现人与人和谐的社会公平，与可持续发展观的全面性特征相适应。这不仅是对当前社会发展观的积极回应，也是历史的必然选择，更是传统技术创新的必由之路。

2. 生态文明背景下技术创新政策建议

首先，完善技术创新的财政激励政策。政府的技术创新财政刺激政策主要针对的是企业和其他有关部门的研究开发活动。这种财政激励政策，基本上可以分为研究开发补贴和税收优惠。第一，加大对技术创新的财政投入。通过财政倾斜鼓励和支持企业、高校和民间科技团体进行科技创新，对清洁生产技术等创新活动进行财政补贴。第二，调整技术创新的税收优惠政策。由于税收政策对企业应交纳的所得税、税率等产生很大影响，并导致税后利润发生很大的变化，企业的收益也会发生一些波动。因此，国家对绿色科技产业、环保产业等进行税费优惠，可以保证其利润空间。

其次，完善专利制度。一个国家的创新性，一方面来自于一国知识产权的法律保护制度，另一方面来自于国民的知识产权保护意识与知识产权创新意识。为此，我国要完善专利制度，提高专利意识，需采取的具体措施包括如下几个方面：其一，可以考虑把知识产权法律教育宣传工作纳入普法教育规划当中去；其二，采取由相关部门定期开展研讨会、讲座、培训班等形式向公众普及相关知识和培养专利意识；其三，结合企业各自的实际情况，重点加强对高新企业的管理人员和科技人员的培训，使之懂得怎样运用专利制度保护本企业的合法权益；其四，通过各种大众传媒进行宣传，提高专利意识；第五，加强法律建设，打击专利盗用现象。

再次，强化产、学、研相结合，鼓励科研机构或高校参与绿色科技的研发，高校和科研院所作为国家人才培养基地，拥有先进的科研设备和强大的人才队伍，因此可以作为绿色研究的前沿阵地，政府应该启动奖励机制和设立专项科研项目给高校和科研院所，增加绿色科技成果的数量，及时联系相关企业，将科技成果转化为科技产品。

最后，加强基础教育的地位，培养科技人才。中国的生态环境现状与中国人口多及部分人口文化程度低有关，提倡优生优育，提高人口素质，是建设生态文明的前提。而要建设生态文明，必须要有相当一部分懂得绿色科技的人才，从基础教育开始抓起，树立生态文明意识，在各类学校中开设相关专业，建立相应的科研基金和奖励制度，打造一支结构优化的人才队伍，使人才的培养、运用、选拔、更新、合理流动等科学化、制度化，以适应现在绿色科技发展的需求。

11.2.2　以金融支持为核心的金融政策

随着生态环境保护问题日益成为全球经济发展的热点，西方环境经济学家进行了大量积极的探索研究，搭建生态文明建设的金融支撑平台就是其中一项成果。金融作为现代经济的核心和血液，不仅可以为生态文明建设提供资金支持，而且可以在优化资源配置上发挥强有力的作用。

目前，理论界将保护生态环境的金融手段统称为环境金融，又称绿色金融。经济学家艾伦·格林斯潘（Alan Greenspan）（2007）在《动荡时代》一书中，将气候变化视为21世纪美国经济运行的五大隐患之一，而绿色金融又是隐患下的机遇；丁玲华（2007）总结了金融支持循环经济发展的重要性，指出金融资源的总量和聚集能力能满足循环经济融资多样性需求和促进循环经济的产业化，高水平的金融服务可以高效率地为循环经济的发展提供支持。此外，在分析金融支持循环经济发展存在问题的基础上，对我国金融支持循环经济发展的路径进行积极探索。

近几十年来，世界各国尤其是发达国家为解决环境问题，不断创新金融手段，拓宽环境保护的融资渠道，提高融资效率，对各国环境保护工作发挥了极其重要的作用。与此同时，随着公众环保意识的提高和企业对所承担社会责任的认同，通过金融激励方式，鼓励生产者和消费者参与环保的手段被越来越多地使用，金融业尤其是银行在其中更是扮演了一个十分重要的角色。金融手段可以把当事人经济行为同环境目标以及自身经济利益联系在一起，促使其在经营决策中纳入环境目标，增加环保支出，采取更有利于环境的行为，从而获取更多收益，金融环保手段的应用将市场主体的行为和决策引导转向有利于环境保护的方向上来，通过绿色信贷、证券、保险等手段对各种主体的环境经济行为进行调控，符合市场经济的运行规律。因此，将生态文明建设与金融紧密联结在一起，对于加快建设生态文明社会、促进国民经济可持续发展，具有长远的理论意义和现实意义。

1. 引导金融支持生态环境

生态文明建设过程中，政府应该起到导向作用，通过对金融行业行为进行正确的规范和引导，使其更好地为生态环境保护提供金融支持，从而促进生态文明建设健康快速的发展。政府要根据生态文明建设的需要，运用多种调控手段和监管方式，从信贷、投资等多角度、系统性引导社会资本参与到生态文明建设领域。信贷方面，中央银行制定有效的信贷政策，支持循环经济建设。充分发挥贷款引导资金流向的作用，采取行政和市场的手段使企业能够融到低成本资金。增加低息再贷款，加大生态文明建设投入量。投资方面，政府要将“减量化、再利用、资源化”等生态建设项目列为重点投资领域，对那些外部效应大、产业关联度高、具有示范和诱导作用的循环经济项目、环境基础设施、生态工业园以及重大技术领域和重大项目领域，可以采用直接或者间接的投资补助方式，让政府投资引导全社会各个领域的投资。总之，各项政策要相互配合，形成生态文明建设的政策引导体系。

2. 充分发挥金融机构的直接和间接融资作用

融资是生态文明建设所需资金的主要来源途径，以商业银行和政策性银行为主。首先，生态文明建设需要利用政策性银行的资金投向来引导其他社会主体的资金投入方向。我国的三大政策性银行应从国民经济的整体利益出发，积极引导和支持生态文明建设。其次，在生态文明建设中，商业银行也要积极发挥自己的作用，要利用其信贷政策来引导并支持相关领域、相关行业以及相关区域的环保产业发展。对于那些大力发展循环经济的企业以及对自然生态环境平衡发展的作出贡献的企业，商业银行可以降低他们贷款的利率，延长他们的还款时限或者以更为宽松的条件给予他们贷款；相反，对于那些阻碍循环经济发展以及破坏生态环境的企业，商业银行应坚决抵制给予他们贷款，或者大幅提高他们的贷款利率并强制性的要求这些企业还款。除此之外，我国的商业银行应该大力支持中小企业贷款。因为在我国，大多数中小企业才是造成环境污染、生态破坏的主要推手。要依靠现有的商业银行体系对循环经济相关企业给予支持和约束，也可以考虑建立专门的中小企业发展银行，依托现有的中小企业融资体系，为中小型循环经济企业获取外部资金提供支持。同时，商业银行也应该根据各个地方的生态特点，制定不同的贷款政策，切实为地方生态文明建设提供有力的金融支持服务。

3. 加大生态文明建设的金融创新力度

加大金融创新力度是生态文明建设一条必不可少的途径。推出诸如发展环境金融产品、在国际市场发行国家环保债券、积极引入循环经济产业投资基金、创新资本市场工具、推出资产证券化产品等，为生态环境保护筹集资金。不断推出与生态文明建设相关的金融创新产品，既有利于生态环境的保护，促进经济可持续发展，又可以达到创新金融、丰富金融工具的目的。

首先，大力发展绿色金融政策，建立有利于生态文明建设的绿色金融支持机制。生态文明建设需要内外两方面的动力支持，内部主要是生态产业先进技术的推动，外部主要依靠一系列配套机制支撑和激励，其中绿色金融的支持机制无疑是最为重要的环节。一是要对我国资金提供的主体——银行体系进行绿色金融机制改革，建立一整套与生态文明建设项目对接的信贷体系；二是要积极完善直接为生态文明建设提供资金支持的资本市场绿色融资机制，资本市场近些年在我国发展迅猛，市场规模正日益壮大并且有超过银行融资规模的趋势，资本市场对生态文明建设的重要作用将越发凸显，因此要及时对资本市场进行绿色金融机制创新，以更好支持生态文明建设。

其次，发行各类生态保护基金。投资基金，通过发行基金来募集资金设立基金公司，对企业进行股权投资和提供经营管理服务，由基金公司自任基金管理人或另行委托基金管理人管理基金资产。为促进生态文明建设，各级政府以及金融机构应建立各种循环经济发展基金和生态环境保护基金，为生态文明建设解决资金问题。

最后，开发生态建设资产证券化产品。资产证券化是以特定资产组合或特定现金流为支持，发行可交易证券的一种融资形式。在资产证券化过程中发行的以资产池为基础的证券称为证券化产品。在生态文明建设过程中推出资产证券化产品，也是一种非常好的融资方式。就目前情况来看，我国的资本市场还不够完善，直接在国内推出资产证券化金融产品还存在一定障碍，因此可以先从国外发达的市场中发行，待时机成熟后，再在国内开展。

4. 夯实生态文明建设金融支持的法律法规

科学、严谨、完备的法律体系是生态文明建设不可或缺的制度前提，有了法律方面的约束力，以金融手段支持生态文明建设才能从根本上得到保障。目前，许多发达国家已经拥有了比较完善的生态保护法律，然而现阶段，我国有关生态文明建设的法律还比较少，尤其缺乏一部专门的关于生态文明建设金融支持的法律。因此，国家要积极借鉴国外的先进发展经验，尽快推出适合我国基本国情的法律法规来促进我国生态文明建设的顺利进行。

11.2.3 以发展生态产业为核心的产业政策

我国生态失衡、环境污染问题日益突出，这是我国产业结构低度化、增长方式粗放导致的必然结果。近年来，在重化工业迅猛发展带动经济迅速发展的同时，也逐渐暴露了产业结构内部深层次问题，生态文明战略的提出推动了基于资源利用方式转变的产业优化调整，所以将产业结构调整纳入生态文明建设的轨道，把产业优化和生态文明建设有机结合起来，成为生态文明建设政策的核心内容之一。

产业结构是人类作用于生态环境的重要环节，研究的是人与自然的关系，反映了人与资源、环境等各种自然要素的组合以及他们之间所形成的各类生态关系组合。生态文明建设的产业结构优化目标是要实现经济、社会与环境的协调发展，实现经济效益、社会效益和生态效益的最大化。要建立符合生态文明建设的产业结构，必须对现有产业结构进行系统地调整，从不同产业层次、不同领域对产业结构进行整合、构建和优化。

1. 建立生态产业体系

国内外发展生态产业的实践证明，生态产业是以经济发展、环境保护和生态改善为目标，以循环经济为手段，以技术创新为动力，实现高效益、低消耗、零污染、可循环的一种产业形态。产业生态的概念始于 1989 年，罗伯特 · 福罗什（Robert Frosch）和尼古拉斯 · 加洛布劳斯（Necolas Gallopoulos）通过模拟生物的新陈代谢过程和生态系统的循环再生产过程提出“产业代谢”的概念。他们认为，产业系统与生态系统相似，也要形成“生产者—消费者—分解者”的循环途径，使废弃物在产业过程中流通，实现循环利用，减少工业对环境的影响。产业生态化是指产业依据自然生态的有机循环原理建立发展模式，在不同的工业企业、不同类别的产业之间形成类似于自然生态链的关系，从而达到充分利用资源，减少废弃物产生，物质循环利用，消除环境破坏，提高经济发展规模和质量的目的，其本质是把产业发展与资源综合利用、环境保护结合起来，根本目的是解决产业发展与环境、资源之间的矛盾。

一般来说，对产业进行生态化改造，建设生态产业的思路是：一是要按照生态原则开发与选择技术创建企业，按照生态运行原理规范企业的生产与经营方式，规范产品的质量；二是要依据国民经济整体发展战略及长远目标，在产业之间和产业内部建立物质流动的生态联系，并通过产业的生态链关系建立区域之间的生态平衡关系与运行机制；三是要按照生态学原理和可持续标准建立废弃物的回收、处理与资源化系统，使得产业体系运行在满足生产和消费的同时，对人类生存条件与自然生态环境造成的损害最小；四是要使企业、行业、产业甚至整个国民经济体系的运行以生态平衡为前提，以可持续发展为基准，经济发展为目标，科学技术为动力，法规政策为保障，组织管理为措施，推进产业和国民经济整体发展。

2. 加快传统产业结构优化升级

加快传统产业结构优化升级的步伐，推动其向生态化发展。应重点关注产业发展的“资源效率”和“环境效率”，以提高经济增长的生态效益和环境效益为衡量标准，建立“资源节约型、环境友好型”的产业体系，深化三次产业的生态建设，提高经济增长质量，在发展过程中，经济效益、资源效益、环境效益并重。当前形势下，要达到产业生态化的目的，应利用国家和地方政府的政策优势、经济实力和技术力量，立足于动态比较优势，通过发展高新技术产业，加强传统产业的技术改造，充分发挥“后发优势”，提高技术引进效率，通过产业信息化对其他产业的带动作用，实现产业的跨越式发展。

3. 完善国家创新体系，开展产业技术创新

我国虽然有条件建立国家技术和知识创新体系，但毕竟我们还是发展中国家，在目前的经济技术基础上提高技术和知识的创新能力，会受到基础创新资源薄弱、创新资源流动阻滞、创新体制不完善、创新主体规模与竞争能力不足等诸多环节的制约。因此，国家技术和知识创新体系的运行就需要政府扮演至关重要的角色，其基本职能是为创造、传播和使用科技成果制定明确的政策措施，创造良好的创新环境，因此，政府需在教育环境、投资环境、人力资源环境和市场环境等方面，扮演主导性的角色。

首先，完善国家知识基础设施的建设。国家知识基础设施由以下子系统组成：第一，知识创新系统。独立的科研机构和教学科研型大学，以高素质、高技能的研发人员为核心，以研发机构为主体的体系，具有以科技成果为主的知识资源。第二，技术创新系统。以产业的高素质研发人员为核心，以专利成果和技术诀窍为内容的体系。第三，知识传播系统。以各种教育培训机构为主，其他正式、非正式的专业机构网络组织为辅的体系。第四，知识应用系统。以社会科研机构和产业界为主体，以相应的技术应用和技术保障制度为内容的体系。

其次，改善投资环境。科技成果由于具有潜在性、复杂性和隐蔽性的特点而具有很大的风险性。为此，政府要重视发展技术创新的风险投资，鼓励风险投资公司的建立，其业务范围是评估科研机构的发明，对新技术、新产品和新服务项目进行风险投资，专利申请；开展技术服务、技术咨询、技术中介、技术转让、发放知识产权许可证和专利经营等业务。此外，国家技术和知识创新体系要通过制定各种技术创新风险投资法规，有效引导资金流向具有市场前景和产业效应的技术创新项目。同时，政府还应通过完善金融市场、证券市场、产权市场，以完善市场管理体系，全面改善技术创新的投资环境，如加大商业银行对技术创新的支持力度，设立科技创业基金来分散风险；适当增加金融品种，如发行科技债券、科技产业股票、科技典当租赁、科技贷款担保基金等，来支持科技成果产业化。

再次，设立创新战略规划体系。要设立专门制定创新战略的部门，制定不同时期的技术和知识创新战略规划。产业创新战略规划，如产业技术引进战略、科技产业指导战略、科技产业协同战略、产业竞争力提升战略等；产业创新发展规划，如创新资源使用与发展规划、政府创新投资规模与方式、技术转移与扩散模式、创新绩效评估方式等，以便对产业技术创新提供服务。国家技术和知识体系战略规划在实施过程中要充分利用中国经济发展前景良好、社会稳定的有利条件，通过建立多种形式的国际战略联盟，吸引国际创新资源、创新技术和创新人才，以缩短产业结构优化升级的学习过程。

最后，完善高科技人才培养制度。提高技术和知识创新能力的核心问题是人才问题，技术和知识的创造、传播、市场化、产业化等一系列过程，都与培养、吸引人才密切相关。这就要求根据科技人才需求规模，确立人才培养和引进规划，并以此制订教育投资与引进人才的经费分配计划，建立尊重知识价值、有利于人才成长和脱颖而出的机制。为此，要完善和发展培育高科技人才的良好教育制度；制定保护知识产权的政策，鼓励高科技人才进入高新技术产业领域，按市场规律，鼓励技术等生产要素参与收入分配，完善人才保障机制、收入分配的激励机制和有效的约束机制，建立能够吸引科技人员从事技术开发与成果转化的利益机制，为国家技术和知识创新体系提供具有创新精神和冒险精神的成功企业家。

11.2.4　以调整成本收益分配为主的财政政策

由于市场机制在解决生态环境问题方面存在缺陷，这就需要政府积极介入来弥补市场缺陷。在生态建设及生态环境保护中，政府运用的手段主要有经济手段和行政手段两种。经济手段分为“调节市场”和“建立市场”两类。“调节市场”是利用现有的市场来对生态环境进行管理，如征收各种环境税费、取消对生态环境有害的补贴、建立押金制度等；“建立市场”包括明晰产权、可交易的许可证等。经济手段与行政手段相比具有弹性大的特点，同时可以使外部成本内部化，促使经济与生态环境保护协调发展。财政政策作为实现政府经济目标的主要政策手段，同时也是政府履行其职能的物质基础，理应将一部分财政支出用于生态环境保护，由财政承担一部分生态环境保护的职责。财政政策主要通过征税手段、补贴手段、科斯手段等来发挥作用。

1. 建立生态环境保护财政投入机制

从国外情况看，一国环保投入的多少，主要取决于政府决策层的环保意识、国家的经济实力、科技的发展水平以及生态环境公共秩序的建立与管理水平等诸因素。各国的环保投入比重并不是无规律可循的。根据统计与测算，在现代生产力、科学技术和生态环境资源状况下，把 1%～2%的 GDP 用于生态环境保护，就可大体上控制污染，使生态环境质量保持在一个公众可以接受的水平；如果投入达到 2%～3%，就可以基本终止生态环境恶化的进程。限于目前我国的经济实力还不是很强，一次将 GDP 的 1.5%～2%用于污染治理是不现实的，可以考虑建立政府环保投资增长机制，通过立法形式确定一定时期政府环保投资占 GDP 的比例或财政支出的比例，并明确规定环保投资增长速度要略高于国民经济增长率，并将这一指标作为政府官员政绩考核的一项重要指标。

2. 加大政府绿色采购

政府采购作为政府实施财政政策的一项重要手段，它的采购方向、规模也影响着生态文明建设活动。政府进行的绿色采购是培植绿色产业、加强生态环境保护的一项重要手段，既可节省政府的财政支出，又能改进生态环境污染水平。我国推行绿色采购可以从以下几个方面着手。第一，大力倡导绿色采购观，培育绿色消费意识。绿色采购在我国还是一个较为新鲜的话题。因此，为了大力倡导绿色采购，首先应大力宣传绿色采购观，提高公众对绿色采购的感性认识；其次政府要带头购买和使用绿色产品。政府作为国内最大的消费者，它的消费倾向对其他消费者的影响是十分巨大的，可以引导社会消费方向。第二，制定必要的政策和法律法规，确保绿色采购有效进行。必须从生产、购买、消费等环节上，进一步规范绿色行为，从而形成一条完整的“绿色链”。从生产环节上看，由于绿色生产是购买和消费的“绿色源”，因此，必须把绿色生产纳入法制化轨道，通过法律法规，把那些耗能高、严重污染生态环境的生产企业淘汰出局，并通过一定措施鼓励和支持绿色产品生产企业的发展，从市场供应方面为绿色采购和绿色消费提供保障。在购买环节上，首先要加快制定政府绿色采购标准，引导企业生产和规范政府的采购行为；其次要尽快出台政府采购的绿色产品“清单”。由于绿色产品“清单”是权威部门根据国家标准及检测标准结果而开列的达到绿色标准的产品和服务项目，因此，可以通过“清单”来进一步明确政府绿色采购的范围；再次，在招标投标制度中体现绿色采购思想，使其与《政府采购法》中的“保护生态环境”要求相衔接。在消费环节上，要制定必要的政策和法律法规，调节和规范人们的消费活动及行为，限制不合理消费，倡导绿色消费。

3. 改革现行的税收政策

首先，我国新一轮税制改革也应考虑绿色税制的要求，将生态环境税收思想贯彻到税制改革中去。第一，扩大资源税课税范围并科学制定其税额标准。尽快增加土地、矿产、森林、草原、滩涂、地热、大气、水等各个再生和非再生资源领域的税目。对高硫煤征收高税额，以限制高硫煤的开采和使用。同时，要调整税额，不仅要将资源级差地租和绝对地租纳入到税额中，而且还要将资源开采产生的生态环境成本考虑进去。第二，扩大消费税范围并提高消费税税率。把过度耗费自然资源、严重污染生态环境的消费品，如一次性筷子、一次性使用的电池、氟利昂等产品列入消费税的课征范围。适当提高鞭炮、焰火等应税消费品的消费税税率；对进口的不利于环保的产品和设备适用较高的税率。第三，调整营业税。对木材、药材、稀缺性动植物等容易破坏生态环境引起生态环境污染的产业规定较高税率；同时，降低那些有利于保护生态环境、消费自然资源较低的产业的税率。第四，改革关税。对进口的环保设施、环保材料可采用较低的关税税率，对进口的对生态环境有严重污染和预期污染而又难以治理或治理成本较高的原材料、产品征收较高关税；对出口的消耗国内大量资源的原材料、初级产品、产成品征高税。第五，改革车船使用税。将现有按载重划分的分类分级课征的车船使用税改为按燃料动力分类分级。对已提出的燃油税征税方案，要尽快实施，以鼓励人们使用非机动车辆，减少生态环境污染。

其次，开征生态环境保护税。生态环境保护税是指对开发、保护和使用生态环境资源的单位和个人，按其对生态环境资源的开发、利用、污染、破坏或保护程度进行征收或减免的税收体系。

4. 加大财政补贴力度

由于生态环境保护具有很强的外部性，企业获得的私人收益远远小于社会收益，造成公共产品的供给量相对不足，甚至有些产品供给为零。为了提高企业生产这种产品的积极性，需要对企业进行补贴，提高其收益水平。

这里所说的补贴，可以是直接补助，也可以是低息贷款，还可以是减免税。虽然这些补贴手段的形式各不相同，但实质是一样的，作用机理也是相同的，它们刺激企业减少排污量的作用和税收类似，政府给企业的补贴额正好等于社会边际成本与私人边际成本的差额。

完善财政补贴措施，可以从以下几个方面着手。第一，提供优惠贷款，即对企业生态环境投资项目在贷款额度、贷款利率、贷款条件等方面给予优惠。第二，对企业投资于防污设备给予投资抵免、税前还贷、加速折旧等多种形式的税式支出。财政除对废弃物利用给予直接税收减免外，还应允许企业对生产经营过程中使用的无污染或减少污染的机器设备实行加速折旧制度，这样不但可以把污染的可能性遏制在萌芽状态，还可以鼓励企业积极开发先进技术，加速设备的更新换代。此外，还应该加强税式支出对治污领域里的科技研究与开发的推动作用，将政策优惠的重点从事后鼓励转为事前扶持。第三，利用财政资金或专项基金对环保产业和有明显污染削减的技术改造项目进行倾斜。政府还应通过各种渠道积极争取国际金融组织、外国政府优惠贷款的援助。

5. 完善排污收费制度

排污收费自 1978 年开征以来，经过 20 多年的发展，已经成为一项比较成熟的生态环境管理制度。由于收费制度具有很强的灵活性和目的性，社会公众的可接受性较强，因此目前还不能全部将收费改为征税。然而我国现行的收费制度还存在很多问题，既然不能全部将收费改为征税，那么改革目前的收费制度就成为必需。

首先，建立执法队伍。必须建立能代表国家利益的队伍进行环保执法，解决生态环境保护中执法不严的问题。通过建设良好的法制生态环境来维护排污收费制度的严肃性，使企业明白排污费既不是可收可不收，也不是可以讨价还价的，而应该按照生态环境经济政策办事，特别要防止排污费征收过程中的寻租行为。其次，转变征收方式。由目前的超标征收向总量征收转变，由单一浓度标准向浓度与总量相结合转变，由单因子标准向多因子标准转变，逐步提高收费标准，使其达到甚至超过污染物治理的投入，从而促使排污者从自身经济利益出发治理污染。再次，扩大征收范围。对倒放大量固体废弃物污染地表生态环境征收垃圾费；对居民生活废水收费等，将还未纳入征税范围但又造成生态环境问题的行为或产品进行收费。最后，加强收费管理。按照生态环境管理的“属地”要求，对排污费进行属地征收。对排污费实行“收支两条线”管理，设立专门账户，实行专款专用，提高环保资金使用效率，使排污费的收、管、用相统一，以增强排污费征收部门的积极性。

第 12 章　我国生态文明建设中经济发展方式的转变

12.1　生态文明建设与转变经济发展方式的关系

建设生态文明要求保护环境、节约资源，实现经济发展与资源环境相协调；同样，转变经济发展方式要求从粗放式、高污染、高消耗的发展方式向集约式、低污染、低消耗的新型经济发展方式转变。因此，生态文明建设是转变经济发展方式的重要途径，转变经济发展方式的目的是实现生态文明，二者的关系具体表现在以下四个方面。

12.1.1　生态文明建设是经济发展方式转变的重要目标

进入工业时代以来，工业大生产经济发展模式下人类社会物质财富积累迅速增加，经济增长水平显著提高。但是，工业文明下传统的经济增长方式以自然资源高消耗、生态环境高污染为代价，工业大生产造成全世界范围内严重的环境污染，自然灾害频发，日益严重的生态环境问题已经威胁到人类社会的可持续发展。从我国的经济发展来看，新中国成立以来，我国始终将经济建设作为首要任务，并在相当长的时间内认为经济建设就是谋求经济快速增长和经济总量的扩张。我国利用较短的时间快速完成了工业化，现代化建设的步伐也紧跟其后。快速工业化使得我国社会物质财富生产迅速增加，传统经济增长方式也推动了我国改革开放以来几十年的高速增长，但是也引发了严重的生态环境问题。环境污染、资源枯竭和自然灾害频发成为阻碍我国经济社会可持续发展的重要障碍，转变传统经济增长方式刻不容缓。

生态文明是不同于传统工业文明的新发展理念，是对传统发展观和经济发展方式的反思和否定。党的十七大报告曾指出："建设生态文明、基本形成节约能源资源和保护生态环境的产业结构、增长方式、消费模式"。可见，生态文明蕴含着调整产业结构，形成新的经济增长方式和消费模式。传统经济增长方式下产业结构严重失衡，第二产业比重过高，且行业间分布偏差严重，人们的消费观念和消费模式体现出奢侈浪费的特征。转变经济发展方式首先就是要调整原有的产业结构，通过扶持第一产业，发展第三产业来降低第二产业在国民经济中的比重，发展新型经济调节第二产业中的行业失衡。经济发展方式转变还意味着对传统经济增长方式的反思和否定，通过技术进步和管理创新等手段改变传统增长方式下高消耗、高污染的生产性质，使经济增长体现出环境友好和资源节约特征。

生态文明建设中倡导新型消费理念和消费模式也是转变经济发展方式过程中必须实现的目标，发展第三产业，特别是生态产业和文化娱乐产业，可以引导居民改善自身的消费结构，改变以往以物质资料消耗为主的消费模式。经济发展方式转变过程需要围绕生态文明建设提出的产业调整、增长方式和消费模式改善等目标展开，这样才能够为经济发展方式转变提供正确的方向导航，使经济发展方式的转变真正实现经济发展、生态环境与自然资源的协调。

12.1.2 生态文明建设是经济发展方式转变的核心内容

经济发展方式转变是一个多层次的系统性工程，包含发展理念、发展模式、发展成果评价、发展成果分享等多方面，而生态文明建设则贯穿于每个领域中，成为经济发展方式转变的核心内容。首先，经济发展方式转变的理念指导应该是生态文明，以生态文明看待发展问题，才能够纠正以往工业文明下工业大生产造成的资源浪费、环境污染和居民消费观念落后的状态，保证经济发展方式转变方向正确。其次，生态文明建设强调对传统发展模式的反思，通过改变经济发展中的产业结构、要素投入机制等方式提高传统发展模式产出效率。生态文明重视新型经济的培育和发展，循环经济、低碳经济等是对传统工业大生产模式的挑战，在保持经济产出和社会就业稳步增长的同时节约自然资源，保护生态环境，是经济发展方式转变要实现的重点领域。再次，生态文明建设为经济发展方式转变的成果提供了良好的评价机制。经济发展方式转变过程中对技术进步和技术创新的评价应该以生态经济等新经济形式的标准来衡量，综合考虑经济产出、资源消耗、污染排放三个方面，以综合指标评价经济发展方式转变的效果。即使在传统的工业经济形式中，只要技术创新能够达到生态经济同样的要素投入、经济产出和污染排放水平，传统工业经济形式也能够实现向生态经济、循环经济和低碳经济的转变。最后，生态文明建设强调人的全面发展，人类的可持续发展。这一方面包含当代人的发展、自然资源与生态环境之间的协调，也包括代际的可持续发展。经济发展方式转变带来的发展成果是人类可持续发展的保障，成果分享在当代人之间要考虑到不同群体之间的平衡，尽可能使所有人都享受到发展方式转变带来的好处。另一方面，经济发展方式转变成果的分享不仅要考虑当代人的发展和利益，更应该考虑后代人的利益，不仅体现出当代人群体间的公平，也要体现出人类代际发展上的公平。生态文明建设从发展理念到发展成果的分享，贯穿于经济发展方式转变的每一个层面，构成经济发展方式转变的核心内容。

12.1.3 实现生态文明是经济发展方式转变的重要手段

生态文明建设不仅是经济发展方式转变的重要目标和核心内容，也是实现经济发展方式转变的重要手段。首先，从生态文明建设中的经济建设来看，生态文明建设包含着生态经济发展和生态产业培育等重大经济问题，这为经济发展方式转变提供了思路。生态经济作为一种新的经济类型，包括循环经济、低碳经济等多种经济形式，蕴藏着新的经济增长点。随着全球气候变暖等问题的日益严重，生态经济在全世界范围内普遍得到重视，成为各国经济竞争力的重要体现。生态产业具备低消耗、高产出的特征，具备很大的市场空间，建设生态文明为推动生态产业发展、扩大生态经济规模提供了契机。国家通过系统的产业培育计划和环境、能源工程项目，加大对生态技术和生态产业发展的支持力度，这将增强我国在生产技术革新和管理创新方面的实力，有助于我国拓宽经济发展空间，在经济保持稳定增长的同时提高经济竞争力，实现经济发展方式转变的目标。

其次，从生态文明建设中的生态建设来看，生态文明建设首先注重生态环境和自然资源的保护，提倡节约资源，这有助于为经济可持续发展和发展方式转变提供良好的生态环境和资源基础。一方面，生态环境改善有助于提高环境系统的承载力，良好的生态系统可以为经济发展方式转变的政策实验提供更好外部环境。另一方面，从经济发展方式转变本身来看，经济发展方式转变中人才和技术创新占据重要地位，但吸引高端人才不仅依靠工资水平，同时也受到地区生活环境的重要影响，优越的生态环境更容易吸引到高素质劳动力。而且高科技技术往往也对研发地和生产地的水环境、大气环境等生态状况要求严格，越好的生态条件对高新技术的吸引力越大。生态文明建设着重强调生态环境的保护和提升，在改善自然生态环境的同时，提高了本地区吸引高素质劳动力和高新技术的优势，有助于推动经济发展方式转变的实现。

12.1.4　生态文明是衡量经济发展方式转变的重要标准

生态文明建设中经济发展方式转变是对传统发展模式的深刻反思和纠正，建立完整的衡量标准和评价体系，对生态文明建设和经济发展进行有效监测、科学规划和定量考核具有重要意义。从生态文明建设的要求出发，应该在经济发展、环境建设、资源节约三个维度上建立经济发展方式转变的评价指标，其中包括生态环境文明、生态经济文明、生态社会文明、生态文化文明和生态保障文明五个方面的内容，全面系统反映生态文明建设中经济发展方式转变给社会可持续发展和人的全面发展带来的影响。其中，生态环境文明反映了经济发展方式转变的环境效益，从资源消耗和生态建设两个方面体现新型经济的环境友好性；生态经济文明反映经济发展方式转变的经济效益，体现发展方式转变后对经济发展质量提升的推动性，在保证增长质量的基础上实现总量增长；生态社会文明、生态文化文明和生态保障文明集中反映经济发展方式转变对人的全面发展造成的影响，从社会和谐、文明进步和生存环境保障三个角度衡量人的全面发展程度。在这五方面内容下可以设计更加详细的评价指标，来反映经济发展方式转变的具体信息。

通过上述三个层次的评价体系，综合反映经济发展方式转变的实际效果，可以发现生态文明建设中发展方式转变存在的问题，为进一步完善经济发展方式转变提供借鉴和指导。

12.2 以生态文明视角看待我国经济发展方式转型

生态文明是一种新的文明理念，是对传统发展观念的深刻反思和纠正。本节将从生态文明视角研究传统发展方式存在的不足，在经济发展的目标转型和经济发展范式转型两大层次上理解生态文明建设背景下经济发展方式转型具有重要意义。

12.2.1 以生态文明视角看我国经济发展的目标转型

新中国成立以来，我国的经济发展目标长期停留在经济增长和物质财富生产的层面。在这样的目标下，从地方政府到居民个人，增加经济产出和货币收入成为指导人们行为的核心激励。正是由于追求经济增长的目标激励，改革开放以来我国的经济始终保持高速增长，创造出了中国奇迹。但是，发达国家经济发展的经验告诉我们片面追求经济增长将会导致严重的生态破坏和资源浪费，最终还要回归到环境治理上来。随着经济增长速度和经济总量的提高，中国的环境污染、资源枯竭和自然灾害问题也越来越严重，特别是近年来出现的严重雾霾天气，使人们对传统经济发展目标的反思越来越多。从生态文明的视角出发，我国经济发展的目标转型应该包括以下几个方面。

1. 从总量追赶到质量提升

新中国成立后，中国的经济发展建立在落后农业经济和工业经济基础上，经济总量与欧美工业化国家存在巨大差距，从总量上追赶欧美工业化国家是新中国成立以后中国经济发展的主要目标。改革开放激发出中国经济增长的活力，特别是进入21世纪以来中国经济的追赶速度迅速提升。2002～2011年，中国经济年均增长10.7%，而同期世界经济的平均增速为3.9%；中国经济总量占世界经济总量的份额，从2002年的4.4%提高到2011年的10%左右，特别是截至2010年，中国的名义GDP达到58 768亿美元，中国经济总量在世界的排序从2002年第六位上升至2010年全球第二位。60多年来，中国的经济发展一直追求总量追赶，长达60年的追赶过程推动了中国快速工业化的完成，经济总体实力显著提高。但是，中国也为总量追赶的目标和取得的成果付出了沉重代价，总量追赶激励下经济社会发展形成的很多不利因素成为阻碍我国经济发展质量提升、人民生活水平提高的重要原因。

总量追赶目标下，虽然经济总量快速增长，但是经济增长的质量并不高。长期以来，中国经济发展的投入要素中，自然资源和劳动力投入都占据着主要地位，无论是传统全要素生产率还是环境全要素生产率对我国经济增长的贡献率都不高。依靠资源要素和劳动力要素投入带动经济增长的方式具有不可持续性，自然资源的有限性导致这种发展方式下资源出现枯竭，地区经济发展陷入困境。同时，资源依赖也造成了严重的生态环境问题。资源开发和利用过程中对生态环境的破坏导致严重的环境污染，并诱发自然灾害给经济社会造成不利影响。经济总产出中相当一部分被用来治理污染、预防和应对自然灾害，从经济增长的质量角度出发，传统的总量赶超目标下的经济发展成果并没有真正体现中国的总体经济实力。生态文明理念对传统的总量赶超目标进行反思，以提升国家总体经济的可持续发展和竞争力为切入点，实现经济发展目标从总量追赶到质量提升的转变。质量提升目标不仅要求经济总体水平在世界范围内不断上升，更加重视竞争力培育和增长质量的提升。在质量提升目标下，经济总产出与资源消耗、生态保护相协调，经济增长与人的全面发展相结合，以质量看待经济增长是生态文明理念下经济发展目标的重要转变。

2. 从总量扩张到结构优化

经济发展在一定程度上体现为经济总量的扩大，经济总量是农业文明时代和工业文明时代评价经济发展水平最重要的指标。农业文明中，经济结构单一，主要以农业部门为主。工业文明中，工业部门的产出占比不断增大，工业生产占据主要地位。在生态文明中，经济发展强调第一产业、第二产业和第三产业间的协调发展，培育和发展大量的生态经济。从人类文明的演进历程来看，农业文明和工业文明是传统文明时代，在这个阶段经济发展的目标基本上表现为总量扩张，绝对产出量的增加被认为是经济发展的唯一体现。传统文明观下，并不严格区分不同部门对经济增长的贡献度，也忽略了不同部门间在资源消耗和生产效率上的差异性，这就导致传统文明时代高效率但规模较小的科技产业难以发展壮大。中国在农业文明时代重视农业生产，忽视生产技术革新和商业经济发展，其中一个重要的原因在于农业生产可以在较短的时间内实现经济总量的扩张，而技术产业的规模产出效益需要较长的时间，在总量扩张目标下，长期有效率的生产组织方式难以取得发展。工业文明同样具有总量扩张的特征，通过工厂的机器大生产，只要增加原材料和劳动力投入，扩大生产规模，就能够实现经济总量的扩大，总量扩大在工业文明时代被认为是经济发展和有效率的表现。

总量扩大目标导致经济增长的单一化和相对效率的损失，随着规模的不断扩大对自然资源的依赖度越来越高，也引发了严重的生态环境问题。生态文明丰富了关于经济发展目标的认识，认为不仅要实现总量增加，更应该重视增长结构的优化和增长要素的多元化。生态文明建设就是要通过调整国民经济中的产业结构，使第一产业、第二产业和第三产业同步发展，优化经济增长的产业结构。通过优化产业结构，实现各产业的升级发展，特别是对于第三产业，它是生态文明时代经济竞争力的核心，也是经济实力和经济发展质量的集中体现，其中生态经济更是扮演着重要角色。第三产业的升级发展同时可以改善居民的消费结构，如生态旅游、文化娱乐、低碳环保产业等的发展可以改变长期以来人们形成的对工业制成品过度消费的偏好。居民消费结构的优化又会带动产业结构的升级，在生产结构和消费结构上形成良性循环，从根本上改变农业文明和工业文明时代单纯以经济总量扩张为目标的经济发展理念。

3. 从经济扩张到追求人与自然的和谐

人类社会的发展一直都依赖于对生态环境和自然资源的索取，农业文明和工业文明中生态环境和自然资源被认为是服务于人类社会经济扩张的目标，以自然环境接受人类的改造推动社会的物质生产和财富创造。在这两种传统的文明观下，虽然生态破坏和资源浪费并非人类经济活动的直接目的，但却是直接结果，并且人类经济行为给自然环境造成的损失和破坏并未得到应有的重视，最终导致自然界对人类社会产生毁灭性的惩罚。人类文明的发源地主要有四大地区，中国、古印度、古埃及和古巴比伦王国一起被称为人类历史上的四大文明古国，但古巴比伦王国在公元前 2 世纪就已经消失。历史上的古巴比伦王国曾是西亚地区一个经济发达、社会繁荣的国家。但是随着人口增加和经济规模的不断扩张，为了保证粮食产量增加，古巴比伦人在幼发拉底河和底格里斯河的上游地区大量砍伐森林，引起了严重的水土流失。两河的中下游地区平原淤积，河道堵塞，洪水成灾，大面积土壤变成沙地，到公元前 2 世纪古巴比伦王国便成了废墟。在工业文明时代，单纯追求经济扩张虽然没有造成一个国家的覆灭，但是也带来了全世界范围内多方面的环境问题，全球气候变暖、自然灾害频发和环境污染严重威胁着人类社会的持续发展。

生态文明要求在实现人类社会发展的同时，协调好与生态环境、自然资源之间的关系，认为人类社会应与自然和谐共处。生态环境和自然资源不仅是人类经济发展的直接投入品，也应该是经济发展的产出品，经济发展需要重视生态环境建设和自然资源的培育。经济发展的目标不仅是实现物质财富积累，经济扩张，也应该着眼于改善人类赖以生存和发展的自然环境。从生态文明视角出发，经济发展目标由单一经济扩张转变为寻求人与自然的和谐发展，人类社会与自然的和谐发展不仅包含了经济的短期增长，也包含经济长期可持续增长。经济发展目标多元化转变可以促进环境建设和新资源培育，这种投入会在人类社会长期发展过程中提供持续的要素供应，推动可持续发展。

4. 从以物为本到以人为本

一个国家在经济发展初期，总是倾向于高投入、高消耗、高排放，追求高增长率和大规模生产，这实质上是一种“以物为本”的经济发展模式，即单纯追求产出的增长，且主要依靠增加生产要素和扩大生产规模来实现。从经济发展的投入上来看，在以物为本的发展理念中体现出高投入、高消耗的特征，经济增长中物质资料的消耗占据主要地位，自然资源的消耗大于经济发展的水平。新中国成立以来，我国 GDP 增长了 10 倍多，但是矿产资源的消耗却增加了 40 倍，水资源的消耗和污染更是达到异常严重的地步。从经济发展的产出结果上来看，以物为本的发展理念只是增加了社会物质财富，但却造成了严重的生态破坏和环境污染。由此引发的生态危机和自然灾害又会减少已有的物质财富，甚至对社会造成毁灭性的打击，经济发展的实际产出效率很低。从人的发展来看，以物为本的发展理念下人的发展是片面、低水平的。人的发展被看作是追求物质资料消费上的极大满足，忽视人作为社会主体和经济主体的地位，高层次的精神发展存在严重不足，人的整体福利水平比较低。

生态文明强调以人为本的发展理念，将实现人的全面发展作为经济发展的目标。以人为本的发展理念与以物为本的发展理念存在本质上的区别。首先，从经济发展的投入机制上来看，以人为本更加重视人力要素和人的创造力在推动经济发展中的重要作用，并不是依赖于物质资料的投入。提倡通过人的创造力尽可能减少经济发展中对自然资源的使用，使经济发展转为低消耗、低污染、高产出的状态。其次，从经济发展的结果上来看，以人为本的发展追求经济、社会、环境的全面发展，因为其中任何一方面都直接关系到人的发展和切身利益。经济发展的成果不只表现为经济产出增长，更体现为社会状态稳定，生态环境条件优化多个层次。最后，以人为本的着重点是实现人的全面发展，这是与以物为本的发展截然不同的地方。以人为本在保证人的物质资料消费的基础上，更加重视自我实现和精神享受，不仅保证人在经济上的基本福利，更努力实现人的社会价值，促进人类整体福利水平的提高。

12.2.2　工业文明经济发展范式到生态文明发展范式的转型

人类社会进入工业文明以来，经济增长速度和物质财富积累都达到了极高水平，但是自然资源消耗和生态环境污染也呈现出前所未有的状态，生态破坏和环境恶化逐渐影响到经济持续发展，近年来全世界范围内经济增长的速度普遍放慢，工业文明下高增长的时代已经过去。从我国的经济发展来看，在经历了改革开放 30 多年的高速增长后，近年来经济增长速度也逐渐放缓，特别是 2010 年中国经济赶超日本成为全球第二大经济体后经济增长速度持续下滑，从 10％下降到7％～8％。中国经济由高速增长向中高速增长的转变是中国经济的新常态，也是生态文明时代中国发展范式转型的体现，具体表现在以下几个方面。

1. 发展导向转变：追求利润——→追求可持续发展

追求经济利益一直以来都是人类经济活动的直接导向，特别是在工业文明时代，企业以自然资源的无限供给为生产假设，通过不断增加资源要素投入实现产出规模最大化，谋求利润最大化。企业的生产一方面消耗了过多的自然资源，另一方面也排放了大量的污染物，企业生产规模越大，对自然资源和生态环境的破坏越严重。但是，工业文明下的社会发展导向主要以追求利润为主，企业的利润水平和吸收就业的能力决定了它对社会的贡献程度，从而轻视了企业生产给生态环境造成的损失。居民个人的经济行为也体现出追求利润和收入最大化的发展导向。工业革命以来城市规模迅速扩张，大量的劳动力涌入城市，导致城市的生态系统面临巨大压力，城市卫生状况下降，居住在城市边缘地区居民生活条件恶劣，健康水平和受教育程度普遍较低。在农村地区居民为了获得收入和经济利润，对自然资源无序开采，生态环境系统遭受严重破坏。地方政府的工作中心也始终围绕地区经济增长最大化目标，政府间展开经济增长的激烈竞争，追求利润的发展导向在各行为主体上都能得到印证。

生态文明作为一种新的文明，它改变了工业文明时代的发展导向，提出实现可持续发展的目标导向。可持续发展不仅要实现经济利润增加，同时要求兼顾生态利益和环境利益，在必要的情况下以牺牲一定的经济利润去换取生态环境利益。近年来，我国经济增长的速度放缓，符合生态文明下发展导向转变的要求。我国面临日益严重的生态环境问题，主动降低经济增长的速度，调节经济增长中对生态环境的不利因素，通过自我修复的办法来纠正工业文明时代发展存在的误区，使经济发展和生态环境回归到正常状态。只有在可持续发展的指引下，经济增长速度的降低才会被正确理解，经济发展、环境保护和生态建设之间的相互协调才能够真正实现。

2. 要素投入转变：资源要素——→创新要素

工业文明时代以机器大生产为特征，经济产出水平由工厂规模和原材料的投入多少共同决定，经济增长对自然资源的依赖性很高。典型的地区如德国的鲁尔区、美国的匹兹堡，都是工业文明时代依靠自然资源迅速发展的地区。但是，随着自然资源的枯竭，在经历了百年的快速增长后，这些地区也面临着快速衰落的困境。工业文明下生产要素投入单一，因为与自然资源紧密相关，经济发展的风险高。同时，投入要素单一化加重了自然环境的负担，资源枯竭的步伐加快。以自然资源为主要要素的生产模式严重破坏了生态环境，导致自然资源枯竭后地区经济转型的困难增加，生态破坏影响到其他产业的发展，曾经快速增长的资源型地区陷入发展危机。以资源要素为主的要素投入方式对经济稳定增长的冲击被不断证实，资源依赖造成对人力资本、技术进步等要素的挤出效应，使得长期经济发展失去动力，工业文明下生产要素的投入机制对经济长期发展和生态环境建设有着不利影响。

生态文明强调经济发展与生态环境的协调统一，经济发展要依靠生态环境资源，同时也应该建设生态环境。在生态文明时代，经济发展的投入要素由单一的资源要素向多元化转变，并且自然资源投入在经济增长中的重要性降低，技术进步和管理创新等要素的作用越来越大。生态文明发展范式中，生态经济是实现可持续发展的重要手段。生态经济发展立足于生态环境，依靠技术进步和管理创新在降低资源消耗和环境污染的条件下保证经济产出水平的提高。创新要素驱动成为生态文明时代经济竞争力的核心要素，也是一个国家实际经济发展水平的重要指标，创新要素包含了技术创新、管理创新、制度创新等多种要素，每一个要素都会对经济长期发展产生重要影响。

3. 动力结构转变：投资为主——→综合动力

生态文明中发展范式转型的一个重要领域就是经济发展动力的转型。传统工业文明中经济增长取决于工厂规模和资源要素的投入状况，工厂规模则依赖于投资水平，依靠投资拉动经济增长是工业文明时代增长动力的主要形式。在这种模式下，居民的消费动力不足，而出口对国外经济环境的依赖性较高，出口导向型经济面临较大的不确定性风险。消费不足，出口受阻，依靠投资的动力结构是不合理的，无法保证经济长期发展。在生态文明中，实现经济增长动力结构由投资为主向投资、出口、消费综合带动的结构转变是发展范式转型的重要内容。动力结构转变的重点在于扩大国内消费需求，首先要提高国内消费在拉动经济增长中的比重，适当降低投资和出口水平。其次，生态文明提出改善居民传统的消费理念和消费模式，通过创造新的消费增长点来扩大国内消费需求。

消费需求扩大的一个重点在于创造新的消费点。生态文明下单纯的物质资料消费已经不符合人们的消费理念，生态环境恶化的背景下，生态环境和精神产品的消费需求增加。生态经济发展为人们消费更好的生态产品提供了可能，生态产业的竞争力提升可以增强国家的出口竞争力，增加对外出口，从两个方面改善经济增长的动力结构。生态文明下消费理念的更新使人们更加重视自身的发展和精神层次的享受，改变工业文明中浪费物质资料的消费陋习。通过改善消费结构支持新型经济发展，也将促进个人的全面发展。

4. 支柱产业：土地产业——→黑色产业——→绿色产业

农业文明时代，土地是最重要也是唯一的生产要素，一切产业的发展都依赖于土地资源。农业文明时代经济农业产业占据绝对主导地位，工业部门在经济发展中的作用很小，并长期没有得到重视。社会物质财富的创造、生产技术的革新等都围绕土地要素展开，一切的生产性活动都要以提高土地的产出为目标，土地决定了经济发展水平和一个国家的经济实力。进入工业文明时代，工厂大机器生产对动力的依赖使煤炭、石油等资源要素成为影响经济发展的核心要素，经济活动都围绕着这条“黑色产业”带展开。总产出水平受到能源资源的限制，技术进步和管理创新的目标集中在开发更多的能源资源、提高能源利用效率上。工业文明时代人类社会的物质财富规模和种类都达到了极为丰富的状态，其中大量的工业产品的原材料都是煤炭、石油这些“黑色金子”，能源资源不仅为工业时代的机器大生产提供了动力，也为工业产品种类的丰富提供了基本的原材料。经济增长的决定因素是能源资源的投入水平，国家经济竞争力集中体现为对能源资源的控制和利用上，20 世纪中后期，石油资源对世界经济的冲击有力地证明了工业文明时代能源资源以及与之相关联的“黑色产业”给人类社会带来的巨大影响。

在生态文明时代，土地和能源资源在经济发展中仍然占据着重要地位，但是它们对经济发展的影响程度比起农业文明和工业文明时代有所降低，生态文明中经济发展的支柱转变到“绿色产业”上。关于绿色产业的定义存在一定分歧，从不同层次理解绿色产业，其内涵也就不一样。从广义的角度来讲，绿色产业包含积极采用清洁生产技术，采用无害或低害的新工艺、新技术，大力降低原材料和能源消耗，实现少投入、高产出、低污染，尽可能把对环境污染物的排放消除在生产过程之中。绿色产业发展中技术要素、资源要素、管理要素都发挥着决定性作用，它不同于黑色产业中资源要素占据支配地位，任何一种要素的缺失都会使经济增长的结果无法达到生态文明中支柱产业的要求。绿色产业作为生态文明时代的支柱产业，自身的发展与生态文明提出的经济、社会、生态、资源的协调统一是高度契合的，绿色产业的发展状况直接反映了生态文明建设中经济发展方式转变的效果。

5. 发展特征：粗放型经济——→集约型经济——→低碳型经济

从农业文明开始一直延续到工业文明中经济发展在不同程度上都体现为粗放型经济，主要依靠增加生产要素的投入，即增加投资、扩大厂房、增加劳动投入来扩大生产规模，实现经济增长，这种经济增长方式也被称为外延式增长。粗放型经济以资源高消耗、环境强污染和废弃物高排放为特征，单位经济增长的代价最大，从当前世界经济发展的状况来看，粗放型经济主要有两种典型代表：迁移农业和游牧业。但是随着自然资源的逐渐枯竭，特别是土地资源和矿产资源的减少，在传统农业和工业生产中逐渐出现了集约型经济。集约型经济在原有生产规模不变的基础上，采用新技术、新工艺以及改进机器设备等方式来增加产量，与粗放型经济相比这种经济提高了资源的利用效率，被称为内涵式增长。粗放型经济向集约型经济的转变是由经济发展阶段和自然资源的供给状况决定的，从发达国家的经验来看，在工业化初期，经济发展都是以大规模投资、大量开采和消费原材料、生产数量迅速扩大为特征。进入 19 世纪末，大多数的发达国家逐渐完成工业化，并且很多地区面临自然资源枯竭的困境，经济发展由粗放型向集约型转变。我国的经济发展中，改革开放之前经济发展更多体现为粗放式特征，生产的技术水平低，原材料浪费严重。改革开放后，技术引进和管理水平提高，资源的使用效率提升，经济集约化程度不断提高。

集约型经济立足于提高资源的使用效率，使单位产出的资源消耗降低。但是，生态文明要求经济增长与生态环境自然资源的改善同步进行，经济发展的同时提高自然资源的可持续利用性。集约型经济无法实现在经济增长过程中改善生态环境质量、提高自然资源的持续利用性的目标，必须依靠新的经济模式，低碳型经济作为新经济形式的代表成为生态文明时代经济发展范式转变的典型。低碳经济是以低耗能、低排放、低污染为基础的经济模式，是人类社会继原始文明、农业文明、工业文明之后的又一大进步，它是后工业化社会面临温室气体排放问题时实现碳生产力和人文发展均达到一定水平的一种经济形态。低碳经济包含了污染排放的低碳化和单位产出能耗的下降，低碳化要求在资源和能源消费结构中提高清洁能源的使用比例，清洁能源对资源的依赖度低，对生态环境的污染更小，同时也能够保证高水平的生产能力，这样就能够在实现经济增长的同时改善生态环境，提高自然资源利用的可持续性，体现出生态文明时代经济发展范式的基本特征。

12.3　生态文明建设中转变经济发展方式的路径

生态文明建设中经济发展方式转变必须结合当前我国生态环境状况下转变经济发展方式面临的困难，这些困难主要体现在传统发展理念、生态资源约束、产业结构失衡、消费方式不合理等多个方面。生态文明建设中转变经济发展方式的路径选择始终要围绕解决上述困难展开，以改变传统发展理念为起点，以调整产业结构、形成新型消费模式为核心，以保证生态环境资源存量为重点，多方面健全生态文明经济发展方式转变的评价标准，形成经济发展方式转变的总体路径。

12.3.1　摒弃传统发展思路，谋求可持续发展

新中国成立以来，发展经济、增加社会物质财富一直都是国家工作的中心，经济建设处于首要地位。长期的经济落后使人们认为经济建设就是实现经济增长和总量扩张，GDP 的增长速度和总量一直是国家考核地方政府官员的核心指标。

在居民的生活理念中，追求更高的货币收入也成为自身行为的主要导向，对社会发展的评价也较多以经济水平和收入状况为主要指标。传统的经济发展思路虽然以高消耗、高污染为特征，但是却在较短的时间内促进了我国经济的快速增长，特别是改革开放以来，中国经济始终保持高速增长，并创造出了中国奇迹。传统文明中对经济社会发展的总量评价思维加上传统发展模式取得的巨大经济增长成就，导致长期以来人们怠于去反思传统发展理念的弊端。经济的高速增长使人们改造自然和利用自然来创造取得财富的信心大增，盲目地追求经济总量使人们的行为偏离人与自然环境和谐相处的状态。

另外，经济增长与经济发展之间的区别长期被混淆，片面认为经济增长就代表着经济社会发展，对于经济社会发展缺乏全面认识。长期以来，我国重视的是经济增长方式的转变，没有上升到经济发展方式转变，存在发展理念上的误区。生态文明建设中经济发展方式转变的首要任务是扭转长期以来发展理念上的误区，摒弃传统理念下以总量扩大为标准的评价思路，以生态文明精神为引导，谋求可持续发展理念。将经济发展与生态环境建设紧密结合，并在适当的情况下可以通过主动降低经济增长速度来换取生态环境建设，把经济发展的成果应用到生态环境和自然资源的发展上，提高环境系统的承载力和自然资源利用的可持续性。从可持续发展的理念出发，将经济、生态、资源的协调统一作为社会发展状态评价的核心，将人的全面发展作为经济发展的最终目标，改变传统理念下单方面追求物质财富增长的发展理念。

12.3.2 考虑生态约束，保证生态资本存量

经济发展依赖于既定的生态环境和自然资源，生态文明建设中经济发展方式转变也要立足于生态约束，以保证生态资本存量为目标。生态约束是经济发展方式转变面临的客观条件，生态环境系统的承载力影响着经济发展方式转变的容错性。一个地区生态环境承载力越强，越能够承受经济发展转型带来的冲击和政策实验的不同结果，这些地区构成经济发展方式转变的主要阵地。生态环境脆弱地区环境承载力低，人们的经济活动对环境系统的影响大，经济发展方式转变的实验在这些地区可能造成不同的结果。特别是生态极度脆弱的地区，生态资本存量过低，不适合人类经济活动，这类地区应该列入限制开发地区，将已有的经济活动迁出，而不能以转变经济发展方式为理由进行大规模的经济活动，避免给生态环境造成无法恢复的破坏。因此，经济发展方式转变的实行中，要充分结合不同地区的生态约束条件，根据生态环境系统的承载力制定差异化的发展方式转变政策，对于生态极度脆弱的地区应该限制经济活动，将其列为生态保护区。

经济发展方式转变过程中立足生态约束，还要求发展方式转变的策略与地区生态资源相结合，因地制宜改造传统发展模式。例如，经济发展方式转变中高科

技技术的应用对生产效率提升和生态环境保护都有好处，但是这种作用的发挥依赖于高科技产业发展，而高科技产业是地区经济长期发展积累的结果，在短期内无法快速形成。不同地区的资源和初始经济条件存在差异，经济发展方式转变应该充分考虑这些差异，避免盲目引进不符合本地区经济条件、资源状况比较优势的产业，要立足于本地生态环境特点，发展地区特色的新型经济。适宜生态环境特征的发展方式在利用生态环境资源的同时，也可以起到建设和培育生态环境资本的作用，使经济发展与生态建设之间相互反馈，形成良好的循环机制。

12.3.3　发展生态经济，推动产业结构生态化

生态文明建设中经济发展方式转变的核心是调整产业结构，推动产业结构的生态化。产业结构的生态化包含多个层次。第一，在现有产业发展中提高产业的“绿色”程度。通过技术进步和管理创新等手段降低传统产业中单位产出能源消耗和污染排放，实现节约型增长。其中，循环经济发展在改造提高传统产业生态效益上具有重要作用，循环经济是生态经济的一个分支，以清洁生产、废弃物回收再利用和资源重复利用为特征，将环保产品生产与废弃物利用相结合。循环经济涉及产品生产—流通—消费的整个链条，以自然资源与环境承载力为标准，以生态化的经济活动为途径，来实现社会生产和消费过程中将废弃物的产生降低到最小值或零，这样可以从本质上减轻传统产业发展与生态约束之间的矛盾。

第二，更新能源利用方式，发展低碳经济。低碳经济是在温室气体排放和全球气候变暖问题日益严重的背景下，生态经济发展的重要内容。低碳经济的核心是改变传统发展的能源投入和利用方式，通过创新来降低能源资源利用过程中的碳排放度。由于能源资源具有不可再生性，低碳经济下新能源产业发展迅速，已经成为各国经济竞争的核心领域。低碳技术的交流和转让已经比较成熟，低碳产业对产业发展造成的影响越来越大。在发展低碳经济上，首先要加大对低碳技术研发的支持，低碳技术创新和能源创新需要长时间的研究，并且具有较高的收益风险，短期内企业缺乏投入动机。因此，政府要加大对低碳技术的财政支持，鼓励高校和研究机构投入到低碳技术的研究中。其次，建立低碳经济改革的实验区，将与节能减排和低碳技术发展的相关政策集中应用，形成低碳经济集群。

第三，大力发展如环保产业、水利工程产业、现代林牧业等以生态效益输出为目标的绿色环保产业，体现出绿色产业与传统产业在发展目标上的区别。这类产业与循环经济、低碳经济不同，它们的作用和目标不是通过改造传统产业，而是以输出生态效益为主。

12.3.4　转变生活消费方式，提倡生态消费理念

生态环境问题一方面与企业的生产行为有关，另一方面也受到居民消费行为

的重要影响。工业文明时代，传统消费理念过于重视物质资料消费带来的满足，形成了过度的物质消费和资源浪费，忽视对生态环境和精神产品的消费。生态文明建设中经济发展方式转变要着眼于改变传统的消费模式，提倡生态消费理念。首先，广泛传播生态文明关于人的全面发展的观点，使消费者意识到全面发展不仅意味着物质消费的满足，更包含了发展能力的提升。发展能力受到生态环境和精神培育的重要影响，人的全面发展必须重视自身的生存环境和个人精神水平的提升，推动消费者提高在生态环境和精神产品上的消费比例。其次，改善消费模式需要政府的政策激励，通过政策引导规范居民的消费行为，对绿色消费提供适当补贴。绿色消费要求人们在消费过程中不仅要体现出消费品原本的使用价值，还要从生态内涵角度体现出该商品特有的社会属性，绿色消费具有的社会效益外溢性需要政府政策支持。再次，推动社会环保组织的发展，通过环保公益活动影响居民的消费行为。社会组织在生态环境保护中的作用已经被大量证实。社会组织可以深入到消费者日常生活中，通过具体活动使消费者切身感受到生态消费模式对自身全面发展和生态环境提高的作用。最后，政府应加大对广告、消费贷款等商业行为的监管，取缔肆意扩大产品消费功能的广告，降低消费者由于广告宣传而盲目提高物质资料的消费水平。

第13章 西部地区经济发展中的生态文明建设

13.1 西部地区生态文明建设的自然环境及面临的问题

中国的西部地区，包括陕西、甘肃、宁夏、青海、新疆、四川、云南、贵州、西藏、内蒙古、重庆和广西12个省（自治区、直辖市）。该区域土地面积约为686.7万平方公里，占国土总面积的71.5%。西部地区与14个国家接壤，边境线长达10 000多公里。2011年，西部地区总人口约为3.55亿，占全国总人口的26.1%；其中，少数民族人口7000多万，占全国少数民族总人口的74.3%，大约包括20个少数民族。西部地区的耕地、森林面积占全国的50%以上，草地面积占80%以上。西部地区还具有能源、矿产资源、水能等资源优势，在全国已探明的160多种矿产资源里，西部地区就有130多种，一些稀有金属总量名列全国乃至世界第一，近年来更是成为全国煤炭产业基地。西部大开发实施以来，西部地区的经济发展水平不断提高。2011年，西部地区全年共实现地区生产总值99 738.26亿元，按可比价格计算，比上年增长14.03%，增速虽然比上年下降0.19个百分点，但高于东部地区3.42个百分点，高于中部地区1.25个百分点，高于全国平均水平2.25个百分点；占全国GDP的比重达到了19.24%，与2010年相比提高了0.56个百分点，为全国区域经济协调发展作出了贡献。2011年，西部地区人均GDP达到27 584元，按美元计算人均GDP达到4378美元。其中，有10个省份人均GDP超过3000美元；其中，最高的为内蒙古，超过9000美元；重庆（5475美元）、陕西（5260美元）、宁夏（5141美元）超过5000美元。西部地区在经济快速发展的同时，生态环境问题也日益加剧。历史上的西部林草茂盛，但由于长期以来的自然环境变化和人为破坏，西部地区的水土流失、土地荒漠化、物种减少、干旱洪涝等自然灾害问题日益严重。西部地区是全国主要江河的发源地，该地区的生态环境问题会直接影响到全国其他地区的生态安全和经济社会发展，对西部地区生态环境的研究和改善不仅会降低西部地区经济和社会可持续发展的阻碍，还能够为全国经济繁荣和社会稳定作出贡献，因此对西部地区生态文明建设的研究具有深刻的理论和现实意义。

13.1.1 西部地区生态环境的基本状况及特征

西部地区生态的总体状况可以概括为生态普遍脆弱，生态保护能力低下；局部有所改善，整体仍在弱化；浅层次问题得到缓和，深层次问题有所加剧，治理水平较差。西部地区生态环境问题突出的表现在以下几个方面。

1. 水资源短缺严重，干旱灾害频繁

“西部地区水资源总量 15 000 亿立方米，占全国总量的 55.66%，但分布不均，南多北少，其中西南占西部总水量的 82%”（苏婷婷，2007）。西部地区地处内陆，主要为干旱和半干旱气候，除四川盆地外，大部分地区水资源短缺，特别是西北地区全年降雨量不足 250 毫米，而地面蒸发高达 1000～2600 毫米，干旱成为影响西部大部分地区生产生活的重要问题。干旱不仅可以影响通过光合作用而直接影响生态系统生产力，还可以通过改变其他形式干扰的发生强度和频率来间接影响生产发展。30 多年来，西北地区的西部干旱有所降低，东部则出现加重趋势，生态系统净初级生产力年变化不规则，随着干旱的发生，净初级生产力出现下降，出现轻旱及中旱的地区，净初级生产力较低；相对湿润的地区净初级生产力较高。虽然西南地区的水资源占有量大，但由于主要受季风气候影响，加上地形作用，降水具有很大的不稳定性，2009 年秋至 2010 年春季发生的强烈干旱不仅给经济生产造成了巨大损失，更影响到人们正常的生活用水。

西部地区水资源缺乏、干旱频发既有气候条件和降水量差异等自然原因，也与不正确的生产生活方式有关。西部地区主要以灌溉农业为主，灌溉技术、设备落后，漫灌方式造成了水资源的浪费。同时，由于许多地方水权界定不清晰，水资源利用缺乏市场调节和约束机制，较低的水价不能反映水资源的稀缺性，也不能对水产品的过度消费行为产生成本约束。自然条件和社会生产生活因素共同造成了西部地区的水资源问题，在分析解决该问题时，不仅要从自然因素出发，更应该重视从社会条件的角度，将水资源的开发利用放到市场中，利用价格机制调节生产和消费行为。

2. 水土流失日益加剧

水土流失是西部地区一个重要的生态环境问题，主要表现为西北地区的风蚀、西南地区和黄土高原地区的水蚀以及青藏高原的冻融侵蚀。水土流失对西部地区的影响体现在生态环境的恶化，河流泥沙淤积，地区水资源质量下降。目前，西部水土流失面积约为 104.5 万平方千米，水土流失率为 15.15%，占全国水土流失面积的 58%。以黄土高原为例，现有水土流失面积为 50 多万平方千米，土壤侵蚀模数大于 5000 吨/平方千米，占 15 万平方千米，每年从黄土高原流失的土壤约 22 亿吨，地表每年要剥蚀 1 厘米，是世界水土流失最严重的地区之一。表 13-1 反映了 2011 年西部地区水土流失的状况。西部地区水土流失的加剧引起了各省份对水土流失治理的重视，而新增水土流失治理面积一方面反映了地方治理水土流失的努力，另一方面也反映出各省份水土流失的现状。

表 13-1　西部地区部分省份新增水土流失治理面积

省份	新增水土流失治理面积/千公顷	占全国新增治理面积比例/%	省份	新增水土流失治理面积/千公顷	占全国新增治理面积比例/%
内蒙古	445.3	11.11	陕西	658.7	16.46
四川	213.9	5.33	甘肃	203	5.06
贵州	145.1	3.62	宁夏	113.1	2.82
云南	330.1	8.24	总计	2109.2	52.63

数据来源：根据《中国环境统计年鉴 2012》整理计算

同时，水土流失严重影响了地区经济特别是农业经济的发展。水土流失造成耕地锐减，土地肥力下降，对农业生产有显著的负效应，水土流失的份额越大以及水土流失的程度越深，对农业 GDP 的负面影响越大。

在历史上，西部地区的森林茂密，水草丰美。但随着王朝更替，统治者大兴土木，西北地区的森林砍伐严重，森林的水土保持功能迅速下降。同时，伴随着西部地区人口数量的增加，为满足持续增长人口的生存需要，大量开垦土地，实行掠夺式开发和粗放式经营。近几年，伴随着退耕还林等环境改善工程的实施，西部地区的平均森林覆盖率从 2003 年的 15.56%提高到 2011 年的 23.28%，在这一时期内，全国的平均森林覆盖率从 16.55%上升到 20.36%，增加速度低于西部地区。西部地区的经济发展水平仍然与中部，特别是东部地区存在较大差距，经济建设仍将作为西部地区的工作重心。在经济建设的同时，应建立一套完整的生态环境评价体系和生态补偿机制，加大对生态环境保护的资金投入力度，将生态环境建设和地区经济发展有效结合起来。

3. 土地沙漠化、石漠化持续蔓延

土地荒漠化是指由于气候变化和不合理的人类活动，使干旱、半干旱和具有干旱灾害的半湿润地区的土地发生了退化，即土地退化，也叫“沙漠化”。2011 年，我国的沙化土地面积达到了 17 310.77 万公顷，占到了国土面积的 18.92%，其中，流动沙地达到了 4061.34 万公顷。土地沙化最重要的地区是西部地区（表 13-2）。

表 13-2　西部地区部分省区的沙化面积

省份	土地沙化面积/千公顷	沙化面积占全国比例/%	省份	土地沙化面积/千公顷	沙化面积占全国比例/%
内蒙古	4 146.83	23.96	甘肃	1 192.24	6.89
宁夏	116.23	0.67	青海	1 250.35	7.23
西藏	2 161.86	12.49	新疆	7 466.97	43.13
陕西	141.32	0.82	总计	16 475.8	95.17

数据来源：根据《中国环境统计年鉴 2012》整理计算

由表 13-2 可知，沙漠化主要出现在西北地区，其中，内蒙古、新疆、西藏三个省份的土地沙化程度最为严重。沙漠化特别是流动沙漠会直接造成土地面积减少、交通道路受阻等问题，同时还会间接导致沙尘暴、水污染环境问题，影响人们的正常生产生活；同时，流动沙地每年还在不同程度上由西部向东部蔓延，我国首都北京也被国际环保组织列为沙漠化边缘城市。

西部地区石漠化土地主要分布在喀斯特地貌区域，主要集中在西南地区。石漠化地区极易发生山洪、滑坡、泥石流，加上地下岩溶发育，导致水旱灾害频繁发生，几乎连年旱涝相伴；同时，石漠化山地岩石裸露率高，土壤少，储水能力低，岩层漏水性强，极易引起缺水干旱，而大雨又会导致严重水土流失，石漠化和水土流失互为因果，形成了恶性循环。截至 2011 年，我国石漠化土地面积为 1200.2 万公顷，占监测区国土面积的 11.2%，占岩溶面积的 26.5%。以云贵高原为中心的 81 个县，国土面积仅占监测区的 27.1%，而石漠化面积却占全国石漠化总面积的 53.4%，西南地区的石漠化问题成为农民贫困、生态环境恶化的罪魁祸首。

4. 草地退化，植被减少

中国的草原面积辽阔，2011 年全国共有天然草原 3.93 亿公顷，仅次于澳大利亚，位居世界第二位，但人均草地占有面积仅为 0.34 公顷，约为世界平均水平的一半。从草原的区域分布来看，我国的草原大部分分布在西部地区，其中，内蒙古、西藏、新疆、青海的天然草原分别为 0.79 亿公顷、0.82 亿公顷、0.56 亿公顷、0.37 亿公顷，四个西部省份的草原面积占到了全国草原面积的 65%，整个西部地区的草原面积则占到全国的 97.8%。西部地区可利用的草原面积为 2.32 亿公顷，占地区总草场面积的 97.8%，占全国可利用草场面积的 97.1%。草原作为一种重要的土地资源，为我国提供了主要的畜牧产品，是少数民族牧民赖以生存的基本生产资料。同时，作为重要的环境资源，草原可以起到防风固沙，涵养水源的生态保障作用。伴随着西部大开发的实施，较为封闭的西部草原地区开始向全国甚至全世界的市场经济融合。人们消费结构的变化，特别是对肉、蛋、奶等高营养食品消费的需求扩张，给西部草原地区经济带来了发展机遇。强劲的市场需求激励着牧民不断扩大畜牧规模，导致在草场面积一定的情况下，草原开始处于超负荷严重透支状态，草场质量下降，草原退化出现。另外，由于气候干旱，杂草入侵和鼠害猖獗，草原自身的繁衍能力下降。自然和人为的双重不利因素使得 90%的可利用草原在不同程度退化，北方和西部牧区草地退化面积已达到 7000 多万公顷，宁夏、陕西、甘肃等省份的草地退化率明显高于全国平均水平。草原退化不仅影响到了草场环境和牧民生产生活，也使得以草原为生态系统基础的物种处于濒危状态。草原的水土保持功效下降，造成水土流失、江河泥沙淤积、沙尘暴等严重的生态问题，严重影响到了牧民的生产生活和牧区的经济社会全面发展。

13.1.2　生态环境的脆弱性和源头地位的双重特征

西部地区受自然条件影响，生态环境十分脆弱。西部地区主要为干旱半干旱地区及高寒缺氧的青藏高原，雨水资源时空分布不均，表现出明显的自然环境先天不足。环境保护部 2008 年划分了八大生态脆弱区，即东北林草交错生态脆弱区、北方农牧交错生态脆弱区、西北荒漠绿洲交接生态脆弱区、南方红壤丘陵山地生态脆弱区、西南岩溶山地石漠化生态脆弱区、西南山地农牧交错生态脆弱区、青藏高原复合侵蚀生态脆弱区和沿海水陆交接带生态脆弱区，这八大生态脆弱区总共包括 21 个省份，按照本书的研究划分并结合国家统计局的区域划分标准，西部地区的 12 个省份都包含在了生态脆弱区中。地质地貌状况是西部生态环境脆弱的一个表现，西部地区的地形复杂多样，集中了我国几个主要的高原和盆地，地形起伏大，以山地为主，内部各地区间的层级和板块分布明显且带有各自的特征，使生态建设活动的系统影响和难度都大于中、东部地区。西部地区生态环境脆弱的另外一个表现在于其干旱半干旱为主的气候资源上。受季风影响，降水的空间分布上极不均匀，由东南向西北依次减少，形成西北干旱少雨，西南雨量充沛，降水集中、多暴雨、干湿分明的气候特点，图 13-1 反映了西部地区 2004～2011 年内部降水量的巨大差异。

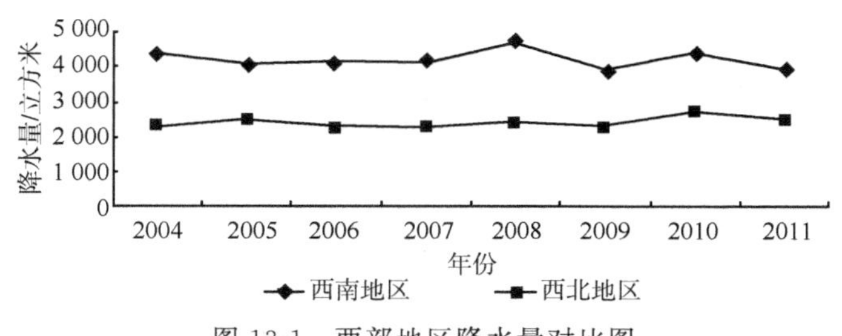

图 13-1　西部地区降水量对比图

地形条件和降水特征影响了西部地区的河流和生物分布状况，也导致了西部地区内部差异较大的生态环境问题。在西南地区，地形起伏大加上降水量大且集中，在夏季洪涝等自然环境事件多发，同时伴随着严重的泥石流和山体滑坡，进而引发河流堵塞、水体污染等次生环境事件的发生。西北地区由于受青藏高原的阻挡，在夏季也不易受到海洋季风影响，全年降雨量较少，气候干旱特征明显。干旱对地表植物的生长不利，野生动物繁殖和畜牧业的发展加剧了植被破坏的程度，地表裸露和土地沙化不断严重。西部地区复杂的生态环境系统中环境问题的种类也比较多，对于不同种类的环境问题往往需要采取不同的治理措施，导致环境治理投资的固定成本较高，部分环境治理资产的专用性就比较高，从而提高了生态环境治理的资金约束。西部地区的自然条件是其生态系统脆弱的根本原因，人类活动和政策性因素是造成西部地区生态环境系统脆弱的重要原因。在历史上，西部地区往往是王朝更替和战争发生的热点地区，大规模的建设和战争毁坏，更加速了该地区生态恶化的步伐。进入近代以来，伴随着国家工业化的发展，对矿产和化石燃料的需求大增，而西部地区是中国主要的煤炭、天然气产地，扮演着为国家工业化进程提供动力的重要角色。大量的能源开发使得生态环境面临的外部冲击增多，原本“牵一发而动全身”的生态系统面临较大的波动，增加了整个环境的脆弱程度。

西部地区生态环境系统脆弱程度高是其生态环境的一个重要特征，也是西部地区建设生态文明的主要困难。另外，西部地区的生态环境系统在全国生态系统中所处的源头性关键地位加大了西部地区生态建设的系统性反应程度，使西部地区生态文明建设工作的外部效应增大甚至高于其本体效应。从环境科学和生物学的角度出发，一个区域的水环境是该区域整体生态环境状况的基础，它决定着大气环境和其他生物生存发展的状况。中国的地形呈西高东低的状态，西部地区多大山，以冰川融水为主要水源的大江大河发源于西部山区，其中包括了两大主水系中的长江、黄河，西部地区的生态环境状况会直接影响中国主要水源的品质。过高的外部效应降低了西部地区生态环境建设的容错率，使得探索式的环境建设方式面临的成本过高，加上官员晋升考核体系不完善，维持原有状态成为地方官员对待环境建设的理性选择。

西部地区生态环境的关键地位要求必须采取积极的环境保护和建设措施来提高全国的生态环境水平，但同时西部地区生态环境本身的脆弱程度又会放大人类活动和自然环境事件对整个生态系统的影响，这两个方面的特征增大了西部地区进行生态文明建设时面临的行动约束，也是西部地区生态建设面临的主要困难。

13.1.3 西部地区生态文明建设面临的问题

1. 民族地区反贫困与生态建设约束

由于社会历史起点低，加之生态环境区域分布与贫困区域有耦合现象，西部民族地区在长期发展过程中经历着来自贫困和生态环境恶化的双重压力，贫困与生态环境脆弱之间的相关关系，在我国西部地区表现得非常明显。由于历史因素和经济生产方式等原因，民族地区经济发展、反贫困和生态环境建设之间长期存在着不良循环：环境脆弱—贫困—过度开发—环境恶化—贫困。如何将民族地区的经济发展同生态环境建设有效结合起来是西部地区生态文明建设面临的一个最大困难。西部民族地区的贫困在全国解决贫困问题中占主要地位，2012 年新划分的 14 个连片贫困区中，西部地区的贫困县达到了 502 个，占总数的 73.8%，可见西部地区存在大面积贫困现象，而民族地区在西部的贫困地区中又处于主要位置（表 13-3）。

表 13-3　西部地区国家级贫困县分布概况表（2012）

项目	内蒙古	广西	重庆	四川	贵州	云南	陕西	甘肃	青海	宁夏	新疆	西部
国家级贫困县	31	28	14	36	50	73	50	43	15	8	27	375
民族贫困县	31	28	4	20	36	44	0	14	12	8	27	224
占比/%	100	100	28.6	55.6	72	60.3	0	32.6	80	100	100	59.7

数据来源：国家扶贫开发领导小组办公室网站，http：//www.cpad.gov.cn/publicfiles/business/htmlfiles

民族地区的经济发展方式受特定的自然条件和历史因素的影响在各区域间表现出较大的差异，西部地区的少数民族主要以畜牧业和种植业为主，经济发展需要有良好的自然生态。我国的少数民族大多分布于祖国西部的边远高寒地区，土地贫瘠，气候恶劣。恶劣的自然生态严重制约着民族地区的经济社会发展。另外，由于民族地区大多地处西部内陆，交通等基础设施落后，现代的生产技术、组织方式不能很快传播到这些地区，同时农牧业发展对草场、林地的依赖性较强。在地区经济发展差距不断拉大的背景下，与其他地区相比民族地区要提高经济增长速度的直接选择就是加强对资源的开发利用程度。虽然加速开采资源（过度放牧）在当期增加了地区居民的收入，但引发的如草场退化、沙尘暴等一系列生态环境问题制约了下一期经济的持续发展。

为了恢复并保持西部地区良好的生态环境，必须限制对草场、林地以及其他自然资源的开发程度，但民族地区的传统农牧业在短期会受到较大的冲击，居民的收入水平降低，贫困问题又会增加。将现代产业引入到民族地区又面临着基础设施落后、劳动力科技文化素质较低等不利条件的约束，在短期内也不可能快速完成。由此可见，西部地区的生态文明建设要实现民族地区的经济增长和反贫困目标，需要一系列比较完整的财政投入，以解决民族地区发展多元化经济面临的基础设施和人才障碍。

2. 人力资本、基础设施和产业结构调整困难

西部地区严重的生态环境问题一方面源于初始的脆弱环境系统，这种脆弱性表现为环境的自我修复能力差且容易放大人类生产活动对自然环境的影响程度；另一方面就是不合理的经济发展方式和产业结构所引起的经济增长同环境保护间的矛盾。在生态文明的建设中，需要同时注意这两个方面的问题。但初始的环境条件是自然作用结果，人类行为很难改变，而后者则较多的是人类活动的结果，西部地区生态环境建设的重点应该集中在第二个方面。

新中国成立后，经过“一五”、“二五”时期和“三线”建设时期的国家重点投资，西部地区初步形成相对完整的工业体系和基础设施网络。在这一时期，西部地区形成了以资源开发和军事工业为主导的工业体系，改革开放特别是西部大开发后，伴随着国家经济战略的调整和市场经济的不断发展，西部地区的产业结构调整加快，形成了以第二产业为主导、第三产业快速发展的产业结构（图 13-2）。

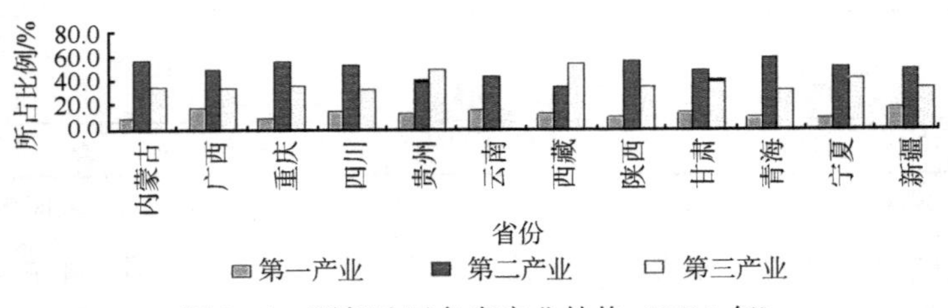

图 13-2　西部地区各省产业结构（2011 年）

数据来源：根据《中国统计年鉴 2012》数据整理

2000～2011 年，西部地区各省份第一产业的平均产值占比从 21.89%下降到了 12.39%，第二产业占比从 40.46%增加到了 49%，第三产业占比从 37.64%增加到了 38.61%。由此可见，西部大开发以来，西部地区的产业结构调整更多表现为第一产业向第二产业的转移，而第三产业的变化较小。从三次产业的行业占比来看，西部地区的第二产业中资源采掘和加工部门的比例较高，这些部门在短期具有较高的经济增长效应，但在技术落后和管理效率低下的条件下，会造成严重的资源浪费和生态环境破坏。而西部地区人力资本水平较低，资本投入有限，资源投入是推动经济增长的主要力量，人力资本较低也在一定程度上限制了西部地区技术的发展和创新能力的形成，从而阻碍了提高资源使用效率的技术发展。相对于传统的第一产业和第二产业，第三产业发展对环境的影响程度较小，特别是以生态旅游和观光农业等为代表的富有地区特色的服务业可以实现生态环境建设与经济增长间的契合。

第三产业发展往往依赖于较高的经济发展水平和良好的公共基础设施，如旅游、信息文化产品作为发展型的消费品，只有在生存型消费满足后才会产生发展型和享受型消费需求。但西部地区 2011 年人均消费水平仅为 8894.5 元，全国的平均水平为 12 789.5 元；收入水平上，2011 年全国城镇居民人均可支配收入为 21 810 元，西部地区平均水平为 17 360.3 元。较低的收入水平使西部地区发展第三产业必须依靠外部消费市场，吸引发达地区的消费者。在人们收入水平不断提高的背景下，高质量的发展型和享受型消费具有很强的市场吸引力，但西部地区落后的基础设施降低了旅游和民族文化资源的消费可及性，制约着新型产业的发展。西部地区交通运输线路发展状况见表 13-4。

表 13-4　西部地区交通运输线路发展现状（2011）

交通运输线路类别	铁路运营	内河航道	公路里程
西部地区交通运输线路长度/公里	3025.6	2668.1	135 232
西部地区交通线路覆盖状况/（平方公里/公里）	2264	2567.3	50.6
全国平均交通运输线路长度/公里	3308.1	4019.7	132 464
全国交通运输线路覆盖状况/（平方公里/公里）	3191.4	2388.2	72.47

注：利用中国统计年鉴数据，我们将西部 12 个省份的三大类交通运输线路长度加总再除以省份数得到西部地区交通运输线路长度，再用西部地区的面积除以地区交通线路长度，得到西部地区交通线路覆盖状况，以此来表示地区交通设施建设状况，全国数据采用同样算法

资料来源：《中国统计年鉴 2012》

基础设施供给不足不仅会影响西部地区输出优质旅游和文化资源，还会对地区的优质劳动力资源形成挤出效应，使西部地区的人力资本积累不足。而人力资本作为现代经济和先进产业发展的重要因素，已经在大量的文献中得到证实，也得到实践部门充分重视。人力资本的积累和基础设施的发展水平影响着技术创新和技术传播的速度，在产业结构调整中，技术进步有着关键性的作用。西部地区要在发展地区经济的同时做好生态文明建设，必须进行产业结构调整，而当前的人力资本水平和基础设施状况是影响西部地区产业结构升级的重要不利因素，也会阻碍西部地区经济增长与生态环境建设的协调统一。

3. 环境保护立法滞后，执法水平低

生态环境作为一种公共产品，生产和消费都具有较强的外部性。在普遍的“搭便车”心理下，个体会在生产上表现为投入不足，而在消费上倾向过度消费，最终导致环境产品的数量和质量下降，成为稀缺产品。规范个体对环境产品消费行为的重要措施就是环境立法和环境执法，地方政府的环境立法和环境执法努力均对环保产业发展具有显著的促进效应，且环境立法的环保产业促进效应的发挥受到环境执法努力的影响。西部地区的生态环境建设在全国居于要害地位，关系到国家的生态安全，西部开发应当是在生态安全基础上的开发，而法治是保障西部生态安全最有效的手段。

西部大开发以来，西部地区经济快速增长，但“重经济、轻环保”倾向明显，导致急功近利，实施掠夺性开发，经营项目疏于环保监管（周珂等，2002）。地方政府官员的晋升由上级政府决定，经济增长、财政收入和就业是主要考核指标。地方环保部门与地方政府是横向结构，其官员任免、财政预算和资源配置等都受到地方政府的管理，因此，地方环保部门主要是对地方政府负责，而不是对

上级环保部门负责，这会直接导致环境法规供给不足，监管不力的结果（Managi and Kaneko，2006）。西部作为落后地区，经济增长的急切程度高于其他地区，环境立法的努力更显得不足（图 13-3）。

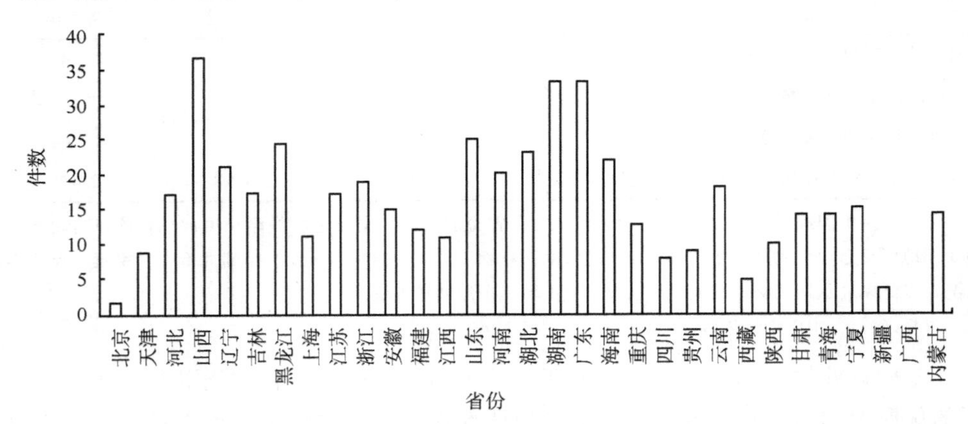

图 13-3　2001 年和 2004～2010 年地方政府累计颁布的环境法规和行政规章数

根据 2002 年《中国环境年鉴》和 2005～2011 年《中国环境年鉴》整理计算，参照（李树等，2011）的做法，本书将该地区在 2001 年、2004～2010 年累计颁布的环境地方性法规和政府规章加总得到地区环境立法状况

环境书面立法是否具有预期的法律效力，在很大程度上取决于这些书面法律是否被有效的执行，执法水平的地区差异也表现出不同地区在生态环境法制建设中存在的困难，这些障碍主要来源于地方政府。西部地区的产业结构中，第二产业一直占据主要地位，同时资源开发和加工行业在第二产业中又占据主要地位，该部门的企业生产对生态环境破坏较大，但却能支撑地区经济的短期高速增长。因此，地方政府有较大的动力通过财政审批和官员任免等手段制约环境管理部门的环境执法和环境监督。

西部地区同全国其他地区相比，在环境行政规章制度上存在明显的滞后，这不利于社会公众形成良好的环境法治意识，降低了对破坏环境行为的监督程度。另外，图 13-4 显示西部地区的环境执法水平也低于全国其他地区，特别是与东部地区间的差距较大。环境执法力度低具有很大的“负外部性”，违反环境保护规定的行为不能得到有力惩罚会降低人们对环境治理的预期，个体搭便车行为增加，导致生态环境建设的社会参与程度降低，生态文明建设面临的困难增大。

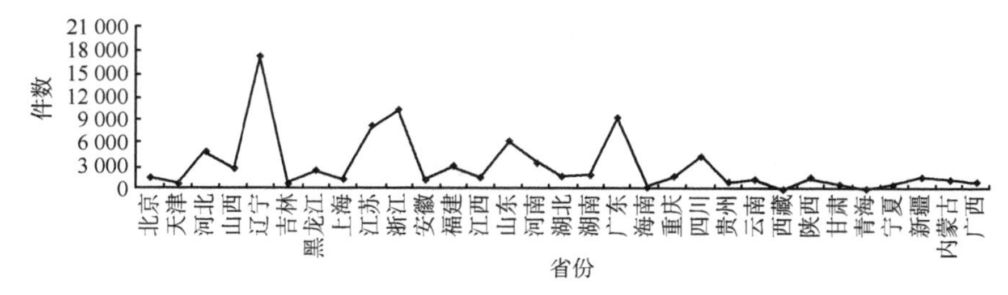

图 13-4　2001 年和 2004～2010 年地方政府实施和受理的环境行政处罚案件

根据 2002 年《中国环境年鉴》和 2005～2011 年《中国环境年鉴》整理计算，《中国环境年鉴》中统计了各省当年实施和受理的环境行政处罚案件，我们将 2001 年和 2004～2010 年这 8 年的数据加总再求平均值，得出各省的平均水平

13.2　西部地区经济发展中生态环境建设的评价

西部地区的生态环境现状表明从当前来看该地区的生态建设仍很紧迫，为了更清楚地认识西部地区自生态文明提出以来环境建设的现状，我们需要采用系统的评价方法对西部地区的生态建设现状进行定量评价。DEA（数据包络分析）作为一种相对效率的测评方法，可以用来评价具有多项投入和多项产出的决策单元的行为效率，选用规模报酬可变模型对西部地区的生态文明建设评价。

13.2.1　西部地区生态文明建设评价指标体系

根据我们研究的前提界定和指标体系设计，生态文明包含了生态环境、人民生活和城乡同步等多重内涵，在评价指标的选取上，同样包含了环境投入、产出指标，人民生活投入、产出指标和分城乡的投入、产出指标。其中，投入指标包括：①环境投资类指标。包含了地区环境投资总额、工业污染治理投资额、城市环境基础设施建设投资、“三同时”项目投资、环境行政处罚案件数、清洁能源消耗占能源消耗比例。②人民生活类指标。农村改水、改厕投资，教育支出占比，R&D 占比，城市公共厕所数，每万人拥有的卫生技术人员数。产出指标包括：①环境产出类指标。二氧化碳排放量、二氧化硫排放量、各地水土流失面积、工业废水达标排放率。②人民生活类指标。农村每年安全饮用水新增人口数、城市人均绿地面积、农业成灾率、城市生活污水处理率、城市生活垃圾无害化处理率。

13.2.2　基于 DEA 方法的西部地区生态文明建设评价结果

数据样本包含了 2007～2011 年西部地区的 11 个省份，我们运用样本 DEA

方法，利用 DEAP2.1 软件，求得各决策单元的相对效率值，可得到西部地区各省份生态文明建设的技术效率（TE）、纯技术效率（PTE）和规模效率（SE），具体结果见表 13-5。

表 13-5 西部地区各省份生态文明建设效率测算结果

序号	省份	TE	PTE	SE	规模报酬状态
1	内蒙古	1	1	1	—
2	广西	1	1	1	—
3	重庆	0.864	1	0.864	irs
4	四川	0.993	1	0.993	irs
5	贵州	1	1	1	—
6	云南	1	1	1	—
7	陕西	0.921	1	0.921	irs
8	甘肃	1	1	1	—
9	青海	0.934	1	0.934	irs
10	宁夏	1	1	1	—
11	新疆	1	1	1	—

根据 DEA 测算的结果，生态文明建设提出后，从环境改善和人民生活两个角度来看，西部地区大部分省份生态建设的相对效率比较高。生态建设的投入在我们测算的产出指标内得到了较好的实现。但同时又存在部分省份，在技术效率和规模效率上没有达到相对有效状态。这可能与我们选取的产出指标有关，受各地区初始的自然环境和社会生产生活条件影响，相对效率测评结果可能会与实际情况发生偏差。因此，DEA 方法得出的西部地区各省份生态建设的评价结果只是生态文明提出以来该地区生态建设发展的总体趋势，并不能作为绝对的评价指标。

针对西部地区生态建设中仍然存在的部分相对无效状况，本研究从发展的政治经济学角度结合西部地区自身的自然和社会经济特征，分析该地区生态文明建设中存在的问题，并提出相应的解决思路。

13.3 西部经济发展中生态文明建设的政治经济学分析

经过十几年的努力，西部地区的生态环境得到了较大改善，但从我们评价的结果来看西部地区经济发展过程中在生态文明建设上仍然存在很多问题。我们认为西部经济发展中的生态文明建设不只是对生态环境的恢复，还包括在生态建设中的社会各主体利益的协调、生态文明建设的制度供给等社会经济问题。本节运用政治经济学的分析方法，结合西部地区的经济社会现状，对生态文明建设中存在的一些经济、社会问题进行研究，有利于我们从更深层次理解西部地区生态文明建设的内涵和工作重点，从而提高生态文明建设的产出效率，并形成长期良性运行机制。

13.3.1　经济利益与生态利益协调

作为现代经济学的基本假设，理性经济人存在于经济分析的各个环节。在西部地区生态文明建设的政治经济学分析中，我们同样假设各参与主体是理性的，即他们会选择能使自身利益最大化的行为。对于生态建设，不仅应该看作是一个环境恢复工作，更应该看成一种社会博弈下的制度建设过程。在这个过程中，良好的生态环境是这个博弈以及由此产生的制度条件下的必然产物。

在生态文明建设的过程中，主要的参与人为政府、企业、个人，政府又有中央政府和地方政府。中央政府从国家战略的高度提出建设生态文明，它的目标统一，但对于地方政府、企业和个人而言，在不同的经济条件约束下，参与主体的目标函数存在差异。

在西部地区的生态建设中，一个重要的问题就是个人、企业、地方政府的经济利益协调问题。从西部地区的实际来看，经济发展水平落后于中部、东部地区，贫困问题还依然困扰着地方政府和个体家庭，因此无论是对政府官员还是个人，提高经济条件是行为选择最重要的目标。从西部地区发展经济的生产函数来看，高素质劳动力、技术创新和资本与其他地区相比都存在不足，并且和初始经济条件形成了循环（图 13-5）。

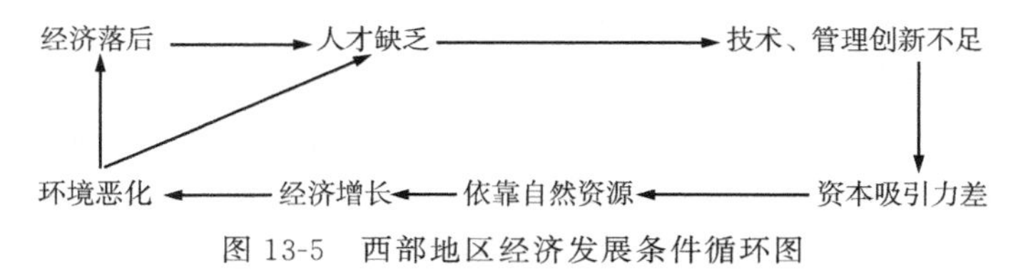

图 13-5　西部地区经济发展条件循环图

生态环境建设的微观主体在农村地区，但西部地区农村居民的经济条件使他们在经济利益最大化的目标函数下，不可能去主动放弃加大经济收益而保护生态环境。按照马斯洛的需求层次理论，在生存的物质条件没有达到满足的临界点时，个体对发展型的要素选择是缺乏动力的，因此，西部地区的农民在没有得到足够的物质补偿时，他们并没有参与生态文明建设的积极性。以开始于 1999 年的退耕还林工程为例，该工程在西部地区逐步建立起生态建设补偿制度，对退耕农户按照退耕面积进行粮食和货币补贴，对由于退耕造成的农户种粮损失，国家以 0.7 元/斤（1.4 元/千克）给予补贴，并给予每户 210 元/亩退耕款。从成本的角度来看，退耕还林一方面造成了农户退耕期间的土地收入损失，包括土地上种植农作物的直接损失和禁牧带来的间接损失。另一方面，农户耕地减少使原有的生产工具闲置，农业就业机会减少。从收益上来看，农户从国家得到的退耕补助款就退耕土地的直接农作物产出和农民粮食消费而言基本持平，但如果考虑到收益的季节性、不确定性以及由此带来的农户的畜牧收入损失等因素，农户从退耕还林中获得的现实收益就难以补偿当前成本。农户作为典型的风险规避者，政策预期的不确定性、林业收入回报周期长等因素都会影响他们参与退耕还林的积极性。在具体的实施中，政府以生态环境为主要动因，在生态林和经济林的分配比例上，倾向于多种植生态林，而经济林的比重（20%）过小也是影响农户退耕积极性的主要原因。

政府是生态文明建设中的又一主体，中央政府和地方政府具有不同的目标函数，它们在进行行为选择时也会基于成本收益角度。如果说中央政府的目标是实现社会收益最大化，在中国地方政府官员晋升的竞争机制下，地方政府的目标则是地方或者个人收益最大化。在生态建设工程实施中，中央政府扮演了出资出力为全社会谋福利的角色，以财政拨款和任务摊派的方式改善地区的生态环境，中央政府规划西部地区的退耕还林工程 2.2×10^8 亩，荒山造林 2.6×10^8 亩，总投资约 3400×10^8 元，退耕还林工程完成后，能使超过 80×10^4 平方千米的水土流失面积得到控制，年减少土壤侵蚀量 4.8×10^8 吨，新增森林涵养水源的能力相当于新建 150 座蓄水量为 1×10^8 立方米的水库。由此可见，在退耕还林中，中央政府得到了较大的经济和社会收益，实施此类工程的倾向性和积极性较强。对于地方政府而言，地方政府承担的直接成本有粮食调运费，各级林业部门的检查和管理费，同时地方政府还要承担与上级政府负担相配套的资金投入，这实际上构成了地方政府进行生态建设工程的最大经济成本。地方政府进行生态环境建设工作的机会成本是由此所带来的经济成就和政绩损失，特别是对西部地区而言，发展地区经济在地方官员的考核与评价体系中仍占据主要地位。从地方政府的收益来看，生态建设可以在长时期内造福地区居民，利于地区的可持续发展，并得到中央政府的奖励。但生态建设的成效需要在一个较长的时期内显现出来，而在地方政府官员的短期任期约束下，地方政府领导缺乏对生态建设大量投资的动力。

生态文明建设对企业的影响更多的是对其生产行为的约束。较高的环境指标会提高企业的生产成本，而西部地区的科技创新型企业占比较低，企业对自然资源的依赖较大。特别是西北地区的煤炭、石油资源丰富，大型的煤炭集团、石油公司往往成为一个市甚至一个省的主要经济支柱。如果地方政府按照中央政府制定的环境指标对上述类型的企业进行监管，就会使一部分企业离开该地区，政府的税收和地区经济受到影响。地方政府在中央政府的生态建设要求和地方支柱企业的排污标准上进行权衡，或者通过间接补贴，使企业尽可能达到生产的环境要求。从企业自身来看，利润最大化目标下缺乏提高生产标准、降低污染的动力。因此，对于西部地区的生态文明建设而言，如何权衡地区经济增长和生态建设的利弊得失，界定企业排污和生产规范是地方政府的两难抉择。

从以上分析可以看出，在西部地区的特殊社会经济条件下，地方政府、个人和企业都没有主动参与生态文明建设的动机，在不同的目标函数下，地方政府和个人从成本收益的权衡比较中选择了与生态文明建设大相径庭的策略，是西部地区的生态建设面临的最严重问题。

13.3.2　生态建设的搭便车与经济主体行为约束

生态环境是一种公共产品，对它的消费具有非竞争性、非排他性的特点。例如，一部分人呼吸新鲜空气并不能限制其他人也享受新鲜空气。生态环境的公共产品性质，不仅表现为它是一种区域性公共产品，同时还是一个全国性甚至全球性的公共产品，这种特殊的产品性质导致在提供该产品时存在的各区域、国家间复杂的成本收益界定。同环境污染的负外部性相对，生态环境建设则具有正外部性，前面我们已经论述过各行为主体会从自身利益最大化出发选择可以节约成本的行为策略，因此每个行为主体都倾向于享受环境建设带来的外溢性收益，普遍采取搭便车行为。

西部地区的生态环境建设过程中各行为主体的搭便车行为比其他地区更为严重。西部地区的初始经济条件落后，地方政府、个人和企业面临的收入约束大于其他地区。从地方政府来看，1994 年开始实行的分税制改革使地方政府的财权和事权划分开来，省市级政府部门的相当一部分财政税收权力被中央收回。对于县级以下的政府来讲，农业税和农业摊派等收入政策的取消，使县、乡两级政府组织财政收入的渠道减少、功能减弱，对上级政府转移支付的依赖性大大增强。西部地区的经济发展落后，地方政府的财政税收较低，但在生态环境建设中，西部地区问题最严重，建设任务最多。生态环境建设是一个跨区域的系统性工程，西部各省份在这个过程中承担的子任务并不能准确直接的量化，同时各省份从中央获得的财政转移收入存在差异，这样财权和事权的匹配程度存在差异。西部地区各省份之间的经济水平和政府财政状况存在的差异同生态环境建设的系统协调性的特征之间的矛盾为省级政府在生态环境建设中的“踢皮球”和搭便车行为提供了契机。例如，生态环境建设的不同阶段的花费存在差异，上游的工作量最大、困难程度最高，对整个环境建设系统的影响最大，但该地区的政府得到的财政补贴程度并不与付出相匹配，这个地区落实自己工作的动机减弱。一旦中央政府严格要求该地区（包括几个省份在内）完成关系全国的环境系统工程时，财政条件较好的省份迫于中央压力会加大环境建设投入，虽然它自身环保任务的完成并不一定需要这些投入，任务完成后，作为一个跨地区的系统工程，涉及的省份都得到了中央的奖励，但各自的投入任务比并不相同，个别省份的搭便车得以实现。在一个省份内部，到县、乡一级的政府都会采取同样的行为策略，最终引发“公地悲剧”。

西部地区是中国主要大江大河的源头，环境质量影响全国总体的生态环境水平，西部地区对生态环境的建设投资具有较强的正外部性。从生态系统的角度来看，源头的生态水平对整个系统的影响巨大，西部地区生态环境的改善将直接降低中部和东部地区改善环境的成本，或者说西部地区生态文明的建设使其他地区也享受到了良好的环境带来的收益，但其他地区并未对西部地区进行相应的补偿，没有对这种环境产品的消费付费，这表明其他地区在这里存在搭西部地区“便车”的倾向和行为。

从表 13-6 的数据可以看出，在治沙工程中作出贡献的个人只得到了一定的精神补偿，并未获得应有的经济补偿，这种经济成本需要治沙者个人负担。如果按照原来“谁治沙，谁受益”的原则，治沙英雄具备对改善环境后的沙漠的收益权，其中包括林木的自由取用权、对外来游客的收费权等。但沙漠绿化后改善的是地区的生态环境，政府为了保证已经改善的环境不恶化，取消了个人本应具备的上述权利，把个人的私人物品变成了公共物品，在这个产品的消费过程中，地方政府得到了最大收益，却并没有付出相应的成本。政府的这种机会主义和“搭便车”行为将严重影响下一次个人参与生态环境建设的行为，最终使得生态文明建设的主体动力不足，不能取得真实成效。

表 13-6　毛乌素沙漠个人治沙情况一览表

人物	地点	承包面积	完成面积	应得未得生态补偿	获得精神补偿	报载治沙欠款
白春兰	宁夏盐池		2400 亩	48 万元	国家林业局“治沙女杰”、“绿化标兵”等	60 万元
牛玉琴	陕西靖边	11 万亩	8 万亩	1600 万元	“全国劳动模范”、“全国十大绿化标兵”、“全国十大农民女状元”、联合国粮农组织（FAO）首届“杰出农民”	252 万元
殷玉珍	内蒙古乌审旗		5.548 万亩	1110 万元	中国“十大女杰”等	不详
石光银	陕西省定边县	22.8 万亩	21.7 万亩	4340 万元	国家林业局“治沙英雄”联合国粮农组织“杰出农民”奖	1000 万元贷款

资料来源：周立，2004

13.3.3　交易费用、产权与生态建设制度供给

正如 13.3.2 节的例子，政府的搭便车行为会造成下一期生态环境产品的供给不足，从而使整个社会背负较高的环境成本。同样，对于企业、个人而言，任何不受约束的机会主义行为都会向外释放出一种信号，那就是“搭便车”是每个主体在公共产品提供中的最优行为选择。当社会的每一个行为主体都认识到这一点时，选择搭便车就成为一种“共同知识”，在这样的博弈中，偏离这种认识给个体带来的交易成本太高，任何主体都不会单方面地去为他人提供环境产品，建设生态文明也就只能成为一种口号，长期生态环境的恶化也会成为必然的结果。在现代经济学的分析框架下，个体决策都会考虑自身利益的最大化，搭便车是个体理性的体现，但个体理性却会提高社会福利改进的交易成本，从而使好的制度难以形成，本节就从制度经济学的角度出发，来分析生态文明建设中的制度供给问题。

作为制度经济学中的两个核心概念，交易费用和产权是这门学科分析问题最主要的工具，同样在生态文明建设的制度供给中，从交易费用和产权的角度可以解释很多问题。在实际生产生活中，我们会发现企业不会主动去装备一些污染处理的机器设备来降低生产对环境的破坏，特别是对于西部地区的一些能源矿产开发类的企业，生产造成的污染物的处理难度要大于东部地区的中小型工厂，在超标排放的罚款和污染处理的成本比较下，排污是一种理性选择。企业不会主动装备污染处理设备的另外一个原因还在于污染处理设备的资产专用性太强，从而使企业面临的交易成本太高。例如，对一个洗煤厂而言，要净化处理洗煤后的废水，它必须建立一个较为完整的污水处理系统，企业迫于生产排放指标的压力，可能会购买净化处理设备，这些设备除了可以净化污水并不能转化为其他生产用途，因此这些废弃物处理设备就形成了企业的一部分不能带来产出的成本，在企业发展转型的过程中，面临的沉没风险最大。企业排污问题处理的另外一个经典例子就是科斯定理问题，也就是在初始时期要界定企业的排污权和居民的环境权，如果企业享有排污权，那么居民为了享受好的环境，就要给企业一定补偿来支付处理污染物的成本，如果居民具有环境权，那么企业要排放就必须同居民达成协议，购买居民的环境权，在成本和收益的权衡中，企业会确定最优的排放规模。产权界定清楚，可以降低居民和企业谈判时的交易费用，从而使污染排放问题得到快速解决。

对于个体而言，正如毛乌素沙漠治理中的“治沙英雄”，他们背负沉重债务的原因在于对治沙成果的产权界定不清楚，更多类似的问题还出现在西部地区的退耕还林、退耕还草、山川秀美工程中。在诸多的环境建设工程中，政府对个体参与的补偿是一种未来收益的承诺，如在退耕还林中，政府承诺造林后的经济林

的收益在一定时期内属于造林者个人，退耕土地还林营造的生态林面积，以县为单位核算，不得低于退耕土地还林面积的 80%，退耕还林营造的生态林，由县级以上地方人民政府林业行政主管部门根据国务院林业行政主管部门制定的标准认定。从以上规定和实际来看，参与生态建设的个体在未来能够获得的收益无论是从稳定性还是大小上都要低于其付出。而个体不能获得稳定收益的根本原因就是对于生态建设成果的产权界定模糊，政府没有给参与者明确的收益权、使用权和所有权。在环境工程完成后，为了保证良好的生态环境，政府将建成的生态林等以公共环境资源的名义收回，在没有给个人可以补偿其支出的报酬下，政府的强制回收会引起农户的反抗，进而引发官民斗争的恶性事件，使双方达成补偿契约的交易成本大大增加。在西部农村地区生态资源产权问题的另外一个表现可以被描述为私人产权到集体产权的突变，我们以一个调研例子说明。在没有环境工程之前，山上的树木周围往往会有用荆棘和铁丝围成的栅栏并在长势比较好的树木上标记上自己的姓氏，“这一方面是为了防止野兽对树木的侵害，但更多的原因在于为了说明这些树木是属于我的，别人不能随意砍伐”。但在政府实行了环境工程后，这些树木上的姓氏被剐掉了，原来独立的防护栅栏被政府的划归禁止开发区的防护栏替代了。原来的独立栅栏和刻字的树木表明产权的私有，政府以环境建设的名义将私有产权统一收归集体，并在集体保护的名义和过程中，通过补助等形式将私产变为公产。农民发现从政府得到的补助与自己独立管理森林树木所带来的收益相差甚远，在政府监管不足的农村地区，可以用来补贴收入的一个途径就是去侵犯现在的公共产权，这也是为什么西部农村地区“偷树”现象普遍存在的一个原因。

西部地区生态建设中，政府对私人产权的侵犯和由此引发的产权模糊造成了政府的机会主义行为，农户为了保证自己的收入稳定又会去侵犯“公产”，在西部农村政府监管和法制管理并不完善的条件下生态资源演变成了“公地的悲剧”。同时，政府的机会主义行为具有很强的负外部性，参与生态建设的农户在完成建设任务后并不能得到在初期预期到的稳定收益。从以上的分析可以看出，在产权界定不清、资产专用性过高和信息不对称的情况下，各行为主体在生态环境建设中将面临很高的交易费用，从而降低了其参与生态文明建设的积极性。在生态文明建设的制度层面上，要以明确产权为主，并结合西部地区经济活动的特点，完善污染处理设备的租赁机制，及时向社会发布有关生态环境方面的信息，使人们对现实的环境状况保持清楚的认识，主动参与到生态建设中来。

13.3.4 激励结构与西部经济发展的生态效益

激励结构作为激励理论的重要内容，得到了经济学家和管理学家的普遍重视，社会的激励结构是决定社会发展的关键变量，它的调整变化在人类文明发展演进的过程中扮演着重要的角色。在农业文明时代，主要表现为一种内部动力不足的激励结构，在工业文明时代则表现为过渡性的激励，而生态文明作为工业文明传统发展出错矫正的有效替代，旨在寻求经济发展可持续性与生态发展可持续性有效衔接的激励结构（栗战书，2011）。在生态文明建设中，将社会激励结构调整到处于农业文明的激励不足和工业文明的过渡激励之间，可以保证在实现经济社会发展的同时，生态环境也有同样的进步。

西部地区的生态环境问题具有历史渊源。在农业文明时期，社会结构带有较强的身份和权利的等级化特征，通过武力征服来获取政权的组织方式。西部地区在古代是战争的多发地带，战争和大规模的人口迁徙对生态环境系统造成了很大的毁坏。同时，作为古代中国文明发展最重要的源头，西部地区在战争和民族融合的过程中推动着中国古代社会经济的发展和进步，付出的一个重要代价就是地区的生态环境。但总体上看，农业文明时期的生态环境状况还比较良好，这与中国古代社会的主流激励结构有关。中国古代农业社会中，人们普遍怀有敬畏自然的心态，精英阶层也都重视在名誉和精神层次的激励，学而优则仕的观念下，人们都不愿去研究器物来改造和征服自然。进入工业文明以后，财富和经济激励占据了主流地位，通过科技进步来改造和征服自然成为社会对待自然生态环境的基本态度。在这种激励结构下，个人价值的大小以财富为衡量标准，地区发展水平也以经济总量为依据，经济增长与生态环境之间的矛盾也在这个时期愈演愈烈。

在生态文明时代，社会激励结构应该表现为以经济激励、环境激励、精神激励为一体的全方位形式。正如前文所讲，西部地区是很多大江大河的源头所在地，它担负着保证全国人生产和生活用水质量的重任，很多有经济价值的资源都被禁止开发。因此，西部地区的经济发展中可利用的要素进一步减少，这一部分是西部地区经济发展中承担的具有正外部性的成本。未开发资源带来的直接收益是有利于全国的环境改善，这一部分生态环境效益也应该被加到西部地区经济发展的效益中来。在这种发展条件下，对西部地区经济发展的支持应该体现为对其经济增长、环境改善和生态保护意识的全方位的激励，要对西部地区为了全国的生态环境所放弃的自身发展经济的机会通过转移支付和政策倾斜的方式进行补贴。激励结构在政府和地区层面的调整也会对个体行为产生诱导，在三位一体的激励结构下，个体的行为目标会扩展为多层次选择。在西部地区的农村，自然和生态资源本身可以作为农民增加收入的重要来源，但地方政府为了贯彻如“山川秀美”“一江清水送北京”等环境工程，原本可用来开发的林业、水和土地资源被纳入禁止开发的领域。政府的禁止开发战略在现实中并没有得到村民的一致响应，一方面的原因在于补贴不足，另一方面还是农民对生态资源归属的认识不清楚。从激励结构来看，政府对农民参与生态环境建设激励不足更多体现为结构不合理。在前文中，因政府经济补偿不到位，导致毛乌素沙漠的农民治沙人背负沉重的治沙债务负担，这体现了在西部农村地区生态建设中普遍存在的经济激励不足问题。个体激励不足同样存在于西部地区政府官员的晋升激励中，在以经济增长为主要政绩考核的官员晋升选拔体系中，西部地区经济发展中的生态环境效益并未在政府官员的晋升中得到较好的实现。西部地区作为全国生态建设最重要的地区，为了保障全国的环境水平，不得不限制部分本地资源的开发，限制性开发带来的经济增长损失是生态环境建设的机会成本，逐步改善的环境水平则是这部分投入带来的收益，当西部地区政府官员的晋升考核不能将这部分生态环境效益纳入到评价体系中时，政府就不会有动力进一步投资于环境建设，从而使生态文明建设在地方政府层面得不到真正的执行。

从激励结构理论出发，结合西部地区生态环境和经济发展的现实条件，我们认为当前西部地区的生态文明建设中存在着对农民经济激励不足、政府官员政绩考核激励体系不完善等问题，这两方面的问题会导致生态建设在地方政府和农民个体层面不能得到有效执行，如果不能改善激励结构，会导致微观主体执行力的严重缺失，使生态文明成为一个口号和愿景，而不能真正推动中国的两型社会建设和国民环境福利水平的提高。

13.4　西部经济发展中生态文明建设的政策建议

从西部地区生态文明建设的现状出发，结合西部地区面临的社会经济发展和自然环境的双重约束，西部地区进行生态环境建设需要在国家统一政策指导下，针对地区的整体特征和内部差异实行有区别的环境建设政策。

13.4.1　加强宣传，引导社会公众树立生态文明观念

正如前文所述，西部地区的社会经济发展与东、中部有一定的差距，无论是政府还是居民个人，经济效益都是其行为决策的主要目标。特别是对贫困地区而言，发展经济改善居民生活水平是地区政府的首要工作，而西部贫困地区往往处在生态环境脆弱地带，以经济增长为目的的资源开发一定会造成环境恶化。在发展经济和环境保护的双重约束下，各经济主体在经济活动中自身的环境意识对生态文明建设起着重要作用。

生态环境观念的树立一方面源于在恶劣环境中生活的体会，另一方面则依靠外部强有力的信息传播。党的十八大报告中指出“建设生态文明，是关系人民福祉、关乎民族未来的长远大计。必须树立尊重自然、顺应自然、保护自然的生态文明理念，把生态文明建设放在突出地位”。十八届三中全会《关于全面深化改革若干重大问题的决定》中也明确指出“要紧紧围绕建设美丽中国深化生态文明体制改革，加快建立生态文明制度”。在国家层面的报告中，生态文明建设被专

门提出来，报告的解读和学习过程是向社会宣传生态建设的重要途径。特别是对于西部偏远地区，缺乏完善的信息交流平台，地方政府对国家报告中相关内容的解读和传达对居民个人生态建设意识的培养有重要作用。西部地区内部也存在着发展差距，在生态建设的宣传上也应该区别对待。经济发展较快的地区，可以采取多样化的宣传方式，如与“文化下乡”活动相结合，通过电影、小品、宣传片等多样化的手段来向农民潜移默化地传达生态环境建设的重要性。经济落后地区可以通过树立环境保护楷模扩展生态保护观念，对典型人物进行相应物质奖励的同时进行大范围的宣传，激发贫困地区居民参与生态文明建设的热情。

总之，生态文明建设是一个全民参与的过程，特别是西部地区生态脆弱且经济发展滞后，大规模的建设项目面临环境和经济双重约束，个体参与是实现生态建设的主要方式。要通过强有力的宣传，使居民树立起生态保护和收入增长同样重要的观念，在日常经济活动中考虑到对生态环境的影响。

13.4.2　完善生态补偿机制，协调参与主体利益

宣传和教育有助于提高人们对生态文明建设的重视，但如果缺乏有效的补偿和激励机制，生态文明也只能是人们大脑中的一种意识。环境建设是一种具有强正外部性的活动，从经济理性的角度出发，具有正外部性的产品在长期必然供给不足。生态文明建设是关系中国长远发展的重要工作，又是一个长期的过程。因此，采用生态建设补偿机制来矫正环境保护活动的外部性至关重要。从政府角度来看，中央政府是生态建设的直接获益者，地方政府则是直接承担者和间接获益者。生态环境建设作为一项专门工作，应该具有专项资金和项目支持，并针对建设效果设计相应的评价体系。根据各省份对环境建设的不同贡献度，中央政府应该给予不同程度的补偿激励，其中包括了对地方官员的晋升激励、地方环境保护的财政激励。在补偿激励机制设计时还应该考虑到初始的环境状况，重点关注生态质量的相对增长，而不是最终的绝对增长量。以各省份原有的生态环境质量为基准，在经过一段时期的建设后来测度与基期相比当期的环境水平，这样可以真实地反映该地区环境建设的进步程度，对地方官员和政府的激励也要以这个相对的进步程度为依据而不是当期的环境质量，在补偿激励中体现出不同程度的差异。

从中观层面来讲，企业是生态环境建设的重要环节。一方面，作为营利性的商业组织，企业对不具有产出利润的环境建设活动参与动力不足。另一方面企业又是社会生产的主要组织和实行者，人类的经济活动对生态环境的影响更多通过企业来实现。从生态文明建设的实际出发，清洁生产、节能减排、绿色消费等一系列具体环节都需要企业参与，因此对企业环境建设工作的补偿激励尤为重要。企业的补偿激励措施一方面要体现在对企业的物质激励上，对通过技术创新降低

了环境污染的企业政府要给予政策上的倾斜，对企业技术创新进行一定的资金支持并推动技术扩散。另一方面要重视对企业和企业家的品牌激励，环保型企业更容易得到市场的认可，企业家担任“环境大使”也有助于引导企业的环保生产理念，渗透到企业文化中，使企业员工也增强环保意识。对微观个体而言，生态补偿激励的重点也体现在两个方面。经济补偿的一个基准是落实已经实行的政策，如“退耕还林”补偿款、沙漠承包补偿款，避免出现像毛乌素“治沙英雄”背负巨额债务治理环境的现象。对个人环保行为的补偿激励应体现出地区间的差异。对于经济贫困地区而言，放弃资源开发来保护环境的机会成本要高于经济发达地区，对个体经济水平改善的影响程度也更大。特别是西部的贫困地区，居民的经济收入对特定的资源有着依赖，而这些自然资源对生态建设有着重要作用。如果居民放弃了大量开采资源而去保护生态环境对他们生活的冲击也比较高，而发达地区人们取得收入的来源比较多，对自然资源的依赖度比较低，实行环境保护的机会成本要低于西部贫困地区。那么在设计补偿机制时，应该考虑到各地区间生态环境建设的机会成本差异，对个体的激励要根据成本差异区别对待。

13.4.3 政府引导下积极发挥社会组织的作用

转型时期的中国政府更多扮演着企业家的角色，发展经济仍是政府的首要任务，政府对生态环境保护的困难也源于当前中国政府的这种角色。社会组织作为一个广泛存在的社会单元，一方面可以弥补政府在环保工作上的投入不足，另一方面社会组织自身的特性更有助于生态环境建设的完成。在国际上，环保社会组织从 20 世纪 70 年代开始起步，目前已经发展成为全球环境治理中最为重要的力量。

环保社会组织一般分为政府主导型和民间自发型两大类，政府主导型一般是由政府发起并成立的专门性组织，如中国环境科学学会、中国水土保持学会、中国环境保护协会等；民间自发型的一般采取自下而上的方式产生，如“地球村”“绿家园”等。由政府发起的社会组织往往具备较好的人力资源和经济支持，专门的研究机构可以为政府提供有效的生态恢复策略。特别是西部地区生态环境复杂，在实施环保工程前必须对地区的生态系统现状、工程影响进行严格的考察论证，政府主导的专门性环境组织在这方面具有优势。生态环境建设的效果源于环境政策的落实，对于企业的环境污染行为，地方政府的管制程度受到该企业对地方经济贡献的约束。在西部地区，能源和资源开发对地方经济贡献巨大，但也造成了严重的生态恶化，但对于地方政府，经济落后引起的当期社会问题要比环境恶化更加紧迫，治理污染动机不足。民间的社会组织可以弥补政府监管不足造成的环境损失，民间组织的成员广泛，更容易收集环境污染的信息并通过媒体曝光和举报等多种途径迫使环境主管部门履行职责。另外，民间性的环保组织采取自愿参与原则，组织内部成员在生产生活中履行生态环境保护的义务，对于组织外部的个人也可以通过劝导和道德约束的方式提高他们的环保意识。作为一种潜移默化的力量，民间环保组织可以起到正式组织和官方制度不能实现的长期广泛约束，社会组织作为重要的环境保护力量应该得到更多支持。

13.4.4　调整产业结构，推动生态产业发展

西部地区复杂的自然环境特征一方面加剧了环境系统的脆弱性，增加生态建设的困难；另一方面，丰富的生态环境资源也给西部地区发展特色生态产业提供了条件。但从西部地区当前的产业结构来看，西部各省份第二产业仍占据主导地位，第三产业发展不足。如前文所述，西部地区的生态建设要和地区经济发展紧密结合起来，生态资源丰富的少数民族地区同时又存在着贫困问题，解决这种双重矛盾的途径就是发展生态产业。生态产业依托于地区的优势环境资源和民族文化资源发展经济，产业发展又可以获得外部投资和政府政策倾斜，推动对地区生态环境资源的保护。

生态农业和生态旅游是生态产业中的重要内容。西部地区丰富的生物资源可以为生态农业产品生产和细加工提供原料，但生态农业发展初期的资金投资对于个体来说难以实现，因此要推进农村金融的发展，支持农民依托生态资源的创业行为。西部地区发展生态产业的另外一个瓶颈就是交通条件，从 2012 年的统计数据来看，西部地区的铁路运营和公路运营的地区覆盖程度均低于全国平均水平。交通发展滞后一方面影响了本地生态农产品的对外输送，另一方面会减少外部投资者到本地投资的机会。而旅游资源开发的重要影响因素也包括旅游资源的可及性，交通状况的改善可以降低外部游客来西部地区旅游的时间成本，提高分散性旅游资源的集中，体现旅游资源的规模效应。生态产业发展不仅具有经济效应，更重要的是它相对于其他产业所特有的环境效应。政府应当设计有区别的财政和税收制度，对生态产业发展产生的环境效益进行额外的补助，引导更多投资进入生态产业。

13.4.5　完善政府考核体系，落实生态建设的重要地位

中国地方政府官员存在的“晋升锦标赛”已被很多文献证明（周黎安，2004；2007），20 世纪 80 年代以来，中国地方政府官员围绕 GDP 考核展开的竞争推动了中国经济长期高速发展（周黎安，2007）。中央政府的政治考核体系对地方政府官员的施政方向起着决定作用，在以经济绩效为主的评价体系中，环境效益必然退居其次。虽然党的十八大报告和十八届三中全会《决定》中明确提出了生态文明建设的重要地位，但在现实的官员考核指标中，将环境建设工作具体量化纳入官员晋升考评中的工作仍没有得到明显体现。一个表现在于，各级政府

换届提拔的新任政府领导在晋升前大都就任于经济发展水平很高的地区，这从一个侧面反映出在当前的官员晋升考核体系中，官员发展经济的能力仍然是最主要的指标。

由于各地区初始的自然环境和经济发展水平存在差异，政府考核指标中应该考虑到官员上任前的这种差异，重点考察环境改善程度和经济发展状况的相对变动量。在具体考核中，将生态文明建设和经济增长赋予相应的分值，并允许两者之间的兑换，以最终的综合分数作为地方官员晋升的标准。为了保证评价的相对公平，根据地区初始的经济条件状况来赋予该地区生态环境建设不同的分值。按照前文的分析，在同等水平的要求下，经济落后地区改善生态环境的困难要大于经济发达地区，那么保证同等的经济增长水平下，对落后地区生态环境改善的激励要高于发达地区，这样才能体现出生态文明建设中的效率与公平相统一的原则。

第14章　我国中部地区经济发展中的生态文明建设

14.1　中部地区生态文明建设的自然环境及面临的问题

中部地区地处我国国土中部，主要包括山西、安徽、江西、河南、湖北、湖南六省，约102.82万平方公里，其中耕地面积占30%以上；林地面积占39.9%；建设用地占9.06%，该地区人口占全国人口的28%。

中部地区地处南北气候过渡地带，属温带大陆性季风气候和亚热带季风气候，具有四季分明，气候温和，季风明显，光、热、雨资源丰富等气候特征。地区内年平均气温由北至南递增，各省的气候特征明显。中部地区地形复杂、地貌各异，全地区以山地、丘陵为主，约占总面积的60%以上；同时，中部地区还包含了大量的平原，构成我国重要的商品粮保障基地。中部地区的水资源丰富，包括了我国五大淡水湖中的鄱阳湖、洞庭湖和巢湖，此外还有其他著名的大型水系：黄河部分、长江部分、皖江、淮河、赣江等，是我国南水北调工程的重要水源地和组成部分。但水资源在地区内部的分布很不均衡，山西、河南两个北部省缺水严重，湖南、湖北、江西等南部省的水资源总量和人均水资源量都处于全国领先位置，水资源的分布特征也导致中部地区内部差异化的生态环境问题。中部地区成矿条件优越，是我国重要的能源富集区和矿产原材料基地。同时，中部地区各省的矿产资源分布具有明显的区域特征，山西省以煤炭资源为主，南部省份以有色金属为主，在能源和矿产资源开发中各省产生的生态环境问题也不尽相同。因此，中部地区的自然环境问题在不同省份间具有较大差异，需要具体分析。

14.1.1　中部地区内部差异化的生态环境问题

1. 能源开发与山西的生态环境问题

山西省是中部地区的北部省份，大陆性气候特征明显，水资源相对短缺。与中部地区的南方省份相比，山西省的生态环境相对脆弱。但是，山西省具有丰富的煤炭资源，是我国最大的煤炭生产和加工基地，能源资源开发在山西省经济发展中占据主要地位。山西省的煤炭开发历史悠久，特别是新中国成立后，国家经济建设对以煤炭为主的能源资源需求巨大，煤炭开采迅速扩大。在技术水平落后的条件下，大量的能源开发导致了严重的生态环境问题。主要有地面塌陷、水土流失和大气污染。据统计，每开采万吨原煤，将造成2 000平方米土地大面积的塌陷，塌陷区面积大概为煤层开采面积的2倍，最大下沉值为煤层采出厚度的70%～80%，大面积的塌陷改变了原来的地形地貌和生态系统，使生态环境遭到严重破坏。

煤炭资源开发也会引起严重的大气污染，特别是露天煤炭开采会迅速增加空气中的悬浮颗粒物和有毒有害气体。表14-1为2007年以来山西省大气污染状况。

表14-1 山西省大气污染状况

年份	二氧化硫排放量	烟尘排放量	二氧化硫占比/%	烟尘排放占比/%
2007	138.7	93.4	5.62	9.47
2008	130.8	75.1	5.64	8.33
2009	126.8	64.7	5.72	7.49
2010	124.9	62.1	5.73	7.63
2011	139.9	113.1	6.15	8.67
2012	130.2	107.1	6.31	8.84

数据来源：中国环境统计年鉴

能源资源开发不仅对大气和地质条件的影响严重，同时也导致严重的水污染和水土流失。山西省是中部地区中水资源缺乏省份，煤炭产业发展一方面会污染地下和地表水资源，另一方面煤炭加工需要耗费大量水资源。随着能源开发的不断加强，山西省面临着严重的水资源短缺和水污染问题，成为山西生态文明建设面临的重要阻力。

2. 人口压力、农业发展与河南的生态环境问题

河南省是我国的人口第一大省，面积为16.7万平方公里，截至2013年年末河南省人口达到1.06亿人，相对于中部地区其他省份，河南省的人口密度较大。人口密度提高了生态环境系统的压力，这是河南省生态文明建设面临的重要问题。同时，河南省是我国重要的粮食产地，2014年全省粮食产量1154.46亿斤，占全国总产量的9.5%，河南粮食生产关系到全国的粮食安全。过高的人口密度和大量的粮食生产首先需要消耗大量的水资源，但是河南省的水资源在中部地区甚至全国处于相对落后的水平，全省水资源总量为413亿立方米，居全国第19位。水资源人均占有量为440立方米，居全国第22位。水资源短缺条件下，农业发展面临严重的水资源供给矛盾，产生了很多不合理的水资源利用方式。长期进行大量的疏干排水作业，使焦作、平顶山、鹤壁等矿区城市的区域地下水位下降严重，导致不同程度的地面沉降，打破了生态平衡，环境受到严峻威胁。近年

来，随着中原城市群等发展战略的实施，河南省的城市化水平迅速提高，城市化和工业化的发展使河南省地表水体都受到不同程度污染，污染严重的河流有黄河、淮河和海河流域的部分干支流，地下水资源也受到严重污染，主要是由生活污水、灌溉污水以及被污染的河水下渗造成的。河南省生态文明建设面临的主要环境问题是水资源短缺和水污染，以及由此引发的次生环境问题。同时，河南省作为人口第一大省和重要的粮食产区，这些社会经济背景也是河南省生态文明建设必须考虑的问题。

3. 城市化、工业发展与中部地区南部四省份的生态环境问题

按照秦岭—淮河分界线，中部地区中山西省和河南省位于北部，气候和地质条件各自具有明显特征，安徽省、江西省、湖南省和湖北省这四个省份大部分区域都处于秦岭—淮河以南，气候相似，地质条件相近，自然环境具有一定的统一性，生态环境问题具有相似性。从自然环境上来看，这四个省份的生态环境系统总体较好，水资源丰富，地质条件稳定，且具有平原、丘陵、山地多种地形，植被覆盖率高，生物多样性明显。在自然环境和生态系统等方面，中部地区这四个省份不仅在中部地区甚至在全国范围内都具有优越性，生态文明建设的基础条件好。

中部地区是我国经济发达地区与欠发达地区的过渡地带，起着承东启西、接南进北、吸引四面、辐射八方的作用。随着西部大开发、振兴东北、珠三角“扩容”、长三角一体化、环渤海经济圈的发展，中部地区的崛起已成为区域协调发展的必然要求。中部崛起和中原城市群等发展战略的实施，为中部地区的城市化和经济发展提供了新机遇，也改变着中部地区生态文明建设面临的自然环境和社会经济条件。这四个省份具有丰富的水力资源和有色金属资源，中部崛起战略实施以来，一方面水力资源开发和矿产资源开采加工迅速发展，承接东部地区产业转移，第二产业的占比上升。另一方面是推动城市化进程的区域中心城市建设，如山西省规划建设太原经济圈；安徽省沿长江发展，构筑皖江城市带；江西省以南昌、九江为支点，力推昌九工业走廊；河南省以郑州为龙头，着力建设中原城市群；湖北省围绕武汉市，着力武汉大都市经济圈；湖南省以“长株潭”为中心，打造长株潭城市群。集中的快速城市化和产业转移给中部地区这四个省份的生态环境造成了巨大压力，主要表现为土地退化、湿地破坏和水污染问题。

14.1.2　中部地区生态文明建设面临的问题

1. 生态观念落后

生态文明是继原始狩猎文明、传统农业文明和工业文明之后出现的新型文明

社会，是社会发展的高级形态。建设生态文明社会需要各方广泛参与，政府、企业、家庭和个人要在生产、生活过程中将生态文明观念作为重要的行动指南，从而推动生态文明建设的持续进行。自古以来，中部地区都是中国农业文明的发达地区，农耕文化在人们的意识中占据着重要地位，特别是在农村地区传统农业文明的思想仍占据主要地位，生态文明的理念还未被接受。从中部地区当前社会文明发展的阶段来看，仍处于从传统农业文明向工业文明的过渡阶段，在过渡阶段中，传统价值观念没有消失殆尽，生态文明观念尚未完全建立，由此造成人们在经济生活中缺乏生态文明理念的指导，相对落后的农业时代的观念不仅限制了工业化的进程，也延缓了生态文明型社会的建立。

现阶段，我国生态文明建设过程中存在的诸多问题都可以归结为生态观念不足。政府为追求地方经济增速，忽视某些项目工程的资源浪费和环境污染，严重阻碍生态文明建设；企业为降低生产成本和寻求短期经济利益，依然采用高消耗、高污染的生产设备和生产工艺，削弱了生态文明建设的基础；家庭和个人在生活中盲目消费，不仅浪费资源，甚至有可能造成严重的环境污染。与全国情况相比，由于中部地区的科学文化水平和人口素质仍需提高，所以在生态文明观念的认识上较为薄弱，这在一定程度上限制了中部地区生态文明建设的有效进行。

2. 产业结构失衡

企业是建设生态文明的核心力量，企业的生产经营活动在很大程度上决定了生态文明建设的结果。一个地区的产业结构直接影响到进入企业的生产经营行为，产业结构越合理，越有助于在发展经济的同时建设生态环境，地区产业结构是影响生态文明建设的重要因素。

从第一产业来看，第一产业发展需要消耗大量的土地和水资源，中部地区内部水资源分布不均，北部省份山西和河南严重缺水，但第一产业占比较高，第一产业规模扩大将导致自然资源紧张，影响地区生态环境。除此之外，农业生产采用的生产方式较为落后，仍然采用原始的人力耕作，机械化程度较低。近年来，随着农业生产资料成本的上升，农业部门的利润率进一步降低。农产品成本上升和农业生产率低下进一步恶化了中部地区农民的收入状况，使得生态文明建设难度加大。

从第二产业发展看，中部地区的制造业以资源密集型和劳动密集型为主，2007～2011 年，中部地区第二产业占比平稳增加，第二产业仍然是中部地区经济发展的支柱产业。其中，第二产业中有色金属开采加工、工业制造业占据了主要比例，这些行业资源消耗大、环境污染高、生产效率低，不利于生态文明型社会建设。在产品需求层次上，中部地区经济发展落后，人均收入水平较低，消费能力较弱，因此该地区的工业产品面临着过剩局面，从而进一步降低了工业企业的收益利润，工业发展落后于全国水平。制造业工业发展落后，同时接受东部地区轻工业和加工制造业的转移，制造业规模扩张导致中部地区的生态环境建设面临严重的经济结构压力。

从第三产业来看，中部地区第三产业发展总体上在全国处于中等水平，但地区内部存在较大差异。湖南和湖北两个省份第三产业发展最好，2007～2011 年，第三产业年均占比处于 40%，而河南省第三产业占比最低，年均占比约 30%，其余省份居于中间位置。一方面，中部地区受地形、气候、经济发展水平等因素限制，基础设施建设不完善，现代物流业、批发和零售业、金融业、旅游业等第三产业发展严重滞后，使该地区产业结构升级面临严峻挑战。另一方面，中部地区省份城市化水平较低，居民消费能力较弱，也限制了该地区第三产业发展。产业结构合理安排对生态文明建设有重要作用，中部地区各产业之间结构不合理是造成生态文明建设落后的重要原因。

3. 生态立法滞后，执法效率低

改革开放以来，我国环境资源立法成果丰硕，但与建设生态文明的要求相比，还有较大差距。从总体上看，环境基本法供给不足，环境资源立法缺乏统一完整的立法体系。各地区在生态环境立法和法制规定方面的努力也存在较大差异。从结构比例上看，我国环境资源立法偏轻偏重，缺乏整体观、系统观和协调观。这主要体现为“重污染防治，轻生态保护”“重城市，轻农村”“重东部、轻中、西部”等。例如，1989 年的环境保护法主要为污染防治法，对资源节约和生态保护问题规定很少。从目的任务上看，我国仍停留于保护人身和财产利益的传统立法思维，没有赋予环境利益和公众参与应有的法律地位。环境资源立法的终极目的之一是维护人体健康，但最直接的目的是保护环境对于人的利益，即环境利益。

生态立法滞后也是中部地区生态文明建设面临的困难（表 14-2），国家提出建设生态文明以来，中部地区的生态环境立法在全国范围内仍然处于落后地位。

表 14-2　中部地区的环境法制状况（2007～2012 年）

项目	地方性环境法规	地方性行政规章	受理环境行政处罚案件	环境信访
中部地区/件	15	33	65 348	1 161 453
全国/件	129	155	625 618	117 832
占比/%	11.63	21.29	10.45	10.15

数据来源：《中国环境年鉴》

表 14-2 的结果表明，一方面中部地区在制定地方性环境法规和环境治理行政规章上在全国仍处于落后地位，特别是地方性环境法规供给严重不足。同时，由于中部地区内部各省份之间的生态环境和社会经济状况差异较大，特别是北部

的山西省和河南省，生态环境问题极具地方特征，因此在生态文明建设中需要针对性的环境法制。地区环境法制的完善程度将直接影响到对环境违法行为的监督和处罚。另一方面，中部地区的环境执法和处罚效率较低，环境事件的治理和惩罚力度较弱，提高生态环境执法度是中部地区生态文明建设必须重视的问题。

14.1.3　中部地区生态文明建设状况

在我国整体经济增长的背景下，伴随着中部崛起和中原经济圈等重大区域发展战略的实施，中部地区的经济社会发展水平逐步提升。作为我国经济发展和生态文明建设的重要地区，中部地区在特定区域空间上社会、经济、环境、资源各子系统相互联系、相互作用、相互制约，生态文明建设也受到复杂系统的影响。

在建设生态文明过程中，中部地区各级政府因地制宜，根据本地区所处的地理位置、自然环境、经济社会发展状况和生态文明认知度分别制定了相应政策，并将生态文明作为本地区可持续发展的重要目标。中部各省份相继提出建设“两型”社会，即资源节约型和环境友好型社会，将生态文明观念贯穿于社会与经济发展的各个方面；加快该地区产业结构升级速度，走新型工业化道路，从而减少经济发展对资源、环境的依赖程度和破坏程度，提高资源和要素的使用效率；建设了一大批自然保护区和生态环境主体功能区，保护本地自然环境；努力完成“十二五”期间的节能减排任务，提高该地区生态环境质量；在制度建设方面，加强环境监测能力，提高预防生态灾害的预警能力；以中部地区各省生态文明建设资金投入来看，有不断增加趋势，说明各级政府对生态文明建设重要性的认识不断提高。

具体来说，中部地区为了加快生态文明建设制定了一系列与本地区实际情况相适应的政策措施。例如，山西省作为我国重要的煤炭产地和煤电输出地，为我国的经济社会发展作出了重要贡献，但也给该地区造成了严重的生态后果，使山西省水土流失加剧、空气质量恶化、地面塌陷等。为此，山西省出台了绿化山西、气化山西、净化山西、健康山西的生态文明建设目标，指明了建设途径和建设目标。安徽省作为我国的人口大省，环境容量小，且受自然环境的影响较大，生态状况恶劣，为了维持经济长期可持续发展，保护生态环境迫在眉睫。基于此，安徽省于 2012 年出台了《生态强省建设实施纲要》，在该纲要中提出了安徽省建设生态文明的总体目标和具体目标，并实行了“十大重点工程”和“七大体系”，十大重点工程即重点流域水环境综合治理工程、面源污染防治工程、空气清洁工程、千万亩森林增长工程、生态安全提升工程、循环经济壮大工程、绿道建设工程、乡村生态环境建设工程、食品安全保障工程、绿色消费工程。七大体系即区域开发体系、生态经济体系、自然生态体系、资源支撑体系、环境保障体系、生态人居体系和生态文化体系。

江西省与中部地区其他省份相比较，自然环境较为优越，但是经济欠发展，在一定程度上，经济欠发展促进了该省生态环境的保护。但是，随着江西省经济发展速度的加快，必然面临着生态环境与经济发展之间的矛盾。作为欠发达地区，处理好经济增长与自然环境之间的关系，事关该地区未来经济增长的可持续性和长期性，因此，江西省提出了要建设“生态文明示范省”的目标，以该地区的自然资源为依托，发展现代农业、现代工业和现代服务业，用可持续的产业结构体系发展该省经济，从而保证经济发展的长期性和可持续性。

2013 年，河南省出台了《河南生态省建设规划纲要》，提出要在 2030 年完成生态文明建设任务。根据该纲要的目标，河南省要构建六大生态文明体系，即生态经济体系、资源支撑体系、环境安全体系、自然生态体系、生态人居体系和生态文化体系。通过以上生态体系的建立，在“十三五”期间，河南省生态文明建设的总体目标基本完成。2030 年，该省达到人口、资源、经济、社会相互协调发展的目标。

湖南省为了实现“美丽湖南”的生态建设目标，提出了“守”“转”“治”的三字方针。守，即在坚持科学发展的同时守住湖南的绿水青山；转，即转变经济发展方式，协调产业结构；治，即加强生态治理力度。该省在加强生态环境治理力度的同时，也将农村地区作为生态建设的重点，使城市和农村地区同时达到生态文明建设的总目标。

湖北省素有“千湖之省”“鱼米之乡”的美称，自然环境优越，由于其处于我国“南水北调”的核心地区，战略地位十分重要。随着该省经济发展的加速，如何处理好经济快速发展带来的问题与自然环境承载能力之间的关系尤为重要。在认识到生态文明建设重要性的基础上，湖北省出台了《关于大力加强生态文明建设的意见》。在该意见中提出了 23 条具体措施，以此来保证湖北省生态文明建设目标的实现。图 14-1 反映了中部地区各省生态文明建设资金投入状况。

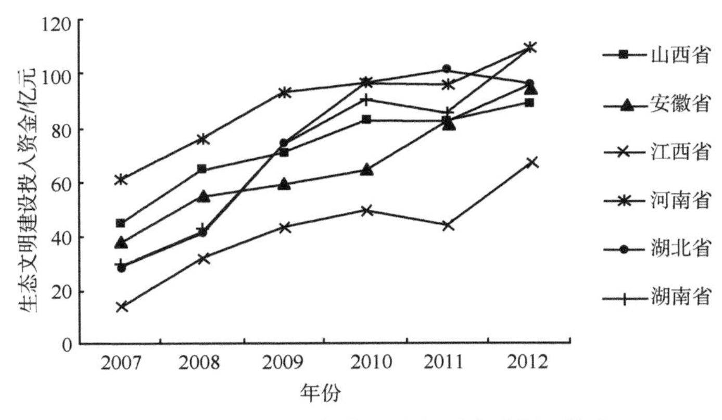

图 14-1　中部地区各省生态文明建设投入资金

总体来看，中部地区生态文明建设状况良好，但仍然受自然环境恶劣、经济社会发展程度低、生态文明观念淡薄等因素的限制。

14.2 中部地区生态文明建设效果评价

14.2.1 评价模型与指标体系选择

Data Envelope Analysis 模型在进行相对绩效评价方面有相对优势，它主要利用数学规划的方法，构造生产前沿线，用量化指标确定效率较高的决策单元并且对其进行排队，比较决策单元之间综合效率，以效率最高的决策单元作为标准，给出非有效决策单元的投入产出调整方向和具体数值，以此来评价投入与产出的相对效率。按照规模效率不同，可以将 DEA 方法分为规模报酬不变的 DEA 模型（CRS DEA）与规模报酬可变的 DEA 模型（VRS DEA），其不仅可以度量决策单位的技术效率，将两者相结合可以计算其规模效率。为考察我国中部地区在建设生态文明过程中的综合效率、纯技术效率和规模效率，本书采用规模报酬可变的 DEA 模型，即在 CRS DEA 中加入约束条件 $\sum_{j=1}^{n}\lambda_j=1$ 则成为 VRS DEA。根据 VRS DEA 模型思想构造的生产前沿面可以表示为

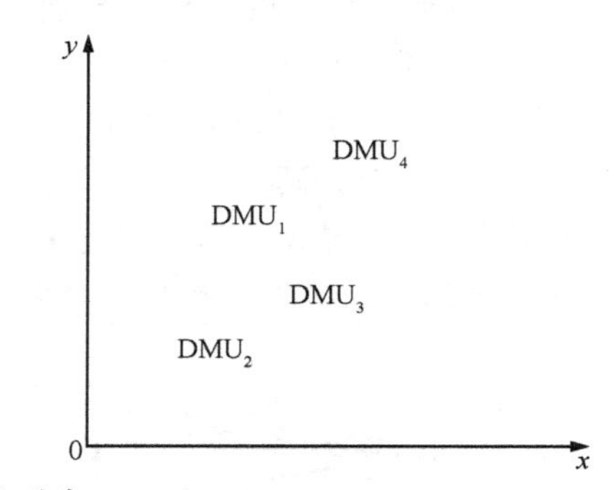

VRS DEA 基本模型为

$$\min\theta$$

$$\text{s. t.}\begin{cases}\sum_{j=1}^{n}X_j\lambda_j\leqslant\theta X_0\\ \sum_{j=1}^{n}Y_j\lambda_j\geqslant Y_0\\ \sum_{j=1}^{n}\lambda_j=1\\ \lambda_j\geqslant 0,\ j=1,\ 2,\ \cdots,\ n\end{cases}$$

其中，求解得到的 θ 值为 DMU 的效率；λ 为常数向量。若 θ 计算值等于 1，则 DEA 有效；若 θ 小于 1，则 DEA 非有效，说明决策单元的投入产出还有提升的空间。

本书构建了一个多对多的评价指标体系，采用 Data Envelope Analysis 方法来测度中部地区生态文明建设的实施效果。指标体系如表 14-3 所示。

表 14-3　中部地区生态文明建设评价指标体系

指标	指标类型	来源
1. 单位 GDP 能耗	O	中国统计年鉴，中国能源年鉴
2. 单位 GDP 建设用地占用/（平方公里/万元）	O	中国统计年鉴、国土资源部门相关数据计算
3. 万元工业增加值“三废”排放量（含废气、废水和固体废弃物）	O	国家统计局环境保护
4. 单位种植面积化肥及农药用量	O	中国统计年鉴/中国农村统计年鉴相关数据计算
5. 开发区高新技术产业产值占国内生产总值比重	I	中国科技年鉴，中国统计年鉴相关数据计算
6. 第三产业增加值占国内生产总值比重	I	国家统计局
7. 清洁能源（指水电、风电、核电）占能源总消耗（含煤、油、天然气、水电、核电、风电）比例	I	中国统计年鉴、中国能源年鉴相关数据计算
8. 每万人拥有的公共厕所数（城镇）	I	国家统计局
9. 每万人拥有的卫生技术人员数（城镇）	I	国家统计局
10. 每万人拥有公共交通车辆（表征城镇居民绿色通勤比例）	I	国家统计局
11. 人均生活用能	I	中国能源年鉴
12. 农村卫生厕所覆盖率	I	中国农村统计年鉴
13. 环境污染治理投资总额占 GDP 比重	I	国家统计局
14. 新型农村合作医疗参与率	I	国家统计局
15. 教育经费占 GDP 比重	I	中国教育年鉴
16. 环境影响评价制度执行率/%	I	环境保护部
17. R&D 投入占 GDP 比重	I	中国科技统计年鉴
18. 民间环保组织数量	I	中国环保民间组织发展状况报告
19. 各级人大、政协环保议案、提案数	I	环境保护部
20. 生态文明科研论文数量	I	中国知网
21. “三废”综合利用产品产值	O	国家统计局

续表

指标	指标类型	来源
22. 废气中主要污染物去除量占排放量的比重（含二氧化硫、烟尘和粉尘）	O	国家统计局
23. 工业废水达标排放率	O	国家统计局
24. 农业成灾率	O	国家统计局
25. 人均公园绿地面积	O	国家统计局
26. 森林覆盖率	O	国家统计局
27. 环境空气质量（省会城市空气质量达二级标准以上天数比例）	O	国家统计局
28. 城市生活污水处理率（城市生活污水日处理能力）	O	国家统计局
29. 城市生活垃圾无害化处理率	O	国家统计局
30. 地表水体质量（水质优于三类水的河流长度/河流总长度）	O	中华人民共和国水利部《中国水资源质量年报》
31. 农村安全饮用水覆盖率	O	中国农村统计年鉴
32. 亿元 GDP 生产安全事故死亡率（生产的不和谐）	O	国家安全生产监督管理总局网站
33. 城镇登记失业率（社会不稳定）	O	国家统计局
34. 基尼系数（贫富的差异）	—	国家统计局
35. 发生自然灾害（地震、森林火灾、地质、海洋灾害）的经济损失占 GDP 比重（人与自然的不和谐）	O	国家统计局

14.2.2 中部地区生态文明建设效果评价结果

根据以上原理，利用 DEAP 对中部六省生态文明建设效率进行计算，为衡量该规模效率，选取了 VRS DEA。结果如表 14-4 所示。其中，crste 代表综合效率；vrste 代表纯技术效率；scale 代表规模效率（—表示规模报酬不变；drs 表示规模报酬递减；irs 表示规模报酬递增），综合效率是决策单元在给定投入的情况下获得的最大的产出能力，而且 crste= vrste * scale。

表 14-4　中部地区生态文明建设效率得分

年份	省份	crste	vrste	scale	—
2012	山西省	0.899	1.000	0.899	irs
	安徽省	1.000	1.000	1.000	—
	江西省	0.922	1.000	0.922	irs
	河南省	1.000	1.000	1.000	—
	湖北省	1.000	1.000	1.000	—
	湖南省	1.000	1.000	1.000	—
2011	山西省	1.000	1.000	1.000	—
	安徽省	1.000	1.000	1.000	—
	江西省	0.675	1.000	0.675	irs
	河南省	1.000	1.000	1.000	—
	湖北省	1.000	1.000	1.000	—
	湖南省	1.000	1.000	1.000	—
2010	山西省	1.000	1.000	1.000	—
	安徽省	1.000	1.000	1.000	—
	江西省	1.000	1.000	1.000	—
	河南省	1.000	1.000	1.000	—
	湖北省	0.684	1.000	0.684	drs
	湖南省	0.576	1.000	0.576	drs
2009	山西省	1.000	1.000	1.000	—
	安徽省	0.995	1.000	0.995	drs
	江西省	1.000	1.000	1.000	—
	河南省	1.000	1.000	1.000	—
	湖北省	0.769	1.000	0.769	drs
	湖南省	0.597	1.000	0.597	drs
2008	山西省	1.000	1.000	1.000	—
	安徽省	0.798	1.000	0.798	drs
	江西省	1.000	1.000	1.000	—
	河南省	0.720	1.000	0.720	drs
	湖北省	1.000	1.000	1.000	—
	湖南省	0.914	1.000	0.914	drs

续表

年份	省份	crste	vrste	scale	—
2007	山西省	0.919	1.000	0.919	drs
	安徽省	0.464	1.000	0.464	drs
	江西省	1.000	1.000	1.000	—
	河南省	0.694	1.000	0.694	drs
	湖北省	0.633	1.000	0.633	drs
	湖南省	0.495	1.000	0.495	drs

根据表 14-4 可以发现，目前关于中部地区生态文明建设绩效可以得出以下结论。

（1）不同省份生态文明建设绩效虽然有所不同，但都达到纯技术有效。以上省份 2007～2012 年，纯技术效率为 1，达到 DEA 有效。当综合效率值和纯技术效率值不相等时，说明生态文明建设投资在该省份实施规模无效，表明对这些地区的技术效率而言，没有投入需要减少、没有产出需要增加，而该地区的综合效率没有达到最优，是因为在现有的技术条件下，其规模和投入、产出不相匹配，为达到效率最好，需要改变相应的规模。

（2）在规模效率得分小于 1 时，各省份需要减少生态文明建设资金的投入规模。本书所采用的是产出固定型模型，是在一定的产出水平之下，考察最优的投入情况。根据表 14-4 可知，drs 说明为达到 DEA 有效，必须减少生态文明建设资金的投入数量，从而在不影响结果的前提下节约资源。

（3）由图 14-2 可以发现，虽然各省在生态文明建设方面的资金投入不断增加，但各省该资金的使用效率有所不同。从各省情况来看，江西省使用效率综合得分一直为 DEA 有效，说明该省生态文明建设资金的使用有效；山西省、河南省、安徽省近年来生态文明建设资金的使用状况有所改善，分别达到 DEA 有效；而湖北省、湖南省在 2008 年之后，该项资金的使用效率又有所降低。以上说明在考察生态文明建设资金的使用绩效时，必须注意区域之间的差异性，虽然以上六省都位于中部地区，但是使用生态文明建设资金的效率有所不同。

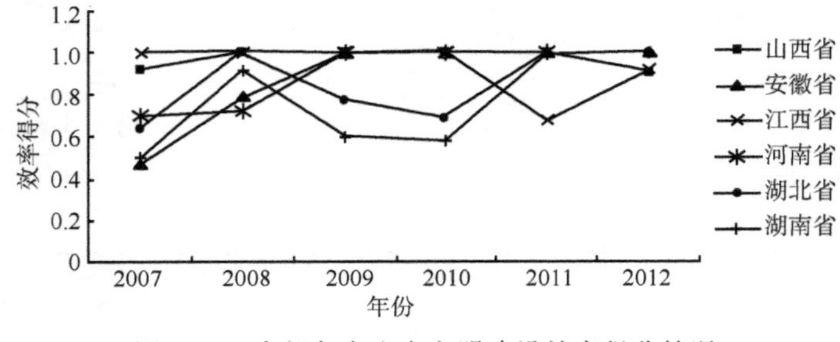

图 14-2 中部各省生态文明建设效率得分情况

14.3　中部地区生态文明建设的政策建议

从中部地区生态文明建设的评价结果表明：一方面，中部地区生态环境建设的总体水平不断提高，各个省份生态建设均达到了纯技术有效，但规模效率并不明显；另一方面，中部地区各省份生态文明建设的绩效存在较大差异，生态环境建设的资金投入和使用效率不尽相同。中部地区生态文明建设中地区内部面临的自然环境状况和社会经济背景存在较大差异，协调中部个别地区生态文明建设与全国经济发展的利益，以产业结构调整促进经济结构优化，重点发展生态循环经济，以生态文明发展理念引导中部地区经济发展和生态环境建设的全过程。

14.3.1　山西、河南生态文明建设与全国经济发展利益的协调

山西省和河南省是中部地区的北部省份，它们在生态文明建设中面临与南部四省份截然不同的环境背景。山西省是我国最大的煤炭资源供给省份，该地区煤炭资源的开发利用为全国工业发展和经济增长提供着基本的动力支持。但是，山西省煤炭资源开发也是造成该地区生态环境破坏的根源，是山西省生态文明建设的最大障碍。降低山西省煤炭资源开发，一方面会损害山西省经济发展利益，另一方面对全国经济发展造成较大影响，山西省生态环境建设的压力不仅源于本省经济发展利益的影响，也受到全国经济发展对能源需求的制约。同样，河南省是我国的农业大省，也是人口大省，粮食产量在全国农业生产中占据重要地位。但是，河南省水资源匮乏，粮食生产对水资源的大量消耗是造成河南省生态环境恶化的重要原因。河南省生态文明建设要求改变传统农业发展方式，发展新型生态农业，进行产业转型，而粮食生产关系到国家安全和社会稳定，河南省的农业发展不仅对养活全省人口有关，也对全国的粮食安全有重要影响，河南省生态文明建设也面临本省和全国的双重压力。

可以发现，山西省的煤炭开发和河南省的农业生产具有较强的外部性，生态文明建设面临的压力也更大。中央政府在推动生态文明建设过程中，应该充分考虑这两个省份的特点，在全国范围内形成统筹，分散山西省煤炭开发与河南省农业生产的任务，降低这两个地区煤炭开发和粮食生产对全国经济发展的影响力。同时，通过转移支付和政策优惠等手段，对山西省能源产业转型发展和河南省农业产业转型提供支持，确保这两个地区在生态文明建设过程中地区经济发展和居民的收入水平保持相对稳定的状态，从多方面解决山西省、河南省生态文明建设与地区经济发展和全国经济发展之间的利益冲突。

14.3.2　以调整产业结构为核心，推动经济结构优化

中部地区经济发展一方面体现为南北省份间地区特征明显，支柱产业比较单一；另一方面从整个地区来看，产业结构不合理是重要问题。近代以来，中部地区丰富的煤炭和矿产资源逐渐被开发，工业时代经济发展对能源资源的高度需求激化了中部地区经济利益与生态利益之间的矛盾。能源资源开发和快速城市化可以为地区经济增长提供动力，但是会增加生态环境压力，资源开发和人口集聚超过生态环境承载力时，会出现严重的环境污染并影响到经济发展。中部六省份的产业结构仍然是以第二产业为主，第三产业增长缓慢，工业发展势头不断加大，进入21世纪以来，劳动力成本上升和生态环境破坏导致东部地区的落后产业开始逐渐向中部地区转移，中部地区承接了东部淘汰的轻工业、加工制造业等落后产业，地区经济发展主要以高投入、高消耗、低产出的粗放型工业为主，第三产业和绿色农业发展水平较低。对中部地区来说，在当前的自然环境和经济发展现状下，建设生态文明必须调整当前不合理的产业结构。

中部地区产业结构调整必须立足于地区内部差异化的资源环境和社会经济条件。产业结构调整包括产业结构高级化和产业结构合理化两个方面，其通过要素重新配置和结构优化对经济产生积极作用。具体来说，产业结构高级化指产业结构系统从较低级形式向较高级形式的转化过程；产业结构合理化指各产业之间相互协调，有较强的产业结构转换能力和良好的适应性，能适应市场需求变化，并带来最佳效益的产业结构，具体表现为产业之间的数量比例关系、经济技术联系和相互作用关系趋向协调平衡的过程。建设生态文明型社会对我国的产业结构调整提出了新要求，即在调整的过程中还要重视生态建设对产业结构的约束。这要求在一定程度上容忍资源消耗、环境污染，从而完成资本、技术、人才等要素的积累，在此过程中又要加大环境保护力度，加快发展高新技术产业，提高产业发展的技术含量，推进经济可持续发展。

中央在2014年经济工作重点中提出要“推动战略性新兴产业”发展，推动战略性新兴产业发展取得新进展，促进传统产业改造升级，并列举了七大战略性新兴产业，即节能环保产业、新一代信息技术产业、生物产业、高端装备制造产业、新能源产业、新材料产业、新能源汽车产业，如图14-3所示。

中部地区的资源条件和工业基础都为发展这些战略性新兴产业提供了条件，如新能源、新能源汽车、新材料和高端装备制造业，中部地区具有这些产业发展上的传统优势，通过技术进步和管理创新，中部地区传统的优势产业也可以较快成长为符合战略性新兴产业要求的资源节约型和环境友好型经济。

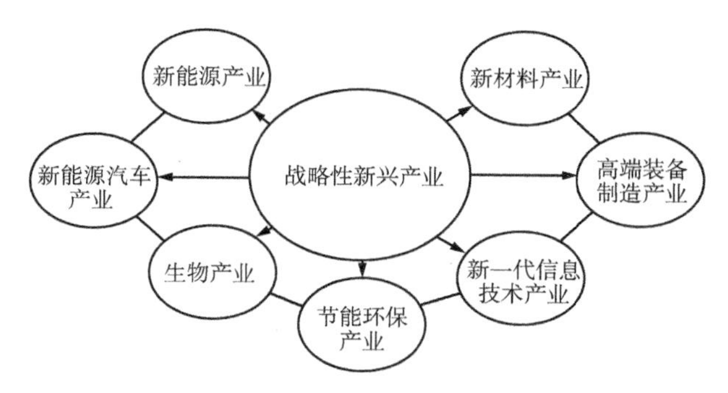

图 14-3　七大战略性新兴产业

14.3.3　完善生态补偿制度，健全生态产品市场交易机制

中部地区在承接东部地区落后产业的过程中造成地区生态环境的恶化，同时中部地区的自然资源也为东部地区的经济发展提供了重要保障。例如，山西省的煤炭资源开发和较低的煤炭价格为东部地区经济发展提供了能源保障；湖南省和湖北省水资源输送，特别是作为南水北调工程中线的重要水源地，中部地区的水资源输送支持了河北、北京、天津等东部地区的工业生产和生活用水。中部地区对东部发达地区的资源供给和生态输出的过程中，中部经济发展的收益与资源环境损失的状况相比，收益水平较低。从全国生态文明建设和经济社会发展的角度出发，应该完善发达地区对中部地区的生态补偿制度，使中部地区在资源环境产品低价输送过程中遭受的经济发展和生态环境双重损失得到有效补偿。

针对当前中部地区存在的生态环境产品被迫低价输出的现状，要进一步健全生态产品交易的市场机制，减少行政手段对生态环境产品交易的干预。中部地区的部分省份已经建立了碳排放交易制度，建立了碳排放交易中心，通过市场交易的方式规范利益主体的环境污染行为。从长期来看，发挥市场制度的作用，利用价格机制和竞争机制让各种自然资源使用权利在不同经济主体之间合理流动，优化资源配置。生态产品交易的市场化机制可以主动协调中部地区经济发展和生态环境建设之间的冲突，增加生态环境产品的价值，从而提高企业和居民对生态环境的重视和保护程度，推动更多群体参与到生态环境资源的培育和发展中来，推动中部地区生态文明建设。

14.3.4　加强生态立法，提高执法效率

生态环境资源具有部分公共产品属性，对生态环境资源利用的规划和管理必须依靠完善的法律体系。同时，在经济发展水平较低、企业创新能力不足、居民生态环境意识薄弱的社会背景下，生态环境法制的滞后会引起生态环境遭受多方

面的破坏，生态环境立法是根本保证。中部地区的生态环境法制在全国处于相对落后的地位，2007 年以来颁布地方性环境法规数量只占到全国的 11%，与其他地区存在较大差异。生态立法是生态环境治理和资源利用监管的基础，加强生态立法可以对已有的生态环境破坏行为进行追究，同时可以有效规范企业和居民的生产、消费行为。

生态立法是生态环境制度建设的根本，生态环境执法效率则是保证生态环境治理和资源利用监管的根本手段。中部地区生态执法效率较低，不利于对现有不合理的生产方式和产业结构形成转型压力，环境规制的强度不够会导致环境污染企业形成转型拖延症。中部地区要提高生态环境执法效率，加大社会公众对执法部门的监督，通过执法监督提高环境监管和执法部门对环境污染和资源滥用行为的惩罚。

14.3.5　树立生态文明，走可持续发展道路

中部地区是华夏文明的重要发源地，农业文明中生产和生活观念对人们的影响根深蒂固。建设生态文明的首要任务就是要牢固树立生态文明观念。党的十八大报告提出："加强生态文明宣传教育，增强全民节约意识、环保意识、生态意识，形成合理消费的社会风尚，营造爱护生态环境的良好风气"，生态文明观念的重要地位得以彰显。

传统上，人们深受"地大物博""人定胜天"等观念影响，对企业生产和人民生活产生潜移默化的影响。而现阶段的现实情况是我国还没有完成工业化、信息化和城市化，就面临着资源枯竭、环境恶化的挑战。因此，我国建设生态文明型社会要首先从观念上转变认识，追求人类社会与自然环境的和谐共生。建设生态文明的实质是合理调节人与人之间的利益关系，不同区域之间的利益关系，只有各主体和各区域将生态观念作为自己的行动指导思想时，利益协调才能最大化，才能实现人类社会的共同发展。

从树立生态文明观念执行主体来说，政府需要大力宣传，各个相关环保和环境组织密切配合，企业和广大人民积极参与。具体来说，政府制定相应的生态和环境政策，并加强生态文明观念的宣传与普及，使得"物我两利""绿色 GDP""人与自然和谐相处"的观念深入人心；各环保组织要积极发挥自身作用，配合政府对生态文明观念进行宣传，采取多种形式进行生态文明教育；各企业要将生态观念作为日常经营活动过程中重要参考目标之一，采用先进生产工艺，减少资源浪费，提高资源使用效率，将生态文明作为衡量企业经营成功与否的重要方面，从而通过生产方式变革促进生态文明建设；家庭和个人在日常生活中要注重理性消费、绿色消费，避免盲目消费和过度消费，通过生活方式变革，节约资源，保护环境。

第15章　东部地区经济发展中的生态文明建设

15.1　东部地区建设生态文明的自然环境及面临的问题

我国东部地区包括黑龙江、吉林、辽宁、河北、北京、天津、江苏、浙江、山东、上海、福建、广东、海南13个省份。截至2013年，东部地区土地面积约171.41万平方公里，占全国国土面积的17.86%，人口约62 795万人，占全国人口的46.15%。2011年，东部地区的GDP为332 032.93万元，比2010年增长了17.8%，占全国GDP的63.7%。由于人力资源禀赋、城市化和工业化水平、市场化程度、政策导向及地理位置等因素，相较中西部地区而言，东部地区拥有着坚实的经济基础、良好的发展环境、较高的投资收益率，成为整个国家经济发展的核心地区。囊括了东北经济区、华北渤海经济区、长江三角洲经济区、南方沿海经济区共四大经济区以及全国重要的工业基地——辽宁中南部、京津唐、沪宁杭地区，重要的农业基地——黄淮海平原的大部分、长江三角洲、珠江三角洲。

虽然东部地区经济发展水平高，但是由于东部地区人口密度较高、资源相对紧缺，多年来经济快速发展，特别是高投入、高消耗的粗放增长方式，使得东部地区目前均在不同程度上存在着共性的生态环境问题。生态空间被大量占用，生态脆弱性逐年加剧，环境污染排放持续增加，严重威胁着区域性生态安全格局，对当地的生态环境维持及生态安全的稳定都带来严峻的挑战。部分地区承载能力已全面超载，复合型环境污染问题已经显现。区域重点产业布局与生态环境保护在空间上的冲突和产业结构规模与区域资源环境承载力之间的矛盾已经十分突出。我国东部沿海区域生态环境质量直接影响我国未来中长期生态安全的总体水平和环境质量。

15.1.1　东部地区生态环境的现状及特征

由于东部地区与西部地区在地理位置、气候条件以及自然资源的分布情况等方面存在着差异，与中西部地区相比，东部地区相比其他地区而言有着其特殊的生态状况。

1. 海洋生态状况逐步恶化

中国拥有近300万平方公里的海域，海岸线长达32 000公里，其中大陆岸线为 18 000 公里，北部起始点为鸭绿江口，南方终点为北仑河口。而东部地区濒临渤海、黄海、东海、南海四大海洋。沿海地区有着丰富的海洋生物资源、海域滩涂资源、港口资源、旅游资源、油气资源、风能以及海洋潮汐能等资源，对当地的生态以及经济发展都有着促进作用。近年来，随着沿海地区经济的发展，海洋经济作为经济的增长点也开始被大规模开发。但是，在海洋经济迅速发展的同时，相关的环境、资源、生态、社会矛盾等发展不协调问题也凸显出来。一方面，海洋经济的快速发展给海洋环境与生态安全带来了巨大的压力和威胁；另一方面，海洋环境污染与生态系统遭到破坏也在一定程度上制约了海洋经济的健康发展。

海洋环境污染严重，陆源污染对海洋生态环境造成重大破坏。现代工业生活直接或间接进入海洋的废弃物和垃圾，已经超过了海洋的自净能力，因此造成大量污染物和有害物质的蓄积，形成局部海域污染严重的局面。《2012 年渤海海洋环境公告》显示，2012 年，渤海符合第一类海水水质标准的海域面积比例已降低至约 47%，第四类和劣于第四类海水水质标准的海域面积与 2006 年同期相比增加了近 3 倍，达到 1.8 万平方公里，约占渤海总面积的 23%。2006 年以来，渤海河口、海湾等重点海域生态系统均处于亚健康或不健康状态。

海洋资源利用粗放，近海渔业资源严重衰竭。一是重数量轻质量，即以初级产品生产为主，深加工、高附加值产品较少；二是重速度轻效率，即注重以扩大生产为主，不注重资源利用率的提高，如一些水产资源适宜综合加工利用，但却只利用了其部分功能，造成有限资源的浪费和不合理消耗；三是缺乏可持续发展的科学理念，资源保护与生态平衡管理制度落实不到位，海洋生态安全保障制度建设滞后。

重大突发溢油事件致使部分海洋生物濒临灭绝。根据国家海洋局每年发布的海洋灾害统计公报，2004 年中国近海重大溢油事件为 5 起，2005 年这个数字为 16 起，同比增长 2.25 倍。2011 年 6 月的渤海湾油田溢油事故更是给我们敲响了警钟。泄漏的石油漂浮在海面上形成的油膜可以直接导致海洋生物窒息死亡，同时对周边的海洋渔业、养殖业是毁灭性的灾难。

2. 湿地生态系统面临威胁

湿地与森林、海洋并称为全球三大生态系统，具有净化水质、保持水源、蓄洪防旱、调节气候和维护生物多样性等重要的生态功能。东部地区的湿地面积占全国的湿地面积约为 40%。分布在我国沿海地区的湿地不仅具有保持水土、涵养水源、补给地下水的功能，而且具有抵御海啸和风暴潮、防止海水入侵、美化人居环境的作用，对于维护沿海地区生态安全、人民生命财产及工农业生产安全，实现经济社会可持续发展，具有十分重要的意义。随着我国经济的快速发展和人们对湿地功能要求的提高，湿地资源不断被开发利用，却未受到充分的保护，导致湿地生态系统不断遭到破坏，湿地面临的问题越来越严重，主要体现在湿地面积持续减少、湿地生态功能严重退化和生物多样性丧失等方面。虽然国家在该方面也作了一些政策性的规定，但是相对于湿地被破坏的速度和程度而言，重视度还远远不够。由于不合理的开发，目前我国湿地生态系统日趋恶化。

（1）对沿海湿地的盲目开垦和改造。目前，共有 15 %的沿海湿地已经遭到或正面临着盲目开垦和改造的威胁。从地域上来看，主要存在于珠江三角洲、长江三角洲、红树林区域，山东、浙江、福建等沿海地区。目前沿海湿地开垦、改变自然湿地用途和开发占用湿地是造成我国滨海湿地面积削减、功能下降的主要原因之一。沿海湿地污染加剧方面，共有 42%的沿海湿地正面临着环境污染的威胁，沿海湿地的污染严重。污染沿海湿地的因子包括大量工业废水、生活污水的排放，油气开发等引起的漏油、溢油事故，以及农药、化肥引起的面源污染等，而且环境污染对沿海湿地的威胁正随着工业化进程的发展而迅速加剧。

（2）生物资源被过度利用。在我国重要的经济海区，滥捕现象十分严重，不仅使重要的天然经济鱼类资源受到很大的破坏，而且严重影响着这些滨海湿地的生态平衡，导致沿海湿地生物群落结构的改变、多样性的降低以及生态功能的丧失。海岸侵蚀不断扩展。据统计，至 20 世纪末期，我国已有 70 %的砂质岸滩和淤泥质海岸出现了不同程度的侵蚀。

3. 水资源缺乏，水污染严重

由于地理位置因素，东部地区的水资源分布不均。珠江三角洲和长江三角洲水资源较丰富，而华东和华北地区水资源严重缺乏。其中，东北地区水资源为 1240.16 亿立方米、京津冀地区为 546.35 亿立方米、长江三角洲地区为 1258.08 亿立方米、珠江三角洲地区为 3768.09 亿立方米。水资源短缺已经成为制约各地区经济发展的全局性因素，水污染问题是东部地区面临的普遍问题。地表水和地下水污染逐年加剧，由于水资源不足导致地下水开采过度，地下水位下降，地面下沉。工业化污水、生活污水的排放使得河流湖泊的富营养化程度特别严重。各地的污水处理厂效率低下，供水设施老化，水资源的综合利用缺乏有效的管理，浪费严重。

对于水资源问题的解决除了南水北调工程外，地方企业也在发展海洋海水利用等新兴产业，与南水北调淡水相比，南水北调水北京用户价格预计 8 元/吨，而海水淡化水价格将低于 7 元/吨，而且淡化水品质好，可直接饮用，水质优于南水北调的水。但是由于技术开发难度性大和高风险高成本，海水淡化和海水直接利用产业没有形成产业链，不能很好地利用海洋水资源解决东部地区的水资源问题。

4. 大气污染严重

随着重化工业和城市化建设的快速发展，工厂废气粉尘排放，能源消费和机动车保有量的快速增长，排放的大量二氧化硫、氮氧化物与挥发性有机物导致细颗粒物、臭氧、酸雨等二次污染呈加剧态势。长三角、珠三角的酸雨面积广，酸雨污染日趋严重。复合型大气污染导致能见度大幅度下降，京津冀、长三角、珠三角等区域每年出现雾霾污染的天数达100天以上，个别城市甚至超过200天。

随着城市规模的不断扩张，区域内城市连片发展，受大气环流及大气化学的双重作用，城市间大气污染相互影响明显，各个城市“各自为战”，没有形成区域性治污合力，使得相邻城市间污染传输影响极为突出。在京津冀、长三角和珠三角等区域，部分城市二氧化硫浓度外来源的贡献率达30%～40%，氮氧化物为12%～20%，可吸入颗粒物为16%～26%；区域内城市大气污染变化过程呈现明显的同步性，重污染天气一般在1天内先后出现。北京和天津实施污染天气尾号限行措施，但是雾霾污染依然严重。2014年1月份，京津冀地区13个城市空气质量达标天数比例范围为3.2%～67.7%，平均为25.4%，低于74个城市平均达标天数12.2个百分点。邢台、石家庄、保定、邯郸、济南、唐山、北京等城市的重度污染比例较高。京津冀地区的大气污染十分严重。表15-1显示了2010年重点区域主要空气污染状况。

表15-1 2010年重点区域主要空气污染物年均浓度

（单位：微克/立方米）

区域	省份	二氧化硫	氮氧化物	工业烟粉尘	重点行业挥发性有机物
京津冀	北京	10.4	19.8	3.96	11.6
	天津	23.8	34.0	7.99	15.6
	河北	143.78	171.29	95.89	15.4
长三角	上海	25.5	44.3	8.9	23.9
	江苏	108.55	147.19	96.18	51.3
	浙江	68.4	85.3	43.33	52.7
珠三角	广东	50.7	88.9	37.7	38.1
辽宁中部	辽宁	62.31	54.71	50.44	24.2
山东	山东	181.1	174	58.1	79.6

数据来源：《重点区域大气污染防治“十二五”规划》

15.1.2　东部地区生态文明建设中面临的问题

1. 产业结构不合理，产业转移的环境问题突出

20 世纪 80 年代中期，东部地区利用率先开放的利好条件，发挥区位优势，凭借充足的劳动力、廉价的土地和巨大的市场，抓住日本、中国台湾、中国香港等发达国家和地区产业转移的机遇，承接并发展了大量以劳动密集型产业为主的制造加工型企业。长期以来，主要在东部地区的劳动密集型产业，不仅有力地推动了当地经济发展，而且成为拉动我国经济增长的一个重要力量，为国家整体经济实力增强作出了重大贡献。

在产业结构方面，东部各大经济区不断对产业结构进行优化，使产业结构向高端、高效、高附加值转变的同时，增强高新技术产业、现代服务业、先进制造业对经济增长的带动作用。

但是，在现有产业结构下，产业结构的优化和升级仍然存在一些问题。随着国家对生态环境保护方面的要求不断深化，各个省市都在自己的生态指标约束下，对各地的产业结构作出规范调整。但是由于各地的经济发展水平及环境监管水平不同，一些地区特别是江浙地区仍然存在着大量的小造纸、小制革、小水泥等“十五小”“新六小”企业。这些企业破坏资源、污染环境、产品质量低劣、技术装备落后、不符合安全生产条件，对当地的环境资源造成极大的威胁。而且，一些大型的高污染高能耗的水泥钢铁企业存在着严重的产能过剩问题。大部分地区在生态产业建设方面产业集群及产业链衔接相对滞后，使得关联配套能力不足和关键配套环节配套滞后，阻碍着循环产业的构建和合作。这些企业都面临着重组优化产业结构的要求。

由于东部地区的持续发展，土地、劳动力、能源等基本生产要素供给紧张和价格上升，使对之有较高依赖的劳动密集型产业的成本逐渐增加，原有发展优势逐渐减弱。所以从 20 世纪 90 年代就有一部分企业开始将产业梯度转移。部分地区通过“腾笼换鸟”，即转移出一些竞争优势已经明显趋弱的劳动密集型产业和资源密集型产业，把有限的土地和劳动力等资源用于发展能够不断超越时空局限、充分发挥资源效益和减少环境污染的高附加值新兴产业，从而减少东部地区的人口、资源和环境压力，实现经济结构调整和产业升级。但是，由于我国产业转移“黏性”明显，东部地区的产业转移与中西部承接方面并不理想。由于没有宏观的政策指导与统一规划使得那些需要政策性指导鼓励的鞋业、电子等传统劳动密集型产业转移不合理。

由于地区发展的不平衡，在东部内部也存在着一些产业梯形转移。北京、天津将一些重工业产业转移到河北。广东省政府试图通过“双转移”推进珠三角劳动密集型产业向东西两翼、粤北山区转移，山东省将经济由青岛、烟台、济南等东部地区向聊城、菏泽等西部地区转移。江苏省政府鼓励企业向苏北欠发达地区转移，浙江省政府推动企业向浙西山区转移等。这些转移的产业中有些属于钢铁、石化等高污染高能耗的污染密集型产业，会给承接地带来环境污染，随之发生污染转移。

2. 公众的生态消费模式尚未形成

生态文明建设不仅包括生产的生态化还包括消费的生态化。对于生态消费，邱耕田教授指出，生态消费是一种绿化的或生态化的消费模式，它是指既符合物质生产的发展水平，又符合生态生产的发展水平，既能满足人的消费需求，又不对生态环境造成危害的一种消费行为。在东部地区由于经济的快速发展，消费者对物质文化的需求度较高，在消费中存在着诸多的非生态消费现象，符合生态文明的生态消费模式尚未形成。

消费者的生态消费意识薄弱，生态消费需求弱。根据中国环境科学学会统计，2012 年我国的环境科普经费筹集额增长快速，达到 1.7 亿元，比 2006 年度增长了 118%，出版科普图书达到 647 种，科普（技）讲座、展览和竞赛活动举办次数突破 1 万次，参加人数达到 570 多万人次。一年的科普覆盖了包括北京、天津、山东等东部地区的各个省份，江苏和浙江的科普经费筹集额、浙江的环境科普时间、江苏的科普网站数量都是超前的。我国在公众的生态宣传教育方面不断努力，但是由于消费群体数量巨大，社会地位不同，生理特征和心理特点存在差异，对生态消费还存在认识不足，生态消费意识薄弱。在美国、德国、意大利、荷兰分别有 77%、82%、94%、67%的消费者在选购商品时会考虑生态环境因素。我国生态消费大众化虽已起步，但比例仍不足 20%。消费者在消费品的购买中往往是满足自己的物质需求或者精神需求，很少注意生态需求。由于居民的收入水平提高了，消费主义的消费观念普遍存在。消费忽视功能性效用而注重符号价值的炫耀性消费、奢侈消费，追求快捷方便的一次性和类一次性消费，看重商品的深加工，肆意的占有和消耗自然资源的过度消费现象广泛存在，这些消费形式在选择商品时往往不考虑是否是节能环保，是否是节约资源的商品，这对资源造成巨大的浪费，忽视了生态的重要性。

现在居民的消费结构中生存资料在消费总量中的比例逐步下降，享受资料、发展资料在消费总量中占比逐步上升，奢侈品的消费、浪费对自然资源的需求压力过大，这不利于消费者形成良好的生态消费习惯。例如，长江三角洲地区居民对高蛋白鱼虾等水产品的过度需求增加，导致江浙地区的渔业资源绝对数量不断减少，渔获种类的低龄化、低质化现象加剧。对于通信和交通消费比例有所提高，所带来的交通方面压力也增大。2011 年，东部地区的年末公共交通运营量数占全国的 63.2%，山东、广东、江苏、河北、浙江 5 个省的机动车保有量超过 1000 万辆，其中山东、广东机动车保有量超过 2000 万辆。北京、上海、广州、杭州、天津等 5 个城市的机动车保有量超过 200 万辆。2013 年，山东的机动车保有量为 2278 万辆，广东为 2240 万辆，为全国机动车数量最大的两个省。城市的交通噪声也基本上是环境噪声声源的主要来源。大量汽车尾气的排放导致空气中的粉尘和氮氧化合物的含量增高，容易加剧温室效应和大气雾霾的产生，损害人的呼吸系统，严重威胁着人类的身体健康。

随着我国居民消费水平的提高，居民生活垃圾数量也不断增长。垃圾不仅占用了土地资源，也在一定程度上污染了耕地与地下水资源，严重危害居民的身心健康。各种家具、家用电器等耐用消费品更新换代的速度越来越快，不仅生活垃圾的数量会继续上升，而且生活垃圾处理技术的攻坚难度与垃圾处理成本也会加大，废旧物资回收和利用将面临愈加严峻的考验。

3. 城市化进程中的土地利用与人地矛盾

东部地区约 1/3 的国土面积上居住了全国近 47%的人口，土地人均占有量低于全国水平。人口密度大，可用土地资源严重不足，建设用地供给不能满足有效需求，导致土地价格上涨，加上该地区工业化发展，部分生态土地被挤占，执行严格的耕地保护制度，非农用地紧张的矛盾非常突出，土地的生态问题也逐渐显现。华北地区的土地荒漠化面积、草场退化面积、原始森林退化面积逐年增加，土地盐渍化、水土流失问题加剧。并且由于过量的农药与化肥的使用以及工业化污水的地下注入与不合理排放，导致土壤重金属污染严重。2002 年，珠三角地区的土壤情况评估显示，部分城市采样点中有近 40%农菜地土壤重金属污染超标，10%属于严重超标。由于各地区在进行城市化建设，土地资源的开发利用需求大幅度提高。由于土地资源有限，城市和新区的开发强度普遍过大，增加了土地承载负担。郊区土地也呈现出无序化发展状态。建设用地、工业用地、农村居民用地分散程度高，发展无规划，导致土地资源流失，土地浪费严重，土地集约利用率低下。

15.1.3　东部地区内部生态文明建设的不平衡性

东部地区土地面积少而人口众多，导致土地资源紧缺，大气污染、水污染、土壤污染也比较严重，经济发展的不平衡导致了各个地区的生态状况也有极大差异。

1. 东北经济区

新中国成立以来，东北地区一直作为全国基础工业和技术装备工业基地，进行了大量的重点建设，逐步形成了较为完善的以重工业为主导的产业群，有鞍山、本溪的钢铁基地，抚顺、大连、齐齐哈尔的特钢基地，大庆、吉林、盘锦等石化基地，长春、沈阳等汽车生产基地，哈尔滨、沈阳、大连的电力设备、重工机械、电子仪表制造基地等。如表 15-2 所示，东北三省资源储备较东部沿海地区是相对丰富的，有着大量的土地资源、森林资源、石油煤矿等矿产资源。

表 15-2 2011 年东北经济区与东部沿海经济区三大区域的主要资源储（产）量表

地区	耕地面积/千公顷	森林面积/万公顷	水资源/亿立方米	原煤产量/亿吨	原油产量/万吨
东北经济区	21 590.93	3175.25	1240.16	101.97	86 942.29
京津冀经济区	20 409.69	734.16	546.35	119.24	64 807.7
长三角经济区	10 526.59	697.9	1258.08	11.25	2 933.35
珠三角经济区	13 182.97	2790.52	3768.09	9.97	−26.49

数据来源：《中国统计年鉴 2012》

虽然东北三省的资源数量相对于东部各省比较丰富，但是由于该地区传统的发展模式，以装备制造业和原材料加工业为主的产业结构，对资源环境的不合理利用，对生态建设也造成一定的压力。

表 15-3 东北三省 2010～2012 年三次产业占 GDP 的比重 （单位：%）

年份	黑龙江省			吉林省			辽宁省		
	第一产业比重	第二产业比重	第三产业比重	第一产业比重	第二产业比重	第三产业比重	第一产业比重	第二产业比重	第三产业比重
2010	12.6	48.4	39.0	12.1	52.0	35.9	8.8	54.1	37.1
2011	13.5	47.4	39.1	12.1	53.1	34.8	8.7	55.2	36.1
2012	15.4	44.1	40.5	11.8	53.4	34.8	8.7	53.2	38.1

数据来源：黑龙江省、吉林省、辽宁省三省的统计年鉴整理与计算

从表 15-3 可以看出东北三省的三次产业结构，第二产业的比重大致都在一半以上，第三产业的比重相对比较低，可以看出东北三省的产业结构仍以工业制造业为主，其中石油化工加工业及各金属产品加工仍占有相当大的比例，主导产业以装备制造业和原材料工业为主的发展模式在技术约束条件下，高投入低产出，随着资源开发程度的加深，粗放式的发展导致资源利用效率低下，资源消耗大于东部其他地区。2012 年东北三省的单位 GDP 能耗分别为辽宁省 0.9 吨标准煤/万元，吉林省 0.84 吨标准煤/万元，黑龙江省 1 吨标准煤/万元，高于东部地区各省的平均单位 GDP 能耗 0.71 吨标准煤/万元。资源过度开采以及生态环境的破坏，已经严重影响和制约了东北地区经济社会的发展。尤其是局部地区的资源型城市资源面临枯竭现象更是东北地区迫切需要解决的问题。由于存在行政化管制，东北三省的经济联系不是很密切，辽宁省在生态文明建设方面已经取得了

一些成效，但是吉林、黑龙江两省在生态文明建设方面还存在多方面的问题。

2. 东部和南部沿海经济区

东部和南部沿海经济区是全国经济实力最雄厚的地区，经济发展迅速，产业结构较之其他地区比较合理，服装纺织、电子加工、机械制造等现代制造业比较发达，高新技术产业占比较高，现代服务业水平也比较高。经济在迅速发展的同时对生态环境的破坏及资源的浪费也带来了不可忽视的影响。

东部和南部沿海经济区人口密集，城市化水平高，由城市化发展带来的生态问题也逐渐增多。城市的不断扩展以及城市规划的不合理，使地裂缝、地下漏斗等城市地质灾害频发。地下水的过度开采以及水质恶化已经严重影响到居民的饮水安全。城市居民垃圾产生量惊人，固体废弃物污染相对比较严重。2011年两大地区的城市固体废弃物排放量较多，工业“三废”排放、汽车尾气排放严重，生活污染相对比较严重。

东部和南部沿海经济区由于地处沿海地区，每年受洪涝风暴潮以及海啸等临近海洋气候的影响，生态破坏问题也很严重。2012年，我国沿海共发生风暴潮过程24次，其中台风风暴潮过程13次，9次造成灾害，直接经济损失达126.29亿元。表15-4显示了2011年沿海地区海洋灾害状况。沿海的风暴潮、大浪等灾害严重威胁着当地居民的生命和财产安全，也给当地经济的发展带来严重的损失。

表15-4　2012年沿海地区受灾损失

省份	受灾人口		受灾面积		设施损毁			直接经济损失/亿元
	受灾人口/万人	死亡（含失踪）人数	农田/千公顷	水产养殖/千公顷	海岸工程/千米	房屋/间	船只/艘	
河北	23.00	0	5.39	10.04	4.15	16 000	152	20.44
天津	—	0	0	0.17	0.80	0	0	0.04
江苏	0.04	0	—	42.28	—	233	—	6.15
山东	454.30	0	55.30	224.86	36.65	17 658	597	31.59
上海	0	0	0	0	0.30	0	0	0.06
浙江	—	0	—	48.47	259.39	0	915	42.57
福建	1.42	0	4.81	5.78	3.87	6	167	2.64
广东	204.02	9	108.80	5.88	6.15	1 391	506	17.47
广西	69.40	0	—	103.81	21.07	718	1	5.33
合计	752.18	9	174.30	441.29	332.38	36 006	2 338	126.29

数据来源：《2012年中国海洋灾害公报》

15.2　东部地区经济发展中生态环境建设的评价

改革开放以来，东部地区的经济发展水平一直处于全国领先地位。作为中国经济改革的领头雁，东部地区的经济增长和人民生活水平不断提高。但是，由于东部地区人口密度较高、自然资源相对紧缺，经济快速发展的同时也使得东部地区面临日益严重的生态环境问题。2011 年我国环境污染治理投资总额为 7114 亿元，占全国 GDP 的 1.5%，西部地区环境污染投资总额为 1598.2 亿元，占西部地区 GDP 总额的 1.59%，中部地区投资 1307.7 亿元，占本地区 GDP 总额的 1.25%，东部地区环境污染投资总额为 3774.6 亿元，占东部地区 GDP 的 1.19%，虽然东部地区的投资总额是最多的，但是投资比例是三个地区最低的，并低于全国环境投资占比。所以东部地区应该增加环境污染治理投资，加大环境治理力度。

东部地区在生态文明建设过程中也在不断地努力探索，能够清醒认识保护生态环境、治理环境污染的紧迫性和艰巨性，清醒认识加强生态文明建设的重要性和必要性，以对人民群众、对子孙后代高度负责的态度和责任，真正下决心把环境污染治理好，把生态环境建设好。近年来虽然东部地区的环境资源承载能力接近饱和，但是国家及各省份也实施了许多措施进行生态文明建设。

在优化国土空间方面，《全国主体功能区规划》中将我国的国土按开发方式，分为优化开发区域、重点开发区域、限制开发区域和禁止开发区域。根据东部地区经济比较发达、人口比较密集、开发强度较高、资源环境问题突出及各地自然地理情况的不同特点，将东部各地区进行合理的规划发展。《重点区域大气污染防治“十二五”规划》中规定到 2015 年，包括东部各省的重点区域二氧化硫、氮氧化物、工业烟粉尘排放量分别下降 12%、13%、10%，京津冀、长三角、珠三角区域将细颗粒物纳入考核指标，细颗粒物年均浓度下降 6%。东部各省也响应国家政策，在政策制定规划发展方面将生态文明建设纳入其中。河北将曹妃甸新区建设成国家级循环经济示范区，山东以东营、滨州为主体城市的“黄三角”高效生态经济示范区开发进入国家战略层面，辽宁省申报沈阳经济区为国家新型工业化综合配套改革试验区。

15.2.1　东部地区生态文明建设评价指标体系

根据东部地区各省份的特征，我们沿用之前西部和中部各省份的生态文明建设评价指标体系，在评价指标的选取上，选取以下投入指标和产出指标。其中，投入指标主要包含：地区环境投资总额、工业污染治理投资额、城市环境基础设施建设投资、农村改水投资、城市公共厕所数、每千人拥有的卫生技术人员数；

产出指标主要包含：二氧化硫排放量、废水排放总量、自然灾害直接经济损失、城市生活垃圾无害化处理率、城镇登记失业率。数据均来自（2008～2012 年）《中国统计年鉴》、《中国农村统计年鉴》、《中国水利统计年鉴》、《中国环境统计年鉴》。

15.2.2　基于 DEA 方法的东部地区生态文明建设评价结果

数据样本包含了 2007～2011 年东部地区的 13 个省份，我们运用样本 DEA 方法，利用 DEAP2.1 软件，求得各决策单元的相对效率值，可得到东部地区各省份生态文明建设的技术效率（TE）、纯技术效率（PTE）和规模效率（SE），具体结果见表 15-5。

表 15-5　东部地区生态文明建设评价结果

序号	省份	TE	PTE	SE	规模报酬状态
1	北京	1	1	1	—
2	天津	1	1	1	irs
3	河北	1	1	1	—
4	吉林	0.932	1	0.932	irs
5	辽宁	0.948	0.978	0.961	irs
6	黑龙江	1	1	1	—
7	上海	1	1	1	—
8	江苏	1	1	1	—
9	浙江	1	0.993	0.993	irs
10	福建	1	1	1	—
11	山东	1	1	1	—
12	广东	1	1	1	—
13	海南	1	1	1	—

由表 15-5 可看出我国东部地区各省份的生态文明建设相对效率指标基本都是有效率的，但辽宁、吉林和浙江三省技术效率和规模效率没有达到相对有效状态。在本书所选取的投入和产出指标下，东部地区经济发展中生态文明建设的总体状况相对较好，但是不同地区之间仍存在一定差异，与不同省份的自然环境和经济发展状况有密切关系。吉林、辽宁两省处于东北地区，重工业和制造业在经济发展中的占比较高，生态环境建设中面临的困难较大，在技术效率和规模效率上还未达到有效状态。浙江省是重要的轻工业和加工制造业省份，轻工业中如纺织、塑料等产业对环境污染较为严重。浙江省生态文明建设达到了技术效率状态，但并没有实现生态文明建设的规模效率，可能的原因是轻工业和制造业规模

的扩大对地区生态环境建设的影响明显。但是DEA方法的相对效率测评结果可能会与实际情况发生偏差，所以我们只能得出生态文明建设的整体趋势，对于东部地区生态文明建设评价更具体的信息需要更详细的研究。

15.3 东部地区生态文明建设的政策建议

东部地区的生态文明建设面临自身特殊的自然环境和社会经济背景，与中西部地区不同，东部地区的自然环境基础好，社会经济发展水平高，这是东部地区经济发展中建设生态文明的优势条件。但是东部地区也面临特殊的水体污染、海洋灾害等区域性环境问题，城市人口高度集中，落后产业的淘汰缓慢等社会经济问题也给东部生态文明建设造成了较大阻碍。因此，东部地区经济发展过程中加强生态文明建设必须协调高度城市化与生态承载力间的矛盾冲突，严格监管生态资源开发条件下发展地区特色经济，通过健全生态法律保障制度完善生态经济发展，加强生态理念教育推动居民形成生态消费理念。

15.3.1 通过利益协调降低城市经济扩张与生态承载力间的矛盾冲突

东部地区经济发达，人口密集，资源饱和度高。地方政府为了保证地方经济的发展，追求各自省份的GDP增长率，在经济利益的驱动下在对生态文明建设的政策制定、制度建设、监管力度、奖惩力度等方面与生态利益存在着严重的不平衡。《中共中央关于全面深化改革若干重大问题的决定》中提出，在重要生态功能区、陆地和海洋生态环境敏感区、脆弱区等区域划定生态红线。“生态红线”是继“18亿亩耕地红线”后，另一条被提到国家层面的“生命线”。推行生态红线最大的阻力是保护与发展的矛盾，眼前利益与长远利益的矛盾。一方面，改革开放以来，东部地区城市化水平迅速提高，外来务工人员大量涌入城市，导致东部地区城市扩张与生态承载力之间的矛盾冲突严重。城市扩张最重要的要素依赖就是土地，特别是地方政府在土地财政的吸引下，大量出售土地，使地区经济增长和城市扩张与国家“生态红线”政策冲突。另一方面，东部地区受到海洋污染的影响严重，沿海地区的部分企业在监管力度不大的情况下将废水废弃物排入邻近海域，严重污染了海洋环境，危害着海洋生态系统。

针对上述问题，东部地区在经济发展过程中要控制城市的扩张，降低城市发展对土地资源、海洋资源的污染破坏。东部地区具备较高的经济发展水平，可以通过适当降低经济增长速度来降低生态系统的压力，进入经济中速增长和生态环境建设迅速提高的“新常态”。

15.3.2　严格监管生态资源开发的条件下发展地区特色经济

东部地区气候条件优越，海洋资源优势得天独厚，同时又有丰富的森林资源，发展生态特色经济具备很大优势。地区特色经济发展对生态资源的要求较高，政府加大对生态资源利用的规划和监管可以为发展地区特色的生态经济提供制度保障。以东部地区的福建省为例，2013 年 8 月提出要深化林权改革，建设生态文明先行示范区。生态文明先行示范区规划强调，要发展壮大林产业，以生态系统功能稳定为前提，提升林产业发展水平，打造若干林产业集群，推动林业总产值的迅速提高。除福建外，国家发改委、国家林业局也正式批复了河北、浙江、安徽、江西、山东、湖南等省份的国有林场改革试点方案，国有林场改革试点进入了实质推进阶段。国有林场改革推进了对资源的开发利用，同时生态文明示范区建设保证了经济发展过程中对生态资源的保护和培育，生态环境建设与地区特色经济发展紧密融合。

同时，东部地区具有得天独厚的海洋资源，海洋经济是东部地区经济发展的重要特色领域，发展海洋经济也可以减轻东部地区资源消耗对内陆地区生态环境造成的压力。以海水淡化为例，世界范围内海水淡化产量中中东占 55%，美国 15%，欧洲 11%，亚洲 8%，其他地区占 11%，我国 2010 年海水淡化项目产量为 80～100 万吨/日，仅为世界海水淡化日产量的 3‰，在海上新型能源的开发，如潮汐能、波浪能、风能等领域的发展中也处于落后地位。东部地区要立足于海洋生态资源，在严格监管资源开发的条件下，积极打造“海水冷却发电—海水淡化—浓盐水综合利用”的循环经济体系，形成海洋电业、海水利用业、海水制盐业综合发展的产业体系。发展高效健康的海洋渔业和海洋生物医药业以及海洋旅游，在发展地区特色经济的过程中推动海洋环境和生态文明建设。

15.3.3　加快环境制度建设，推动生态经济发展

生态文明建设的关键是要保证制度的正确性，生态环境制度建设影响到生态建设中总体与局部、中央与地方之间的协调，生态文明制度的系统性、完整性和先进性，在一定程度上代表了生态文明水平的高低。东部地区水域丰富，大部分城市都在江河海沿岸，且湿地、湖泊等分布甚广。在这种复杂的地理环境下，生态文明建设中不可避免地会遇到区域间的协调问题。江河水系和生态林区往往介于多个行政区之间，无法完全划清界限，在资源开发和生态保护中很容易出现“囚徒困境”和“公地悲剧”。东部地区的无锡太湖蓝藻事件便是典型案例，太湖位于长江三角洲南部，全部水域在江苏省境内，湖水南部与浙江省相连，周围形成了一个环太湖城市群，古时便有“一湖跨三州”之说，各市之间对于太湖生态资源开发和环境保护的法规政策不统一，2007 年太湖蓝藻暴发在很大程度上归

咎于缺乏统一的制度规定，地区间协调困难。事件发生前，流入太湖的有 170 多条河流，工业污染、城市生活污染和农业面源污染都通过这些河网进入太湖，沿途各地区和单位的排污和治污没有严格统一的合理标准，导致污染现象越来越严重；事后，对太湖蓝藻暴发的责任进行追究，也是牵涉极广，对各地的责任也没有明确的界定，缺乏完善的责任制度，最终导致太湖地区环境治理问题陷入困境。

东部地区的生态文明建设涉及由南到北多个省份，是一个系统性的工程，生态环境建设和生态经济发展需要完整统一的制度安排，必须进行合理的统一规划。党的十八届三中全会指出"要健全自然资源资产产权制度和用途管制制度，划定生态保护红线，实行资源有偿使用制度和生态补偿制度，改革生态环境保护管理体制"也是出于该种考虑。为避免"搭便车"现象，必须由政府进行必要的调控，并积极探索市场化生态补偿机制，引导下游地区对上游地区、开发地区对保护地区、生态受益地区对生态保护地区给予相应补偿，充分调动各省份生态保护的积极性，形成"合作共赢"局面，进行区域内生态文明建设的综合治理。

15.3.4 健全地区内部激励，降低生态建设和经济发展差异

东部地区经济发展总体水平较高，但在地区内部经济发展差距大，生态环境建设的程度差异较大。在北京、上海、广州、杭州等发达城市，经历了经济发展的初始阶段和起飞阶段后，进入经济发展的较高阶段，污染产业停止生产或被转移到其他地区，人们的环境意识也随着生活水准的提高而提高，经济发展的成果可以用来进行环境改善和治理，环境状况会逐渐好转。这些地区的环保需求提升，经济发展的成果也足以保障环境治理，生态文明建设本身就具有一定的激励性。但发达地区生态建设的问题在于社会激励不足，企业和居民对生态文明建设的参与度仍有待提高。

相对于发达地区而言，欠发达地区的问题更加严重，浙西南、粤北、闽西、苏北等地就属于发达省份中的欠发达地区。这些地区仍处于经济起飞和发展阶段，即库兹涅茨环境 U 形曲线的左半边，对资源环境的消耗和破坏超过了其再生水平，环境恶化且经济水平较低。在这一阶段，经济发展成为主要目的，周边地区的快速发展更加剧欠发达地区经济增长的愿望。周边发达地区进入经济发展的较高级阶段后，会进行产业升级和转换，这些需要转移的产业虽然高污染但也同样高产出且可以利用当地资源创造经济效益，与之相反，进行环保和治理虽然涉及整个区域的生态利益，但其效果短期内难以显现，并且会影响经济的快速发展，对于欠发达地区经济成本过高。因此，东部欠发达地区经济发展的动机大于生态文明建设的动机，二者处于对立面，生态文明建设从根本上缺乏有效的正激励。以浙江丽水为例，为了保护生态环境，丽水承担了经济上的不利后果。每年

因公益林等保护地的建立，全市农民减少经济收入 15 多亿元。因保护生物多样性，全市约有 30% 的耕地遭受野猪、猕猴等野生动物的危害，在山区里则高达 80%以上，每年损失在 2 亿元以上。此外，产业选择的范围和余地窄了，建设成本相对高了，许多项目因处于保护地而被取消，一些项目因涉保护区被迫改道，祖祖辈辈赖以生存的山地再也不能正大光明地去开发利用。这些欠发达地区亟须上级政府给予具有正激励的财税支持体系和切实可行生态补偿制度，与发达地区一起作出统一的发展规划，共同进行生态文明建设，使得生态文明建设可以为欠发达地区带来社会财富和经济效益，才能成为各参与主体的自愿选择，才能实现真正有效的激励。

综上，东部的生态文明建设既要强调整体规划，也要结合区域实际，发达地区与欠发达地区加强合作，根据自身情况，在经济建设和生态建设中寻找有效的激励机制，努力促成各主体目标函数的一致，实现激励相容。

15.3.5　加强生态文明教育，树立生态消费理念

东部地区的居民收入水平在全国处于领先地位，居民物质资料的消费能力和消费量最高，汽车、电子产品等能源资源消耗品的消费占比最大，甚至在部分地区出现了消费野生动物和珍贵植物的严重违法行为。东部地区经济发展过程中建设生态文明，必须重视加强对居民的生态文明教育，引导全社会树立生态理念、生态道德，让公民进行生态消费，提高公民积极参与生态文明建设的积极性，把生态文明建设牢固建立在公众思想自觉、行动自觉的基础之上，形成生态文明建设人人有责、生态文明规定人人遵守的良好风尚。

政府应该采取适当措施来规范居民生态消费行为。例如，对于高污染、高能耗产品实施“生态税”，缓解数量巨大的私家车带来的交通压力和环境污染，可以学习北京、天津、上海等城市，适度推进限车令。对于居民的非生产性消费对生态带来的消极影响，要进行批评教育，对于严重者应该进行适当惩罚。对于公众的生活垃圾处理，政府可以借鉴德国的经验，通过处罚措施，引导居民严格进行垃圾分类，减少资源浪费与垃圾处理难度及成本。发挥公众监督作用，企业以及政府应该主动及时公开环境信息，提高透明度，更好落实群众的知情权、监督权，积极发挥新闻媒体和民间组织作用，自觉接受舆论和社会监督，在全方位、多领域形成对不良消费行为的监督和教育。

参考文献

阿尔温·托夫勒.1985. 未来的震荡.任小明译.成都：四川人民出版社

阿玛蒂亚·森.2013. 理性与自由.李风华译.北京：中国人民大学出版社

埃里克·诺伊迈耶.2006. 强与弱：两种对立的可持续性范式.王寅通译.上海：上海译文出版社

艾伦·杜宁.1997. 多少算够——消费社会和地球的未来.毕聿译.长春：吉林人民出版社

安东尼·吉登斯.2009. 气候变化的政治.曹荣湘译.北京：社会科学文献出版社

奥尔森.2011. 集体行动的逻辑.陈昕译.上海：格致出版社

奥利弗·威廉姆森.2001. 契约经济学.李风圣译.北京：经济科学出版社

巴利·菲尔德，玛莎·菲尔德.2010. 环境经济学.原毅军，陈艳莹译.大连：东北财经大学出版社

巴师夏.1995. 经济和谐论.王家宝等译.北京：中国社会科学出版社

巴泽尔.1997. 产权的经济分析.费方城，段毅才译.上海：上海三联书店

白永秀，任保平，何爱平.2011. 中国共产党经济思想 90 年.北京：人民出版社

白永秀，任保平.2003. 中国市场经济理论与实践.北京：高等教育出版社

包庆德，王金柱.2006. 技术与能源：生态文明及其实践构序.南京林业大学学报（人文社会科学版），(1)：23-29，35

包庆德.2011. 消费模式转型：生态文明建设的重要路径.中国社会科学院研究生院学报，(2)：28-33

保罗·萨缪尔森、威廉·诺德豪斯.1999. 经济学（第 16 版）.北京：华夏出版社

鲍宗豪，张华金.2004. 科学发展观论纲.上海：华东师范大学出版社

庇古.2006. 福利经济学.朱泱，张胜纪，吴良健译.北京：商务印书馆

布坎南.1998. 自由、市场和国家.北京：北京经济学院出版社

蔡陈聪，王艳.2010. 马克思物质变换理论及其对生态文明建设的启示.东南大学学报（哲学社会科学版），(6)：5-11，134

蔡守秋.2008. 论政府环境责任的缺陷与健全.河北法学，(3)：19

查尔斯·P. 金德尔伯格.1986. 经济发展.张欣译.上海：上海译文出版社

常丽霞，叶进.2008. 向生态文明转型的政府环境管理职能刍议.西北民族大学学报（哲学社会科学版），(1)：66-71

陈墀成，洪烨.2009. 物质变换的调节控制——《资本论》中的生态哲学思想探微.厦门大学学报（哲学社会科学版），(2)：35-41

陈惠雄.2008. 论全球人口、资源、环境矛盾的根源.马克思主义研究，(7)：35-42

陈家伟.2011. 四川省生态农业建设中利益主题行为研究.成都：四川农业大学硕士学位论文

陈诗一.2010. 节能减排与中国工业的双赢发展.经济研究，(3)：129-143

陈晓丹，车秀珍，杨顺顺，等.2012. 经济发达城市生态文明建设评价方法研究.生态经济，(7)：52-56

陈学明.2008.“生态马克思主义”对于我们建设生态文明的启示.复旦大学学报,(4):8-17
陈钊.2010.信息与激励经济学.上海:格致出版社
陈振明.1997.“西方马克思主义”的社会政治理论.北京:人民出版社
成金华.2013-02-06.科学构建生态文明评价指标体系.光明日报,011版
程波.2010.生态文明视域中的环境政策研究.生态经济,(11):192-195
程恩富,王中保.2008.马克思主义与可持续发展.马克思主义研究,(12):51-58
程恩富.2005.论中国主流经济学的现代转型.经济学动态,(11):19-23
程曼,王让会,李琪.2012.干旱对我国西北地区生态系统净初级生产力的影响.干旱区资源与环境,(6):1-7
迟福林,傅治平.2010.转型中国:中国未来发展大走向.北京:人民出版社
戴利,汤森,马杰.2001.珍惜地球——经济学、生态学、伦理学.马杰译.北京:商务印书馆
戴利.2001.超越增长:可持续发展的经济学.诸大建,胡圣译.上海:上海译文出版社
戴利.2006.超越增长:可持续发展的经济学.诸大建译.上海:上海译文出版社
戴维·佩珀.2005.生态社会主义:从深生态学到社会正义.刘颖译.青岛:山东大学出版社
丹尼尔·A.科尔曼.2006.生态政治:建设一个绿色社会.梅俊杰译.上海:上海译文出版社
德内拉·梅多斯,乔根·兰德斯,丹尼斯·梅多斯.1984.增长的极限.北京:商务印书馆
丁玲华.2007.发展循环经济的金融支持研究.科技和产业,(8):87-89
东梅.2005.退耕还林对我国粮食安全影响的实证分析.南京农业大学博士学位论文
杜宇,刘俊昌.2009.生态文明建设评价指标体系研究.科学管理研究,(3):60-63
恩格斯,致尼·费·丹尼尔逊.1972.马克思恩格斯选集:第38卷.北京:人民出版社
方发龙.2008.马克思物质变换理论对我国区域生态文明建设的启示.经济问题探索,(9):27-30
方福前.2000.可持续发展理论在西方经济学中的演进.当代经济研究,(10):14-23,72
方世南.2005.生态文明与现代生活方式的科学建构.学术研究,(7):50-55
方世南.2008.社会主义生态文明是对马克思主义文明系统理论的丰富和发展.马克思主义研究,(4):17-22
方勇.2010.孟子.北京:中华书局
冯银,成金华,张欢.2014.基于资源环境AD-AS模型的湖北省生态文明建设研究.理论月刊,(12):134-137
付加锋,庄贵阳,高庆先.2010.低碳经济的概念辨识及评价指标体系构建.中国人口、资源与环境,(8):38-43
傅治平.2007.第四文明——天人合一的时代交响.北京:红旗出版社
高德明.2003.可持续发展与生态文明.求是,(18):50-52
高吉喜.2002.可持续发展理论探索——生态承载力理论、方法与应用.北京:中国环境科学出版社
高珊,黄贤金.2009.生态文明的内涵辨析.生态经济,(12):184-187
高珊,黄贤金.2010.基于绩效评价的区域生态文明指标体系构建——以江苏省为例.经济地理,(5):823-828

高媛，马丁丑 . 2015. 兰州市生态文明建设评价研究 . 资源开发与市场，(2)：155-159
高兹 . 1989. 经济理性批判 . 邓晓芒译，北京：人民出版社
格林斯潘 A. 2007. 动荡年代：勇闯新世界 . 北京：中信出版社
格鲁奇 . 1985. 比较经济制度 . 北京：中国社会科学出版社
宫本宪一 . 2004. 环境经济学 . 朴玉译 . 北京：三联书店
谷树忠，胡咏君，周洪 . 2013. 生态文明建设的科学内涵与基本路径 . 资源科学，01：2-13
关海玲，江红芳 . 2014. 城市生态文明发展水平的综合评价方法 . 统计与决策，(15)：55-58
郭强 . 2008. 竭泽而渔不可行——为什么要建设生态文明 . 北京：人民出版社
郭学军，张红海 . 2009. 论马克思恩格斯的生态理论与当代生态文明建设 . 马克思主义与现实，(1)：141-144
国家发展改革委经济体制综合改革司，国家发展改革委经济体制与管理研究所 . 2008. 改革开放 30 年来：从历史走向未来 . 北京：人民出版社
国家环境保护局办公室 . 1988. 环境保护文件选编 1973—1987. 北京：中国环境科学出版社
国家林业局，国家计委，财政部 . 2000. 长江上游、黄河中上游地区 2000 年退耕还林（草）试点示范实施方案 . 林计发［2000］111 号
国家统计局 . 2005. 辉煌的三十年 . 北京：中国统计出版社
国务院 . 2002. 国务院关于进一步完善退耕还林政策措施的若干意见（国发［2002］10 号）
国务院法制办 . 2010. 中华人民共和国环境保护法（实用版）. 北京：中国法制出版社
哈耶克. 1997. 自由秩序原则 . 邓正来译 . 北京：生活 · 读书 · 新知三联书店
韩庆祥 . 2002. 发展与代价 . 北京：人民出版社
何爱平，任保平 . 2010. 人口、资源与环境经济学 . 北京：科学出版社
何爱平 . 2013. 发展的政治经济学：一个理论分析框架 . 经济学家，(5)：5-13
何福平 . 2010. 我国建设生态文明的理论依据与路径选择 . 中共福建省委党校学报，(1)：62-66
何光辉，陈俊君，杨咸月 . 2008. 机制设计理论及其突破性应用——2007 年诺贝尔经济学奖得主的重大贡献 . 经济评论，(1)：149-154
何天祥，廖杰，魏晓 . 2011. 城市生态文明综合评价指标体系的构建 . 经济地理，(11)：1897-1900，1879
贺桂珍，吕永龙，张磊，等 . 2011. 中国政府环境信息公开实施效果评价 . 环境科学，(11)：3137-3144
赫维茨 L，瑞特 S. 2009. 经济机制设计 . 田国强等译 . 上海：格致出版社
亨廷顿 . 1999. 文明的冲突与世界秩序的重建 . 周琪，刘绯，张立平译 . 北京：新华出版社
洪银兴 . 2000. 可持续发展经济学 . 北京：商务印书馆
侯佳儒，曹荣湘 . 2014. 生态文明与法治建设 . 马克思主义与现实，(6)：9-11
胡彪，于立云，李健毅，等 . 2015. 生态文明视域下天津市经济-资源-环境系统协调发展研究 . 干旱区资源与环境，(5)：18-23
胡伟，程亚萍 . 2007. 建设环境友好型社会应关注的三大法律问题 . 科学经济社会，(1)：96
胡熠 . 2008. 环境保护中政府与企业伙伴治理机制 . 行政论，(4)：80-82
华启和，徐跃进 . 2008. 马克思的生态经济思想及其当代意义 . 江西社会科学，(1)：237-240

郇庆治 . 2014. 生态文明概念的四重意蕴：一种术语学阐释 . 江汉论坛，(11)：5-10
黄巧玲 . 2012. 东部欠发达地区生态文明建设的路径选择——以浙江丽水为例 . 南京林业大学学报，(4)：67-72
黄少安 . 2008. 制度经济学 . 北京：高等教育出版社
霍布斯 . 1986. 利维坦 . 黎思复，黎廷弼译 . 北京：商务印书馆
霍奇逊 . 1993. 现代制度主义经济学宣言 . 向以斌译校 . 北京：北京大学出版社
贾俊平 . 2010. 统计学 . 北京：人民大学出版社
贾丽虹 . 2007. 外部性理论研究 . 北京：人民出版社
贾卫列，刘宗超 . 2010. 生态文明观：理念与转折 . 厦门：厦门大学出版社
姜春云 . 2008. 跨入生态文明新时代——关于生态文明建设若干问题的探讨 . 求是，(21)：23-24
蒋小平 . 2008. 河南省生态文明评价指标体系的构建研究 . 河南农业大学学报，(1)：61-64
杰里米·里夫金 . 2013. 第三次工业革命 . 北京：中信出版社
金太军 . 2007. 从行政区行政到区域公共管理：政府治理形态嬗变的博弈分析 . 中国社会科学，(6)：53-65，205
肯尼思·E. 博尔丁 . 2001. 即将到来的宇宙飞船地球经济学//赫尔曼·E. 戴利，肯尔思·N. 杨森 . 珍惜地球：经济学、生态学、伦理学 . 北京：商务印书馆
康芒斯 . 1962. 制度经济学 . 上海：商务印书馆
柯武刚，史漫飞 . 2000. 制度经济学 . 上海：商务印书馆
科斯 . 2003. 制度、契约与组织 . 刘刚，冯健，杨其静等译 . 北京：经济科学出版社
库兹涅茨 . 1981. 现代经济增长：发现和反应//外国经济学说研究会 . 现代国外经济学论文选 . 第 1 辑 . 北京：商务印书馆
匡远凤，彭代彦 . 2012. 中国环境生产效率与环境全要素生产率分析 . 经济研究，(7)：62-74
拉坦 . 1994. 财产权利与制度变迁 . 上海：上海三联书店
莱斯特·R. 布朗. 2006. B 模式 2.0：拯救地球，延续文明 . 林自新，暴永宁译 . 北京：东方出版社
蓝庆新，彭一然，冯科 . 2013. 城市生态文明建设评价指标体系构建及评价方法研究——基于北上广深四城市的实证分析 . 财经问题研究，(9)：98-106
老子 . 2006. 老子 . 饶尚宽译注 . 北京：中华书局
老子 . 2012. 道德经 . 李翰文译注 . 南京：凤凰出版社
雷振扬 . 2004. 民族地区自然生态利益探析 . 民族研究，(3)：38-46，107
李从平 . 2011. 中国西部水土流失及其综合治理 . 中国西部科技，(7)：61-62
李德顺 . 2007. 价值论 . 北京：中国人民大学出版社
李国章，王双 . 2008. 资源约束、技术效率与地区差距——基于中国省际数据的随机前沿模型分析 . 经济评论，(4)：14-20
李宏涛 . 2012. 中国经济发展模式转型：从以物为本到以人为本 . 江西财经大学学报，(1)：5-10
李金林，胡昱东，章贝贝 . 2008. 中国政府应对公共危机的透视——以无锡太湖蓝藻爆发事件的个案为例 . 西北农林科技大学学报，(3)：98-104

李克强．2011-11-17. 在转型创新中实现经济平稳较快发展——在中国环境与发展国际合作委员会2011年年会开幕式上的讲话．人民日报，002版
李良美．2005. 生态文明的科学内涵及其理论意义．毛泽东邓小平理论研究，(2)：47-51
李鸣．2007. 和谐社会背景下的政府生态责任运行机制研究．学术论坛，(3)：298
李宁，丁四保，赵伟．2010. 关于我国区域生态补偿财政政策局限性的探讨．中国人口资源与环境，(6)：74-79
李树，陈刚，陈屹立．2011. 环境立法、执法对环保产业发展的影响——基于中国经验证据的实证分析．上海经济研究，(8)：71-82
李伟阳，肖红军．2011. 企业社会责任的逻辑．中国工业经济，(10)：87-97
李增刚．2010. 国家利益的本质及其实现：一个新政治经济学的分析思路．经济社会体制比较，(4)：30-38
利奥尼德·赫维茨．2009. 经济机制设计．北京：格致出版社
栗战书．2011. 文明激励结构分析：基于三个发展角度．管理世界，(5)：1-10
梁嘉琳．2012-05-30. 我国"十二五"环境经济政策框架划定．经济参考报，001版
梁文森．2009. 生态文明指标体系问题．经济学家，(3)：102-104
林毅夫，蔡昉，李周．2003. 中国的奇迹：发展战略和经济改革（增定版）．上海：上海人民出版社，上海三联书店
蔺雪春．2011. 环境挑战、生态文明与政府管理创新．社会科学家，(9)：70-73
刘爱军．2004. 生态文明与中国环境立法．中国人口·资源与环境，(1)：38-40
刘东生，谢晨，刘建杰等．2011. 退耕还林的研究进展、理论框架与经济影响——基于全国100个退耕还林县10年的连续监测结果．北京林业大学学报（社会科学版），(3)：74-81
刘晶．2014. 生态文明建设的总体性与复杂性：从多中心场域困境走向总体性治理．社会主义研究，(6)：31-41
刘李胜．1993. 制度文明论．北京：中央党校出版社
刘凌波．2003. 我国政府行为的博弈分析．数量经济技术经济研究，(1)：26-30
刘然，袁小梅．2009. 生态政府建设的价值取向．社会主义研究，(6)：56
刘思华．1989. 理论生态经济学若干问题研究．南宁：广西人民出版社
刘思华．2006. 生态马克思主义经济学原理．北京：人民出版社
刘思华．2008. 对建设社会主义生态文明论的若干回忆——兼述我的"马克思主义生态文明观"．中国地质大学学报（社会科学版），(4)：18-30
刘蔚．2010-12-14. 把握生态文明建设的阶段性特征．中国环境报，001版
刘湘溶，等．2013. 我国生态文明发展战略研究．北京：人民出版社
刘湘溶．2009. 经济发展方式的生态化与我国的生态文明建设．南京社会科学，(6)：33-37
刘秀光．2007. 导致西部地区生态环境脆弱的政策性因素．生态经济，(8)：126-128，135
刘延春．2003. 关于生态文明的几点思考．林业经济，(1)：20-23
刘铮，刘冬梅，等．2011. 生态文明与区域发展．北京：中国财政经济出版社
刘志仁，王红，贺生成．2007. 基于毛乌素沙漠成因与现状的生态经济模式与制度保障．生态经济，(10)：136-139
柳海英，邢士彦，樊超．2009. 刍议公众参与机制在生态城市建设中的作用发挥．生产力研究，

(12)：79-80，86
柳新元．2002. 制度安排的实施机制与制度安排的绩效．经济评论，(4)：48-50
卢江勇，陈功．2012. 水土流失对农村贫困的影响．安徽农业科学，(32)：15935-15938
卢现祥．2013. 论发展低碳经济中的“吉登斯悖论”．贵州社会科学，(5)：97-103
卢中原．2002. 西部地区产业结构变动趋势、环境变化和调整思路．经济研究，(3)：83-90，96
吕尚苗．2008. 生态文明的环境伦理学视野．南京林业大学学报（人文社会科学版），(3)：139-144
吕忠梅．2003. 超越与保守——可持续发展视野下的环境法创新．北京：法律出版社
罗伯特·J. 巴罗，哈维尔萨拉·伊马丁．2000. 经济增长．北京：中国社会科学出版社
罗尔斯顿．2000. 环境伦理学．杨通进译．北京：中国社会科学出版社
罗纳德·哈里·科斯．1990. 企业、市场与法律．盛洪，陈郁译校．上海：上海三联书店
马成林，周德翼．2012. 食品安全问题源于机制设计中的激励不相容．生态经济，(8)：43-45
马道明．2009. 生态文明城市构建路径与评价体系研究．城市发展研究，(10)：80-85
马继东．2008. 福斯特的生态学马克思主义理论对我国建设社会主义生态文明的启示．社会主义研究，(3)：31-34
马克思．1975. 资本论（第 1 卷）．北京：人民出版社
马克思．1975. 资本论（第 3 卷）．北京：人民出版社
马克思．2000. 1848 年经济学哲学手稿．北京：人民出版社
马克思．2004. 资本论（第 1 卷）．北京：人民出版社
马克思．2004. 资本论（第 2 卷）．北京：人民出版社
马克思．2004. 资本论（第 3 卷）．北京：人民出版社
马姗伊．2011. 经济人的行为动机．北京：经济管理出版社
马歇尔．1964. 经济学原理．朱志泰，陈良璧译．北京：商务印书馆
毛新．2012. 基于马克思物质变换理论的中国生态环境问题研究．当代经济研究，(7)：10-15
孟福来．2010. 生态文明的提出、问题及对策思考．西北大学学报（哲学社会科学版），(3)：168-170
米哈依罗·米萨诺维克．1987. 人类处在转折点．刘长毅，李永平译．北京：中国和平出版社
尼古拉斯·乔治斯库-罗根．2001. “能量与经济的神话”节选”//赫尔曼·E. 戴利，肯尔思·N. 杨森．珍惜地球：经济学、生态学、伦理学．北京：商务印书馆
尼古拉斯·乔治斯库-罗根．2001. “熵定律和经济问题”//赫尔曼·E. 戴利，肯尔思·N. 杨森．珍惜地球：经济学、生态学、伦理学．北京：商务印书馆
尼可·汉利，杰森·绍格瑞，本·怀特．2005. 环境经济学教程．曹和平，李虹，张博译．北京：中国税务出版社
牛文浩．2012. 生态消费模式：社会主义生态文明建设的必然选择．生态经济，(8)：57-59
牛文元．1997. 持续发展导论．北京：科学出版社
牛文元．2013. 生态文明的理论内涵与计量模型．中国科学院院刊，(2)：163-172
诺思，路平，何玮．2002. 新制度经济学及其发展．经济社会体制比较，(5)：5-10
诺思．1992. 经济史上的结构和变革．厉以平译．北京：商务印书馆

诺思．2008. 制度、制度变迁与经济绩效．杭行，韦森译．上海：格致出版社，上海三联书店，上海人民出版社
诺斯．1991. 经济史中的结构与变迁．陈郁等译．上海：上海三联书店
诺斯．1994. 制度、制度变迁与经济绩效．刘守英等译．上海：上海三联书店，上海人民出版社
欧阳志远．2008-01-29. 关于生态文明的定位问题．光明日报，011 版
潘家华．1997. 持续发展途径的经济学分析．北京：中国人民大学出版社
潘家华．2007. 持续发展途径的经济学分析．北京：社会科学文献出版社
潘岳．2009-01-03. 中华传统的生态智慧．人民日报（海外版），003 版
彭可珊．2003. 中国西部地区生态环境逆向演替之分析．生态环境与保护，(7)：1
破瞋虚明 2003. 大般涅槃经今译．昙无谶译．北京：中国社会科学出版社
齐建国．2006. 现代循环经济理论与运行机制．北京：新华出版社
齐树洁，郑贤宇．2009. 环境诉讼的当事人适格问题．南京师大学报（社会科学版），(3)：401
钱箭星，肖巍．2009. 马克思生态思想的循环经济引申．复旦学报（社会科学版），(4)：94-101
青木昌彦．2001. 比较制度分析．上海：上海远东出版社
曲格平．2004. 关注中国生态安全．北京：中国环境科学出版社
曲永义．2009. 资源环境约束与区域技术创新．北京：人民出版社
屈家树．2001. 根据生态经济学理论树立生态文明发展观．生态经济，(5)：44-49
让-雅克·拉丰，大卫-马赫蒂摩．2002. 激励理论（第一卷）委托-代理模型．陈志俊，李艳，单萍萍译．北京：中国人民大学出版社
人民日报评论员．2014-08-07. 经济发展迈入新阶段——新常态下的中国经济．人民日报，001 版
任保平．2007. 西部地区生态环境重建模式研究．北京：人民出版社
任春晓．2012. 生态文明建设的矛盾动力论．浙江社会科学，(1)：110-117
萨缪尔森，诺德豪斯．1999. 经济学．萧琛等译．北京：商务印书馆
塞缪尔·鲍尔斯，理查德·爱德华兹，弗兰克·罗斯福．2010. 理解资本主义：竞争、统制与变革．孟捷，赵准，徐华译．北京：中国人民大学出版社
塞缪尔·亨廷顿．1988. 难以抉择——发展中国家的政治参与．汪晓寿，吴志华，项继权译．北京：华夏出版社
邵光学．2014. 论生态文明建设的四个纬度．技术经济与管理研究，(12)：92-95
沈满洪．2012. 生态文明制度的构建和优化选择．环境经济，(12)：18-22
施从美．2010. 长三角区域环境治理视域下的生态文明建设．社会科学，(5)：13-20，187
施里达斯·拉夫尔．1993. 我们的家园：地球．张坤明，夏堃堡译．北京：中国环境科学出版社
施瓦尔巴赫 J. 2010. 生产理论．苏琪译．广州：中山大学出版社
史尚宽．2000. 物权法论．北京：中国政法大学出版社
世界环境与发展委员会．1997. 我们共同的未来．长春：吉林人民出版社
舒尔茨．1994. 制度与人的经济价值的不断提高//世界环境与发展委员会．财产权利与制度变

迁-产权学派与新制度经济学译文．王之佳，柯金良译．上海：上海三联书店
舒庆．2005. 应对挑战的中国环境政策．中国人口·资源与环境，(5)：80-82
司金銮．2004. 国家生态消费政策体系探讨．经济纵横，(12)：16-17，21
斯密．1988. 国民财富的性质和原因的研究．北京：商务印书馆
苏丹，李志勇，冯迪，等．2013. 中国排污权有偿使用与交易实证的比较研究．环境污染与防治，(9)：93-100
苏婷婷．2007. 关于我国西部地区循环经济的立法思考．甘肃科技纵横，36 (4)：89-91
孙海婧．2012. 地方环境规制中的代际公平问题研究．生态经济，(5)：83-87
孙剑．2011. 中国经济发展模式：经验、问题与优化．山东经济，(6)：27-32
孙佑海．2013. 生态文明建设需要法治的推进．中国地德大学学报（社会科学版），(1)：11-14
谭崇台．2000. 发展经济学．太原：山西经济出版社
谭崇台．2002. 发展经济学的新发展．武汉：武汉大学出版社
唐建，彭珏，周阳．2012. 我国企业环境信息披露制度演变与运行状况——以重污染行业上市公司为例．财会月刊，(36)：37-40
唐钧，谢一帆．2007. 我国环境政策的困境分析与转型预测．探索，(2)：69-72
唐纳德·E. 坎贝尔，Campbell D E. 2013. 激励理论：动机与信息经济学．王新荣译．北京：中国人民大学出版社
陶在朴．2003. 生态包袱与生态足迹——可持续发展的重量及面积观念（特别视角）．北京：经济科学出版社
田国强．2000. 激励、信息与经济机制．北京：北京大学出版社
田汉勤，徐小锋，宋霞．2007. 干旱对陆地生态系统生产力的影响．植物生态学报，(31)：231-241
万海远，李超．2013. 农户退耕还林政策的参与决策研究．统计研究，(10)：83-91
万俊人．2000. 道德之维——现代经济伦理导论．广州：广东人民出版社
汪海波．2008. 中国经济发展 30 年：1978—2008. 北京：中国社会科学出版社
王彬彬．2012. 论生态文明的实施机制．四川大学学报（社会科学版），(2)：83-89
王宏斌．2010. 当代中国建设生态文明的途径选择及其历史局限性与超越性．马克思主义与现实，(1)：187-190
王华，曹东，王金南，等．2002. 环境信息公开：理论与实践．北京：中国环境科学出版社
王会，王奇，詹贤达．2012. 基于文明生态化的生态文明评价指标体系研究．中国地质大学学报，(5)：27-31，138-139
王金南，夏光，高敏雪．2008. 中国环境政策改革与创新．北京：中国环境科学出版社
王金霞．2014. 加快推进生态文明制度建设．经济研究导刊，(36)：222-223
王明涛．1999. 多指标综合评价中权系数确定的一种综合分析方法．系统工程，(2)：56-61
王松霈．2000. 生态经济学．西安：陕西人民教育出版社
王锡锌．2007. 公众参与和行政过程——一个理念和制度分析的框架．北京：中国民主法制出版社
王霄羽．2014. 河南环境问题城乡差异的对比研究．环境科学与管理，(1)：180-183
王小龙．2004. 退耕还林：私人承包与政府规制．经济研究，(4)：107-116

王燕灵，李坤望．2012. 中国经济改革与未来发展方向．天津：南开大学出版社
王玉庆．2010. 生态文明——人与自然和谐之道．北京大学学报（哲学社会科学版），（1）：58-59
王治河．2007. 中国和谐主义与后现代生态文明的建构．马克思主义与现实，（06）：46-50
王治河．2009. 中国式建设性后现代主义与生态文明的建构．马克思主义与现实，（1）：49-55
韦森．2001. 社会秩序的经济分析导论．上海：上海三联书店
吴浩．2008. 国外行政立法的公众参与制度．北京：中国法制出版社
吴伟光，沈月琴，徐志刚．2008. 林农生计、参与意愿与公益林建设的可持续性——基于浙江省林农调查的实证分析．中国农村经济，（6）：55-65
吴志军．2001. 规范排污权交易，促进可持续发展．上海环境科学，（12）：21-24
西斯蒙第．1964. 政治经济学新原理．北京：商务印书馆
习近平．2010. 中国以创新发展理念解决环境和发展问题．www. chinanews. com/gn. /news/2010/04-01/2218143. shtml
夏光．2009. "生态文明"概念辨析．环境经济，（3）：61
夏光．2013. 生态文明与制度创新．理论视野，（1）：15-19
夏光．2013-01-05. 制度建设是生态文明的软实力．人民日报，第 10 版
夏清平．2008. 当前生态文明建设的误区与政策建议．科技情报开发与经济，（22）：82-83
小威廉·T. 格姆雷，斯蒂芬·J. 巴拉．2007. 官僚机构与民主——责任与绩效．俞沂暄译．上海：复旦大学出版社
小约翰·柯布，王伟．2015. 中国的独特机会中国的独特机会：直接进入生态文明．江苏社会科学，（1）：130-135
谢菊，刘磊．2013. 环境治理中社会组织参与的现状与对策．环境保护，（23）：21-23
徐春．2010. 对生态文明概念的理论阐释．北京大学学报（哲学社会科学版），（1）：61-63
徐晋涛，陶然，徐志刚．2004. 退耕还林：成本有效性、结构调整效应与经济可持续性——基于西部三省农户调查的实证分析．经济学（季刊），（4）：139-162
徐瑄．2008-06-03. 推进国家知识产权战略实施．中国知识产权报，004 版
许涤新．1987. 生态经济学．杭州：浙江人民出版社
薛晓源，李惠斌．2006. 生态文明研究前言报告．上海：华东师范大学出版社
荀况．2012. 荀子．安小兰译注．北京：中华书局
亚当·斯密．1972. 国富论．上海：商务印书馆
严耕，林震，杨志华．2010. 中国省域生态文明建设评价报告（ECI2010）．北京：社会科学文献出版社
严耕，吴明红，等．2012. 中国省域生态文明建设评价报告（ECI2012）．北京：社会科学文献出版社
严耕．2011. 中国省域生态文明建设评价报告．北京：社会科学文献出版社
杨东平．2008. 中国环境的危机与转机．北京：社会科学文献出版社
杨虎涛．2006. 两种不同的生态观——马克思生态经济思想与演化经济学稳态经济理论比较．武汉大学学报（哲学社会科学版），（6）：735-740
杨文进．2011. 和谐生态经济发展．北京：中国财政经济出版社

杨雪伟．2010．湖州市生态文明建设评价指标体系探索．统计科学与实践，(1)：51-53
杨志华，严耕．2012．中国当前生态文明建设关键影响因素及建设策略．南京林业大学学报(人文社会科学版)，(4)：60-66
姚慧琴，任宗哲．2013．中国西部经济发展报告 2012．北京：社会科学文献出版社
叶飞文．2004．要素投入与中国经济增长．北京：北京大学出版社：208
易福金，徐晋涛，徐志刚．2006．退耕还林经济影响再分析．中国农村经济，(10)：28-36
易凌，王琳．2007．长三角区域法规政策冲突与协调研究．浙江社会科学，(6)
尹成勇．2006．浅析生态文明建设．生态经济，(9)：139-141
余谋昌．2007．生态文明：人类文明的新形态．长白学刊，(2)：138-140
余谋昌．2013．生态文明：建设中国特色社会主义的道路——对十八大大力推进生态文明建设的战略思考．桂海论丛，(1)：20-28
俞海，夏光，杨小明，等．2013．生态文明建设：认识特征和实践基础及政策路径．环境与可持续发展，(1)：5-11
俞可平．2005．科学发展观与生态文明．马克思主义与现实，(4)：4-5
约翰·福斯特．2006．生态危机与资本主义．耿建新等译．上海：上海译文出版社
约翰·斯图亚特·穆勒．1991．政治经济学原理．北京：商务印书馆
约亚钦·施瓦尔巴赫．2010．生产理论．苏琪译．广州：中山大学出版社
岳利萍，白永秀．2011．马克思经济学与西方经济学生态经济思想的比较．经济纵横，(6)：24-28
詹姆斯·奥康纳．2003．自由的理由．唐正东等译．南京：南京大学出版社
张保伟．2013．利益、价值与认知视域下的环境冲突及其伦理调试．中国人口·资源与环境，(8)：154-159
张海娜，乔华．2013．煤炭资源型城市生态环境问题研究及对策探讨．经济研究导刊，(29)：63-64
张宏艳，刘平养．2011．农村环境保护和发展的激励机制研究．北京：经济管理出版社
张金艳．2013．大力推进我国生态文明建设的主要对策．北京法制与社会，(14)：188-189
张坤民，何雪炀．2005．中国的环境政策、能源政策和西部大开发．重庆环境科学，(5)：1-5，8
张坤民．1992．中国环境保护投资报告．北京：清华大学出版社
张亮晶，杨瑚，尚明瑞．2011．西部少数民族地区生态环境与反贫困战略研究——以肃南裕固族自治县为例．干旱区资源与环境，(3)：53-58
张巧显，柯兵，刘昕，等．2010．中国西部地区生态环境演变及可持续发展对策．安徽农业科学，(5)：2538-2541，2545
张首先．2010．困境与出路：生态文明建设的全球视界及运行机制．中国地质大学学报（社会科学版），(1)：48-51，64
张首先．2010．生态文明：内涵、结构及基本特性．山西师大学报（社会科学版），(1)：26-29
张曙光．1999．制度·主体·行为：传统社会主义经济学反思．北京：中国财政经济出版社
张维庆．2009．关于建设生态文明的思考．人口研究，(5)：1-7
张维迎．2009．博弈论与信息经济学．上海：上海人民出版社

张文彤，董伟．2013．统计分析高级教程．北京：高等教育出版社

张小力，何英．2002．西部大开发退耕护还林（草）的政策有效性评析．林业科学，（1）：130-135

赵兵．2010．当前生态文明建设的新动向和路径选择．西南民族大学学报（人文社会科学版），（2）：152-154

赵成．2007．论生态文明建设的实践基础-生态化的生产方式．学术论坛，（6）：19-23

赵成．2009．马克思的生态思想及其对我国生态文明建设的启示．马克思主义与现实，（2）：188-190

赵建军．2007．建设生态文明的重要性和紧迫性．理论视野，（7）：32-34

中共中央马克思恩格斯列宁斯大林著作编译局．1955．马克思恩格斯选集（第1卷）．北京：人民出版社

中共中央马克思恩格斯列宁斯大林著作编译局．1958．马克思恩格斯全集（第5卷）．北京：人民出版社

中共中央马克思恩格斯列宁斯大林著作编译局．1960．马克思恩格斯全集（第3卷）．北京：人民出版社

中共中央马克思恩格斯列宁斯大林著作编译局．1960．马克思恩格斯选集（第4卷）．北京：人民出版社

中共中央马克思恩格斯列宁斯大林著作编译局．1962．马克思恩格斯全集（第13卷）．北京：人民出版社

中共中央马克思恩格斯列宁斯大林著作编译局．1963．马克思恩格斯全集（第19卷）．北京：人民出版社

中共中央马克思恩格斯列宁斯大林著作编译局．1971．马克思恩格斯全集（第20卷）．北京：人民出版社

中共中央马克思恩格斯列宁斯大林著作编译局．1971．马克思恩格斯选集（第3卷）．北京：人民出版社

中共中央马克思恩格斯列宁斯大林著作编译局．1972．马克思恩格斯全集（第1卷）．北京：人民出版社

中共中央马克思恩格斯列宁斯大林著作编译局．1972．马克思恩格斯全集（第23卷）．北京：人民出版社

中共中央马克思恩格斯列宁斯大林著作编译局．1972．马克思恩格斯全集（第31卷）．北京：人民出版社

中共中央马克思恩格斯列宁斯大林著作编译局．1972．马克思恩格斯全集（第46卷）．北京：人民出版社

中共中央马克思恩格斯列宁斯大林著作编译局．1972．马克思恩格斯全集（第4卷）．北京：人民出版社

中共中央马克思恩格斯列宁斯大林著作编译局．1972．马克思恩格斯选集（第3卷）．北京：人民出版社

中共中央马克思恩格斯列宁斯大林著作编译局．1972．马克思恩格斯选集（第4卷）．北京：人民出版社

中共中央马克思恩格斯列宁斯大林著作编译局．1974．马克思恩格斯全集（第 25 卷）．北京：人民出版社
中共中央马克思恩格斯列宁斯大林著作编译局．1979．马克思恩格斯全集（第 21 卷）．北京：人民出版社
中共中央马克思恩格斯列宁斯大林著作编译局．1979．马克思恩格斯全集（第 42 卷）．北京：人民出版社
中共中央马克思恩格斯列宁斯大林著作编译局．1979．马克思恩格斯全集（第 46 卷上）．北京：人民出版社
中共中央马克思恩格斯列宁斯大林著作编译局．1979．马克思恩格斯全集（第 47 卷）．北京：人民出版社
中共中央马克思恩格斯列宁斯大林著作编译局．1980．马克思恩格斯选集（第 46 卷）（下）．北京：人民出版社
中共中央马克思恩格斯列宁斯大林著作编译局．1995．马克思恩格斯全集（第 1 卷）．北京：人民出版社
中共中央马克思恩格斯列宁斯大林著作编译局．1995．马克思恩格斯全集（第 20 卷）．北京：人民出版社
中共中央马克思恩格斯列宁斯大林著作编译局．1995．马克思恩格斯选集（第 1 卷）．北京：人民出版社
中共中央马克思恩格斯列宁斯大林著作编译局．1995．马克思恩格斯全集（第 2 卷）．北京：人民出版社
中共中央马克思恩格斯列宁斯大林著作编译局．1995．马克思恩格斯全集（第 3 卷）．北京：人民出版社
中共中央马克思恩格斯列宁斯大林著作编译局．1995．马克思恩格斯选集（第 4 卷）．北京：人民出版社
中共中央马克思恩格斯列宁斯大林著作编译局．1998．马克思恩格斯全集（第 46 卷）．北京：人民出版社
中共中央马克思恩格斯列宁斯大林著作编译局．2001．马克思恩格斯全集（第 44 卷）．北京：人民出版社
中共中央马克思恩格斯列宁斯大林著作编译局．2002．马克思恩格斯全集（第 3 卷）．北京：人民出版社
中共中央马克思恩格斯列宁斯大林著作编译局．2003．马克思恩格斯全集（第 25 卷）．北京：人民出版社
中共中央马克思恩格斯列宁斯大林著作编译局．2003．马克思恩格斯全集（第 30 卷）．北京：人民出版社
中共中央马克思恩格斯列宁斯大林著作编译局．2003．马克思恩格斯全集（第 46 卷）．北京：人民出版社
中共中央马克思恩格斯列宁斯大林著作编译局．2003．马克思恩格斯全集（第 52 卷）．北京：人民出版社
中国佛教文化研究所．中阿含经．2012．北京：宗教文化出版社

中国科学院可持续发展战略研究组.2002. 中国现代化进程战略构想. 北京：科学出版社
《中国环境保护行政二十年》编委会.1994. 中国环境保护行政二十年. 北京：中国环境科学出版社
《中国环境年鉴》编委会.1990—2007. 1990—2007 中国环境年鉴. 北京：中国环境科学出版社
周海林.2001. 经济增长理论与自然资源的可持续利用. 经济评论，(2)：35-38
周宏春，季曦.2009. 改革开放三十年中国环境保护政策演变. 南京大学学报，(1)：31-40,143
周宏春.2013. 关于生态文明建设的几点思考. 中共中央党校学报，(3)：77-81
周珂，王权典，陈特.2002. 我国西部生态安全的法制保障. 中国人民大学学报，(4)：98-104
周黎安.2004. 晋升博弈中政府官员的激励与合作——兼论我国地方保护主义和重复建设问题长期存在的原因. 经济研究，(6)：33-40
周黎安.2007. 中国地方官员的晋升锦标赛模式研究. 经济研究，(7)：36-50
周立.2004-6-24. 公共物品、责任归属与发展观反思——中国农村环境保护问题与一个案例. 南方周末，B10 版
周生贤.2008. 生态文明建设：环境保护工作的基础和灵魂. 求实，(4)：17-19
朱炳元.2009. 关于《资本论》中的生态思想. 马克思主义研究，(1)：46-55，159
朱四海.2009. 低碳经济发展模式与中国的选择. 发展研究，(5)：10-14
朱坦，高帅.2015. 新常态下推进生态文明制度体系建设的几点探讨. 环境保护，(1)：21-23
朱玉林，李明杰，刘旖.2010. 基于灰色关联度的城市生态文明程度综合评价：以长株潭城市群为例. 中南林业科技大学学报（社会科学版），(5)：77-80
Annual Review of Energy and the Enviornment，25 (2)：313-337
Ashtow W S. 2005. Understanding the organization of industrial ecosystems：a social network approcach. Journal of Industrial Ecology，12 (1)：34-51
Barro R J，Sala-I-Martin X. 1995. Economic Growth. New York：McGraw-Hill，Inc：11
Chertow M R. 2005. Industrial symbiocis：literature and texonomy
Cobb C. 2007. 文明与生态文明. 李义天译. 马克思主义与现实，(6)：18-22
Cobb J R. 2007. 迈向生态文明的实践步骤. 王韬洋译. 马克思主义与现实，(6)：29-33
Constanza R，de Arger R，Groot R de，et al. 1997. The value of the world's ecosystem services and natural capital. Nature，(387)：253-260
Costanza R. 2000. Social goals and the valuation of ecosystem services. Ecosystems，3 (1)：4-10
Daly H E. 1997. Toward some operational principles of sustainable development. Ecological Economics，(2)：1-7
Elizabeth C. 2007. The great leap backward? The cost of China's environmental crisis. Foreign Affairs，86 (5)：38
Elkington J. 1998. Cannibals with Forks：The Triple Botton Line of 21st Century Business. Gabriola：New Society Publishers
Ferng J. 2002. Toward a scenario analysis framework for energy footprints. Ecological Economics，40 (1)：53-70
Freeman R E，Evan W M. 1990. Corporate govermance：a stakeholder interpretation. Journal of Behavioral Economics，19：337-359

Gilbert S，陈丽仙 . 2011. 企业环境信息披露 . 世界环境，(3)：19-20

Hill C W L，Jones T M. 1992. Stakeholderagecy theory. Journal of Management Studies，29 (2)：131-154

Hurwicz L. 1994. Economic design，adjustment processes，mechanisms，and institutions. Economic Design，1 (1)：1-14

Johst K，Drechsler M，Watzold F. 2002. An ecological-economic modeling to design compensation payments for the efficient spatio-temporal allocation of species protection measures. Ecological Economics，41 (1)：37-49

Managi S，Kaneko S. 2006. Environmental policies in China faculty of business administration. Yokohama National University working paper

Mishan E J. 1967. The Costs of Economic Growth. London：Stopples Press

Mol P J. 2000. The environmental movement in an era of ecological modernization. Geoforum，31 (1)：45-56

Moussiopoulos N，Achillas C. 2010. Environmental，social and economic information management for the evaluation f sustainability in urban areas：A system of indicators for Thessaloniki，Greece. Cities，(27)：377-384

Myerson R B. 1983. Mechanism design by an informed principal. Econometrica，51 (6)：1767-1797

Norton B G. 2005. Sustainability：a Philosophy of Adaptive Ecosystem Management. Chicago：University of Chicago Press

Smith A. 1976. Theory of Moral Sentiments. London：Oxford University Press

Wunder S. 2007. The efficiency of payments for environmental services in tropical conservation. Biology，21：48-58

后　记

《以生态文明看待发展》是国家社会科学基金项目（批准号：13BJL091）、陕西高校人文社会科学青年英才支持计划（2015）的研究成果。本书从生态文明建设视角来看待经济发展方式转型，认为生态文明建设与转变经济发展方式之间有着内在的密切关系：生态文明建设是经济发展方式转变的核心内容，同时生态文明建设既是经济发展方式转型的重要手段，同时也是经济发展方式转型的目标。本书依据笔者发表在《经济学家》（2013 年第 5 期）上的文章《发展的政治经济学：一个理论分析框架》中提出的政治经济学的分析范式，从利益格局变化—主体行为博弈—制度转型—设计激励结构等四方面建立生态文明建设的一般理论框架，阐释生态文明建设中的利益变化、主体行为博弈及相应制度转型和激励结构设计，评价我国生态文明建设的现状，提出了我国不同地区生态文明建设的策略和政策建议。

本书是在笔者主持下，课题组成员集体合作完成的。在充分的理论研究、资料收集和实践调研的基础上，经过多次讨论，分工协作，形成了本书的初稿。各章初稿分工如下：第 1 章、第 2 章：何爱平、石莹；第 3 章：车万行、石莹；第 4 章：张艳、石莹；第 5 章：何爱平、石莹；第 6 章：石莹；第 7 章：张志敏；第 8 章：刘雨；第 9 章：贾倩；第 10 章：薄丹、石莹；第 11 章：刘岩、周赛；第 12 章、第 13 章：赵仁杰；第 14 章：宫于兰、石莹；第 15 章：茹蕾、赵仁杰。石莹、赵仁杰又参加了初稿的二次修订工作。最后笔者对书稿进行了全面修改。

在本书的写作过程中，得到了许多老师和同行的支持和帮助，部分书稿曾以论文形式入选中国政治经济学年会、全国社会主义经济理论与实践研讨会、中华外国经济学说研究会等全国性学术会议，课题组成员在《经济学家》、《经济学动态》、《改革》、《中国人口·资源与环境》和《软科学》等 CSSCI 核心期刊上公开发表论文 16 篇。本课题的研究得到西北大学经济管理学院任保平教授、姚聪莉教授、徐波教授、王凤教授、岳利萍副教授以及陕西理工大学胡仪元教授的支持和帮助；科学出版社魏如萍女士提出了诸多中肯的修改意见，在此一并表示感谢。

本书参考了国内外有关的研究成果和文献资料，凡直接引用思想、观点、数据的文献均在文中注明并列入参考文献，如有遗漏之处，敬请谅解。书中不足之处在所难免，恳请读者批评指正。

何爱平

2016 年 11 月